#서술형
#해결전략
#문제해결력
#요즘수학공부법

수학도 독해가 힘이다

Chunjae Makes Chunjae

기획총괄 박금옥
편집개발 윤경옥, 박초아, 김연정, 김수정, 김유림
디자인총괄 김희정
표지디자인 윤순미, 김소연
내지디자인 박희춘, 이혜미
제작 황성진, 조규영

발행일 2024년 10월 15일 2판 2024년 10월 15일 1쇄
발행인 (주)천재교육
주소 서울시 금천구 가산로9길 54
신고번호 제2001-000018호
고객센터 1577-0902

※ 정답 분실 시에는 천재교육 홈페이지에서 내려받으세요.
※ KC 마크는 이 제품이 공통안전기준에 적합하였음을 의미합니다.
※ 주의
책 모서리에 다칠 수 있으니 주의하시기 바랍니다.
부주의로 인한 사고의 경우 책임지지 않습니다.
8세 미만의 어린이는 부모님의 관리가 필요합니다.

수학도 독해가 힘이다

초등 수학 4·1

4차 산업혁명 시대!
AI가 인간의 일자리를 대체하는 시대가
코앞에 다가와 있습니다.

인간의 강력한 라이벌이 되어버린 **AI를 이길 수 있는**
인간의 가장 중요한 **능력 중 하나는**
바로 **'독해력'**입니다.

수학 문제를 푸는 데에도 이러한 **'독해력'이 필요**합니다.
일단 **문장을 읽고 이해한 후 수학적으로 바꾸어 생각**하여
무엇을 구해야 할지 알아내는 것이 수학 독해의 핵심입니다.

〈수학도 **독해가 힘이다**〉는 읽고 이해하는
수학 독해력 훈련의 기본서입니다.

Contents

1 큰 수 4쪽
2 각도 30쪽
3 곱셈과 나눗셈 56쪽
4 평면도형의 이동 82쪽
5 막대그래프 108쪽
6 규칙 찾기 130쪽

수학도 **독해가 힘이다**

이 책의 **특징**

1 문제 **해결력** 기르기

❸ 해결 전략을 익혀서 선행 문제 → 실행 문제를 **완성!**

선행 문제 해결 전략

예 1000이 12개인 수 구하기

방법1

1000이 10개 :	10000
+ 1000이 2개 :	2000
1000이 12개 :	12000

방법2

12의 뒤에 0을 3개 붙이면 쉽게 구할 수 있다.

1000이 12개 → 12000

❷ 선행 문제를 풀면 실행 문제를 풀기 **쉬워져!**

선행 문제 1

□ 안에 알맞은 수를 써넣으세요.

(1) 100이 23개인 수

풀이

100이 20개: □

\+ 100이 3개: □

100이 23개: □

실행 문제를 풀기 위한 워밍업

❶ 실행 문제를 푸는 것이 목표!

실행 문제 1

현아는 10000원짜리 지폐 5장, 1000원짜리 지폐 6장, 100원짜리 동전 14개, 10원짜리 동전 3개를 가지고 있습니다./
현아가 가지고 있는 돈

풀이 단계별 전략 제시

전략 각각 얼마인지 구하자.

❶ 10000원짜리 5장: □원

1000원짜리 6장: □원

100원짜리 14개: □원

10원짜리 3개: □원

❹ 쌍둥이 문제로 실행 문제를 **완벽히 익히자!**

쌍둥이 문제 1-1

준서는 10000원짜리 지폐 2장, 1000원짜리 지폐 13장, 100원짜리 동전 7개, 10원짜리 동전 5개를 가지고 있습니다./
준서가 가지고 있는 돈은 얼마인가요?

실행 문제 따라 풀기

실행 문제 해결 방법을 보면서 따라 풀기

❶

❷

답

실전

2 수학 사고력 키우기

단계별로 풀면서 **사고력 UP!** 따라 풀기를 하면서 **서술형 완성!**

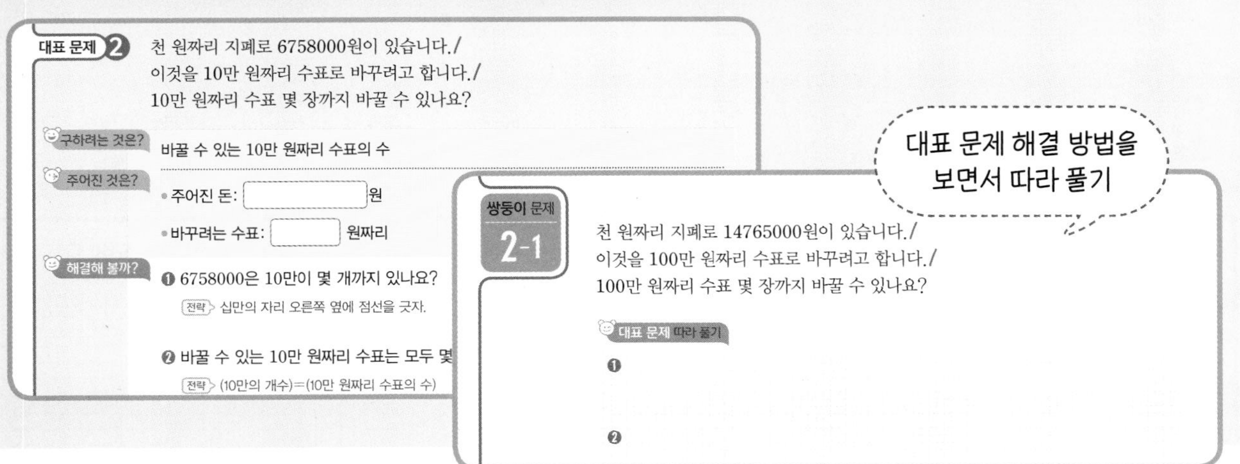

대표 문제 2
천 원짜리 지폐로 6758000원이 있습니다./
이것을 10만 원짜리 수표로 바꾸려고 합니다./
10만 원짜리 수표 몇 장까지 바꿀 수 있나요?
구하려는 것은?
바꿀 수 있는 10만 원짜리 수표의 수
주어진 것은?
• 주어진 돈: 원
• 바꾸려는 수표: 원짜리
해결해 볼까?
❶ 6758000은 10만이 몇 개까지 있나요?
전략 십만의 자리 오른쪽 옆에 점선을 긋자.
❷ 바꿀 수 있는 10만 원짜리 수표는 모두 몇
전략 (10만의 개수)=(10만 원짜리 수표의 수)
대표 문제 해결 방법을 보면서 따라 풀기
쌍둥이 문제
2-1
천 원짜리 지폐로 14765000원이 있습니다./
이것을 100만 원짜리 수표로 바꾸려고 합니다./
100만 원짜리 수표 몇 장까지 바꿀 수 있나요?
대표 문제 따라 풀기
❶
❷

완성

3 수학 독해력 완성하기

차근차근 단계를 밟아 가며 **문제 해결력 완성!**

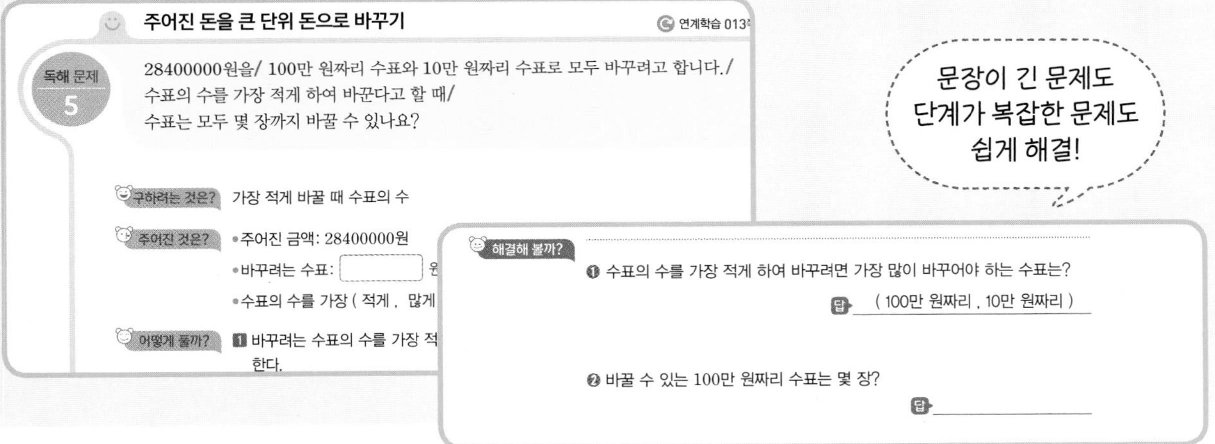

주어진 돈을 큰 단위 돈으로 바꾸기
연계학습 013쪽
독해 문제
5
28400000원을/ 100만 원짜리 수표와 10만 원짜리 수표로 모두 바꾸려고 합니다./
수표의 수를 가장 적게 하여 바꾼다고 할 때/
수표는 모두 몇 장까지 바꿀 수 있나요?
구하려는 것은?
가장 적게 바꿀 때 수표의 수
주어진 것은?
• 주어진 금액: 28400000원
• 바꾸려는 수표:
• 수표의 수를 가장 (적게 , 많게
어떻게 풀까?
1 바꾸려는 수표의 수를 가장 적
한다.
문장이 긴 문제도 단계가 복잡한 문제도 쉽게 해결!
해결해 볼까?
❶ 수표의 수를 가장 적게 하여 바꾸려면 가장 많이 바꾸어야 하는 수표는?
답 (100만 원짜리 , 10만 원짜리)
❷ 바꿀 수 있는 100만 원짜리 수표는 몇 장?
답

특별 코너

4 창의·융합·코딩 체험하기

요즘 수학 문제인 **창의 • 융합 • 코딩** 문제 수록

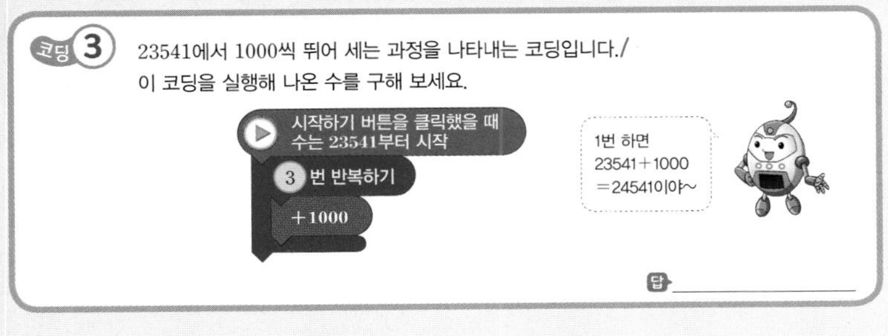

코딩 3
23541에서 1000씩 뛰어 세는 과정을 나타내는 코딩입니다./
이 코딩을 실행해 나온 수를 구해 보세요.
시작하기 버튼을 클릭했을 때 수는 23541부터 시작
3 번 반복하기
+1000
1번 하면
23541+1000
=24541이야~
답

4차 산업 혁명 시대에 알맞은 최신 트렌드 유형

1 큰 수

FUN 한 이야기

어머니와 신영이는 전자 제품 상가에 구경을 갔어요. 인공 지능 로봇이 안내를 해주네요.
텔레비전 115만 원
안녕하세요?
냉장고 135만 원
노트북 895000원

노트북의 가격은 895000원,
텔레비전의 가격은 115만 원이에요.
퀴즈~~ 노트북과 텔레비전 중 어느 것의 가격이 높을까요? 상품이~
잠깐만요. 잠깐만요. 꼭 맞출 거예요~
노트북과 텔레비전 중 더 가격이 높은 것은 무엇인가요?
숫자는 노트북이 많은데 노트북 가격이 높은 건가?
895000
115만

매쓰 FUN 생활 속 수학 이야기

어머니와 신영이는 전자 제품 상가에 갔어요./
노트북의 가격은 895000원,/ 텔레비전의 가격은 115만 원이에요./
노트북과 텔레비전 중 가격이 더 높은 것은 무엇인가요?

노트북 895000원

→

수로 나타내기
895000

텔레비전 115만 원

→

수로 나타내기

노트북 가격	○	텔레비전 가격
여섯 자리		일곱 자리

답 ____________

STEP 1

문제 해결력 기르기

1 ㉠은 ㉡의 몇 배인지 구하기

선행 문제 해결 전략

• 0의 개수를 비교하여 몇 배인지 구하기

0이 2개 더 많다.

200 → 20000

100배이다.

0이 2개 더 많으면 100배
0이 3개 더 많으면 1000배

참고 자리의 숫자가 같으면 한 자리 높아질 때마다 10배가 된다.

10배 10배
22200
100배

선행 문제 1

(1) 50000은 500의 몇 배인가요?

풀이 50000은 500보다 0이 □개 더 많으므로 □배이다.

(2) 300000은 300의 몇 배인가요?

풀이 300000은 300보다 0이 □개 더 많으므로 □배이다.

실행 문제 1

㉠이 나타내는 값은 ㉡이 나타내는 값의 몇 배인지 구해 보세요.

71576800 (㉠: 첫째 7, ㉡: 둘째 7)

전략 숫자 7이 나타내는 값을 각각 구하자.

❶ ㉠이 나타내는 값 → □

㉡이 나타내는 값 → □

전략 0이 몇 개 더 많은지 알아보자.

❷ ㉠이 나타내는 값은 ㉡이 나타내는 값보다 0이 □개 더 많으므로 □배이다.

답 ____________

초간단 풀이

전략 몇 자리 높아졌는지 알아보자.

❶ 71576800 (㉠, ㉡)

→ ㉠은 ㉡보다 □자리 더 높다.

전략 한 자리 높아질 때마다 10배가 된다.

❷ ㉠이 나타내는 값은 ㉡이 나타내는 값의 □배이다.

답 ____________

② 주어진 돈을 큰 단위 돈으로 바꾸기

선행 문제 해결 전략

• 만이 몇 개인지 알아보기

만이 몇 개까지 있는지 알아보려면 만의 자리 오른쪽에 점선을 표시한 후, 점선의 왼쪽 수를 알아보면 된다.

예 **154231 → 만이 15개까지 있다.**
(5: 만의 자리)

• 십만이 몇 개인지 알아보기

십만이 몇 개까지 있는지 알아보려면 십만의 자리 오른쪽에 점선을 표시한 후, 점선의 왼쪽 수를 알아보면 된다.

예 **312892 → 10만이 3개까지 있다.**
(3: 십만의 자리)

선행 문제 2

□ 안에 알맞은 수를 써넣으세요.

(1) 280000은 만이 몇 개인가요?

풀이 280000 → 만이 □개
(8: 만의 자리)

(2) 78300은 만이 몇 개인가요?

풀이 78300 → 만이 □개
(7: 만의 자리)

(3) 600000은 10만이 몇 개인가요?

풀이 600000 → 10만이 □개
(6: 십만의 자리)

실행 문제 2

천 원짜리 지폐로 750000원이 있습니다./ 이것으로 모두 만 원짜리 상품권을 사려고 합니다./ 만 원짜리 상품권을 몇 장까지 살 수 있나요?

전략 750000은 만이 몇 개인지 구하자.

❶ 750000 → 만이 □개
(5: 만의 자리)

전략 ('만'의 개수)=(살 수 있는 만 원짜리 상품권의 수)

❷ 살 수 있는 만 원짜리 상품권: □장

답 ____________

쌍둥이 문제 2-1

천 원짜리 지폐로 1290000원이 있습니다./ 이것을 모두 만 원짜리 지폐로 바꾸려고 합니다./ 만 원짜리 지폐 몇 장까지 바꿀 수 있나요?

실행 문제 따라 풀기

❶

❷

답 ____________

STEP 1 { 문제 해결력 기르기 }

③ 전체 금액 알아보기

선행 문제 해결 전략

예 1000이 12개인 수 구하기

방법1

$$\begin{array}{r} 1000\text{이 } 10\text{개}: 10000 \\ +\ 1000\text{이 } 2\text{개}: 2000 \\ \hline 1000\text{이 } 12\text{개}: 12000 \end{array}$$

방법2

12의 뒤에 0을 3개 붙이면 쉽게 구할 수 있다.

1000이 12개 → 12000

선행 문제 3

☐안에 알맞은 수를 써넣으세요.

(1) 100이 23개인 수

풀이 100이 20개: ☐

\+ 100이 3개: ☐

100이 23개: ☐

(2) 1000이 16개인 수

풀이 1000이 16개 → 16☐

0을 3개 붙인다.

실행 문제 3

현아는 10000원짜리 지폐 5장, 1000원짜리 지폐 6장, 100원짜리 동전 14개, 10원짜리 동전 3개를 가지고 있습니다./
현아가 가지고 있는 돈은 얼마인가요?

전략 각각 얼마인지 구하자.

❶ 10000원짜리 5장: ☐원

1000원짜리 6장: ☐원

100원짜리 14개: ☐원

10원짜리 3개: ☐원

전략 위에서 구한 금액을 모두 합하자.

❷ 현아가 가지고 있는 돈: ☐원

답 ________

쌍둥이 문제 3-1

준서는 10000원짜리 지폐 2장, 1000원짜리 지폐 13장, 100원짜리 동전 7개, 10원짜리 동전 5개를 가지고 있습니다./
준서가 가지고 있는 돈은 얼마인가요?

실행 문제 따라 풀기

❶

❷

답 ________

1 큰 수

4 수 카드로 조건에 맞게 수 만들기

해결 전략

예 주어진 수 5, 2, 1, 3, 8로 천의 자리 숫자가 3인 가장 큰 다섯 자리 수 만들기

① 먼저, □를 **5**개 그리고 **천의 자리에 3**을 쓴다.

만	천	백	십	일
	3			

② **나머지 수를 높은 자리부터 큰 수를** 차례로 쓴다.

8	3	5	2	1

→ 8>5>2>1

참고 6, 1, 7, 4, 2로 가장 작은 다섯 자리 수 만들기

1	2	4	6	7

→ 높은 자리부터 작은 수를 차례로 쓴다.

선행 문제 4

(1) 수 카드를 모두 한 번씩만 사용하여 가장 큰 다섯 자리 수를 만들어 보세요.

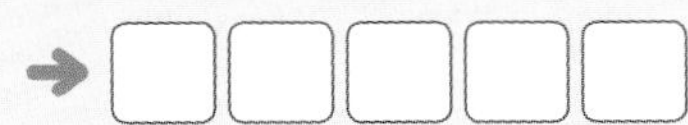

풀이 높은 자리부터 큰 수를 차례로 쓴다.

➜ □□□□□

(2) 수 카드를 모두 한 번씩만 사용하여 가장 작은 다섯 자리 수를 만들어 보세요.

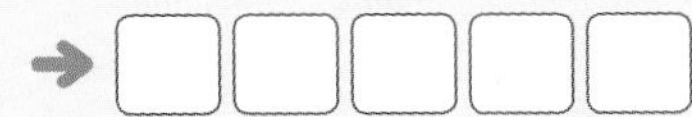

풀이 높은 자리부터 작은 수를 차례로 쓴다.

➜ □□□□□

실행 문제 4

수 카드를 모두 한 번씩만 사용하여 만들 수 있는 다섯 자리 수 중/ 만의 자리 숫자가 5인 가장 큰 수를 구해 보세요.

전략 □를 5개 그리고, 만의 자리에 5를 써넣자.

❶ 만의 자리 숫자가 5인 다섯 자리 수:

만	천	백	십	일

전략 나머지 수의 크기를 비교해 보자.

❷ 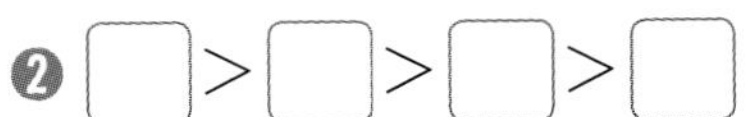

□>□>□>□

전략 빈 자리에 나머지 수들을 큰 수부터 써 보자.

❸ 만의 자리 숫자가 5인 가장 큰 수:

5				

답 ____________________

쌍둥이 문제 4-1

수 카드를 모두 한 번씩만 사용하여 만들 수 있는 다섯 자리 수 중/ 천의 자리 숫자가 4인 가장 큰 수를 구해 보세요.

9 2 7 4

실행 문제 따라 풀기

❶

❷

❸

답 ____________________

5 뛰어 세기에서 어떤 수 구하기

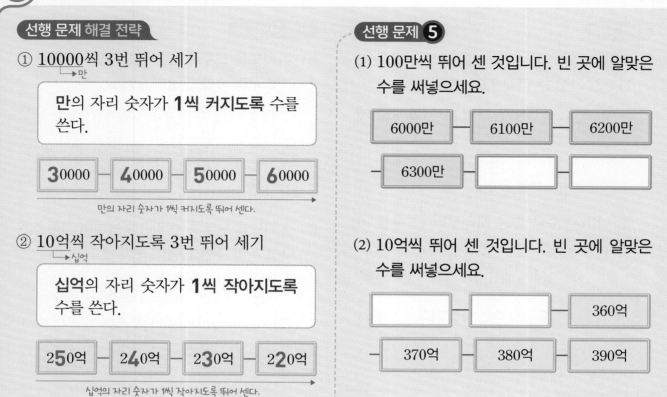

선행 문제 해결 전략

① 10000씩 3번 뛰어 세기 (10000 → 만)

만의 자리 숫자가 **1씩 커지도록** 수를 쓴다.

30000 — 40000 — 50000 — 60000

만의 자리 숫자가 1씩 커지도록 뛰어 센다.

② 10억씩 작아지도록 3번 뛰어 세기 (10억 → 십억)

십억의 자리 숫자가 **1씩 작아지도록** 수를 쓴다.

250억 — 240억 — 230억 — 220억

십억의 자리 숫자가 1씩 작아지도록 뛰어 센다.

선행 문제 5

(1) 100만씩 뛰어 센 것입니다. 빈 곳에 알맞은 수를 써넣으세요.

6000만 — 6100만 — 6200만 — 6300만 — ☐ — ☐

(2) 10억씩 뛰어 센 것입니다. 빈 곳에 알맞은 수를 써넣으세요.

☐ — ☐ — 360억 — 370억 — 380억 — 390억

실행 문제 5

어떤 수에서 20억씩 5번 뛰어 센 수가 7240억입니다./
어떤 수를 구해 보세요.

전략 어떤 수를 구하려면 수를 작아지도록 뛰어 세자.

❶ 어떤 수를 구하려면 수를 ☐씩 (작아지도록 , 커지도록) ☐번 뛰어 세면 된다.

전략 7240억에서 20억씩 작아지도록 5번 뛰어 세자.

❷ 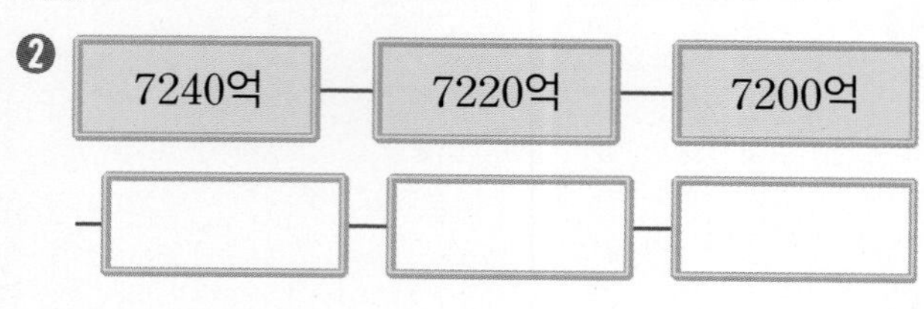

7240억 — 7220억 — 7200억 — ☐ — ☐ — ☐

❸ 어떤 수: ☐

답 ____________

초간단 풀이

전략 전체 얼마를 뛰어 세었는지 계산해 보자.

❶ $20 \times 5 =$ ☐

➔ 20억씩 5번 뛰어 센 값: ☐억

전략 (7240억)−(❶에서 구한 값)

❷ 어떤 수:

7240억 − ☐억 = ☐억

답 ____________

⑥ 조건을 모두 만족하는 수 구하기

선행 문제 해결 전략

예 23000보다 크고 23200보다 작은 자연수의 만, 천, 백의 자리 숫자 구하기

만	천	백	십	일

① 23000보다 크고 23200보다 작은 자연수는 **23001**부터 **23199**까지의 자연수와 같다.

② 23001부터 23199까지 자연수의
- 만의 자리 숫자: **2**
- 천의 자리 숫자: **3**
- 백의 자리 숫자: **0** 또는 **1**

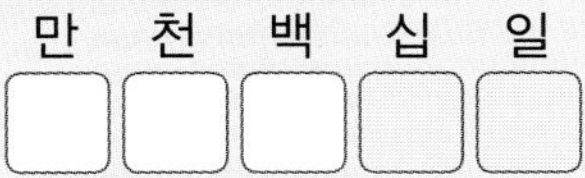

선행 문제 6

43100보다 크고 43200보다 작은 자연수의 만, 천, 백의 자리 숫자를 각각 구해 보세요.

만	천	백	십	일

풀이 43100보다 크고 43200보다 작은 자연수는 ☐부터 ☐까지의 자연수이다.

→
- 만의 자리 숫자: ☐
- 천의 자리 숫자: ☐
- 백의 자리 숫자: ☐

실행 문제 6

조건 을 모두 만족하는 수를 구해 보세요.

> 조건1 1, 2, 3, 4, 5를 모두 한 번씩 사용하였습니다.
> 조건2 25000보다 크고 25200보다 작은 수입니다.
> 조건3 일의 자리 수는 짝수입니다.

전략 조건의 표현을 바꿔 보자.

❶ 조건2 는 ☐부터 ☐까지의 자연수이다.

전략 ❶에서 구한 것과 조건1 을 이용하자.

❷ 만, 천, 백의 자리 숫자 쓰기:

만	천	백	십	일

전략 남는 수 중 일의 자리에 짝수를 써넣고, 남는 수를 십의 자리에 써넣자.

❸ 조건을 모두 만족하는 수:

답 ____________

쌍둥이 문제 6-1

조건 을 모두 만족하는 수를 구해 보세요.

> 조건1 3, 4, 5, 6, 7을 모두 한 번씩 사용하였습니다.
> 조건2 73400보다 크고 73500보다 작은 수입니다.
> 조건3 일의 자리 수는 짝수입니다.

실행 문제 따라 풀기

❶

❷

❸

답 ____________

STEP 2

수학 사고력 키우기

㉠은 ㉡의 몇 배인지 구하기

연계학습 006쪽

대표 문제 1

㉠이 나타내는 값은 ㉡이 나타내는 값의 몇 배인지 구해 보세요.

278541040
(8 아래 ㉠, 4 아래 ㉡)

구하려는 것은?
㉠이 나타내는 값은 ㉡이 나타내는 값의 몇 배

어떻게 풀까?
1 ㉠과 ㉡이 나타내는 값을 각각 구한 다음
2 ㉠이 나타내는 값은 ㉡이 나타내는 값의 몇 배인지 구하자.

해결해 볼까?

❶ ㉠과 ㉡이 각각 나타내는 값은?

전략 예를 들어 천의 자리에 있는 3은 3000을 나타낸다.

답 ㉠: ____________

㉡: ____________

❷ ㉠이 나타내는 값은 ㉡이 나타내는 값의 몇 배?

전략 자리의 숫자끼리는 몇 배이고, 나타내는 수는 0이 몇 개 더 많은지 알아보자.

답 ____________

쌍둥이 문제 1-1

㉠이 나타내는 값은 ㉡이 나타내는 값의 몇 배인지 구해 보세요.

17625312
(6 아래 ㉠, 3 아래 ㉡)

대표 문제 따라 풀기

❶

❷

답 ____________

주어진 돈을 큰 단위 돈으로 바꾸기

연계학습 007쪽

대표 문제 2 천 원짜리 지폐로 6758000원이 있습니다./
이것을 10만 원짜리 수표로 바꾸려고 합니다./
10만 원짜리 수표 몇 장까지 바꿀 수 있나요?

구하려는 것은? 바꿀 수 있는 10만 원짜리 수표의 수

주어진 것은?

- 주어진 돈: ☐원
- 바꾸려는 수표: ☐ 원짜리

해결해 볼까?

❶ 6758000은 10만이 몇 개까지 있나요?

전략 십만의 자리 오른쪽 옆에 점선을 긋자.

답 ____________

❷ 바꿀 수 있는 10만 원짜리 수표는 모두 몇 장?

전략 (10만의 개수)=(10만 원짜리 수표의 수)

답 ____________

쌍둥이 문제 2-1

천 원짜리 지폐로 14765000원이 있습니다./
이것을 100만 원짜리 수표로 바꾸려고 합니다./
100만 원짜리 수표 몇 장까지 바꿀 수 있나요?

대표 문제 따라 풀기

❶

❷

답 ____________

수학 사고력 키우기

전체 금액 알아보기

연계학습 008쪽

대표 문제 3

어머니께서 10000원짜리 지폐 23장, 1000원짜리 지폐 2장, 100원짜리 동전 31개, 10원짜리 동전 5개를 가지고 있습니다./ 어머니께서 가지고 있는 돈은 얼마인가요?

구하려는 것은?

어머니께서 가지고 있는 돈의 전체 금액

주어진 것은?

- 10000원짜리 지폐 ☐장, 1000원짜리 지폐 2장
- 100원짜리 동전 ☐개, 10원짜리 동전 5개

해결해 볼까?

❶ 각 지폐나 동전은 얼마?

전략 예를 들어 10000이 10개이면 100000임을 이용하자.

답 10000원짜리 23장: ________, 1000원짜리 2장: ________

100원짜리 31개: ________, 10원짜리 5개: ________

❷ 어머니께서 가지고 있는 돈은 얼마?

전략 ❶에서 구한 각각의 금액을 모두 합하자.

답 ________

쌍둥이 문제 3-1

아버지께서 10000원짜리 지폐 17장, 1000원짜리 지폐 5장, 100원짜리 동전 25개, 10원짜리 동전 9개를 가지고 있습니다./ 아버지께서 가지고 있는 돈은 얼마인가요?

대표 문제 따라 풀기

❶

❷

답 ________

수 카드로 조건에 맞게 수 만들기

연계학습 009쪽

대표 문제 4 수 카드를 모두 한 번씩 사용하여/ 십만의 자리 숫자가 8, 백의 자리 숫자가 1인/ 가장 작은 수를 만들어 보세요.

4 1 8 5 3 9

구하려는 것은? 십만의 자리 숫자 8, 백의 자리 숫자가 1인 가장 ☐ 수

어떻게 풀까?
1 ▢로 6자리를 만들고, 십만의 자리에 8, 백의 자리에 1을 써넣은 다음
2 나머지 수들을 작은 수부터 차례로 써넣자.

해결해 볼까?
❶ 십만의 자리와 백의 자리에 수를 알맞게 써넣으면?
전략 십만의 자리 숫자, 백의 자리 숫자를 자리에 알맞게 써넣자.

답 

❷ ❶에서 쓴 수를 뺀 나머지 수 카드의 수를 작은 수부터 차례로 쓰면?

❸ 십만의 자리 숫자가 8, 백의 자리 숫자가 1인 가장 작은 수는?
전략 ❶의 빈 자리에 남은 수를 작은 수부터 차례로 써넣자.

쌍둥이 문제 4-1 수 카드를 모두 한 번씩 사용하여/ 만의 자리 숫자가 7, 십의 자리 숫자가 3인/ 가장 작은 수를 만들어 보세요.

2 7 4 3 5 6

대표 문제 따라 풀기

❶

❷

❸

답

뛰어 세기에서 어떤 수 구하기

연계학습 010쪽

대표 문제 5 어떤 수에서 200억씩 5번 뛰어 센 수가 5649억입니다./
어떤 수를 구해 보세요.

구하려는 것은? 어떤 수

주어진 것은? 200억씩 ☐번 뛰어 센 수가 5649억

해결해 볼까?

❶ 5649억에서 200억씩 작아지도록 5번 뛰어 세면서 빈칸에 알맞게 써넣기

전략 주어진 수에서 작아지도록 뛰어 세자.

5649억 — ☐ — ☐ — ☐ — ☐ — ☐

❷ 어떤 수는?

답 ______

쌍둥이 문제 5-1 어떤 수에서 500억씩 4번 뛰어 센 수가 3562억입니다./
어떤 수를 구해 보세요.

대표 문제 따라 풀기

조건을 모두 만족하는 수 구하기

연계학습 011쪽

대표 문제 6 다음을 모두 만족하는 수를 구해 보세요.

- 2, 3, 4, 5, 6의 수를 모두 한 번씩 사용하였습니다.
- 36200보다 크고 36400보다 작은 수입니다.
- 일의 자리 수가 십의 자리 수보다 큽니다.

구하려는 것은? 조건을 모두 만족하는 수

주어진 것은?
- 사용한 수: 2, 3, 4, ☐, ☐, 36200보다 크고 ☐보다 작은 수
- 일의 자리 수 ◯ 십의 자리 수

해결해 볼까?

❶ 만, 천, 백의 자리에 수를 알맞게 써넣으면?

전략 범위에 맞는 자연수의 처음 수와 끝수를 구하자.

❷ 조건을 모두 만족하는 수는?

전략 남는 수 중 큰 수 ➜ 일의 자리, 작은 수 ➜ 십의 자리

쌍둥이 문제 6-1

다음을 모두 만족하는 수를 구해 보세요.

- 1, 2, 3, 4, 5의 수를 모두 한 번씩 사용하였습니다.
- 54200보다 크고 54300보다 작은 수입니다.
- 십의 자리 수가 일의 자리 수보다 큽니다.

❶

❷

답 ______

STEP 3

수학 독해력 완성하기

뛰어 세기 활용하기

독해 문제 1

은미네 가족이 제주도 여행을 가기 위해 필요한 돈은 210만 원입니다./
매달 30만 원씩 여행에 필요한 돈을 모으기로 했다면/
돈을 몇 개월 동안 모아야 하나요?

해결해 볼까?

❶ 0부터 뛰어 셀 때 30만씩 몇 번 뛰어 세면 210만이 되나요?

답 ____________

❷ 여행에 필요한 돈을 모으려면 돈을 몇 개월 동안 모아야 하나요?

답 ____________

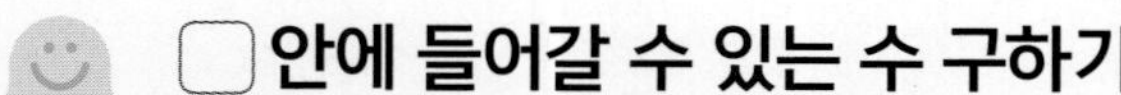

□ 안에 들어갈 수 있는 수 구하기

독해 문제 2

0부터 9까지의 수 중에서/ □ 안에 들어갈 수 있는 수를 모두 구해 보세요.

32584 < 32□19

해결해 볼까?

❶ □ 안에 5가 들어갈 수 있나요?

답 ____________

❷ □ 안에 들어갈 수 있는 수를 모두 구하면?

답 ____________

수직선에서 ㉠이 나타내는 수 구하기

독해 문제 3

수직선에서 ㉠이 나타내는 수를 구해 보세요.

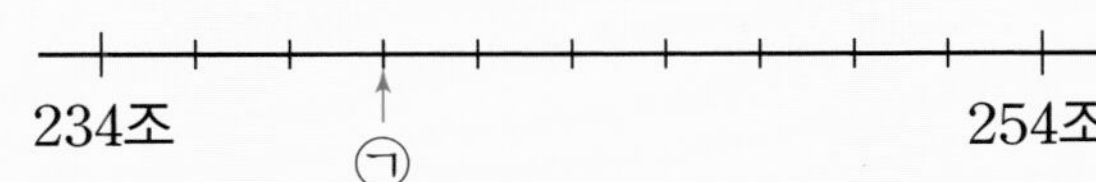

해결해 볼까?

❶ 254조－234조를 계산하면?

답 

❷ 작은 눈금 한 칸의 크기는?

답

❸ ㉠이 나타내는 수는?

답 

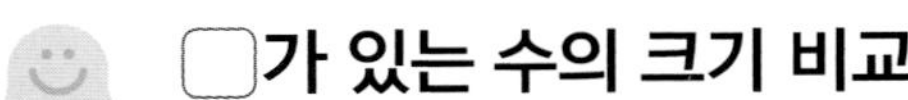

□가 있는 수의 크기 비교

독해 문제 4

□ 안에는 0부터 9까지 어느 수를 넣어도 됩니다./
두 수의 크기를 비교하여 ○ 안에 >, =, <를 알맞게 써넣으세요.

7893459 ○ 78□2356

해결해 볼까?

❶ □ 안에 0을 넣어 두 수의 크기를 비교하면?

답 7893459 ○ 78□2356

❷ □ 안에 9를 넣어 두 수의 크기를 비교하면?

답 7893459 ○ 78□2356

❸ 두 수의 크기를 비교하여 위 문제의 ○ 안에 >, =, <를 알맞게 써넣으면?

주어진 돈을 큰 단위 돈으로 바꾸기

연계학습 013쪽

독해 문제 5

28400000원을/ 100만 원짜리 수표와 10만 원짜리 수표로 모두 바꾸려고 합니다./
수표의 수를 가장 적게 하여 바꾼다고 할 때/
수표는 모두 몇 장까지 바꿀 수 있나요?

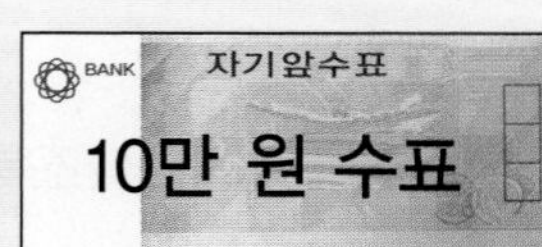

BANK 자기앞수표 10만 원 수표

구하려는 것은? 가장 적게 바꿀 때 수표의 수

주어진 것은?
- 주어진 금액: 28400000원
- 바꾸려는 수표: [ ] 원 짜리와 [ ] 원 짜리
- 수표의 수를 가장 (적게 , 많게) 하여 바꾸기

어떻게 풀까?
1 바꾸려는 수표의 수를 가장 적게 하려면 큰 단위의 수표를 최대한 많이 바꿔야 한다.
2 바꿀 수 있는 100만 원짜리 수표는 몇 장인지 구하고
3 2에서 바꾸고 남은 돈을 바꿀 수 있는 10만 원짜리 수표는 몇 장인지 구하여
4 전체 수표의 수를 구하자.

해결해 볼까?

❶ 수표의 수를 가장 적게 하여 바꾸려면 가장 많이 바꾸어야 하는 수표는?

답 (100만 원짜리 , 10만 원짜리)

❷ 바꿀 수 있는 100만 원짜리 수표는 몇 장?

답 ____________

❸ ❷에서 바꾸고 남은 돈을 바꿀 수 있는 10만 원짜리 수표는 몇 장?

답 ____________

❹ 바꿀 수 있는 수표는 모두 몇 장?

답 ____________

수 카드로 조건에 맞게 수 만들기

연계학습 015쪽

독해 문제 6

수 카드를 모두 두 번씩 사용하여/ 만의 자리 숫자가 7, 백의 자리 숫자가 2인/ 가장 큰 수를 만들어 보세요.

구하려는 것은? 만의 자리 숫자가 7, 백의 자리 숫자가 2인 가장 큰 수

주어진 것은?
- 만의 자리 숫자: ☐, 백의 자리 숫자: ☐
- 수 카드의 수: ☐, ☐, ☐
- 수 카드를 사용할 수 있는 횟수: ☐번

어떻게 풀까?
1. ☐로 여섯 자리를 만들고, 만의 자리에 7, 백의 자리에 2를 써넣은 다음
2. 수의 크기를 비교하여 남은 자리에 큰 수부터 차례로 써넣자.

해결해 볼까?

❶ 만의 자리와 백의 자리에 수를 알맞게 써넣으면?

❷ 수 카드의 수를 큰 수부터 차례로 쓰면?

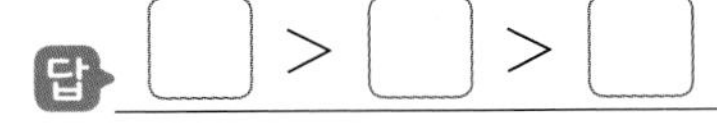

❸ 만의 자리 숫자가 7, 백의 자리 숫자가 2인 가장 큰 수는?

1 큰 수

4 STEP {창의·융합·코딩 체험하기}

창의 1 편의점에서 음료수 할인쿠폰을 나눠주려고 합니다./
1000원 할인쿠폰을 다음과 같이 하루에 10장씩 10일 동안 매일 나눠준다고 할 때/
할인쿠폰의 전체 금액은 얼마인가요?

할인쿠폰 10장

10일 동안

답 ____________________

1 큰 수

코딩 2 마트에서 7명이 2000원짜리 아이스크림을 각각 1개씩 골라 같이 계산하려고 합니다./
가지고 있는 돈이 10000원짜리 지폐로 2만 원일 때/
□ 안에 알맞은 수를 써넣으세요.

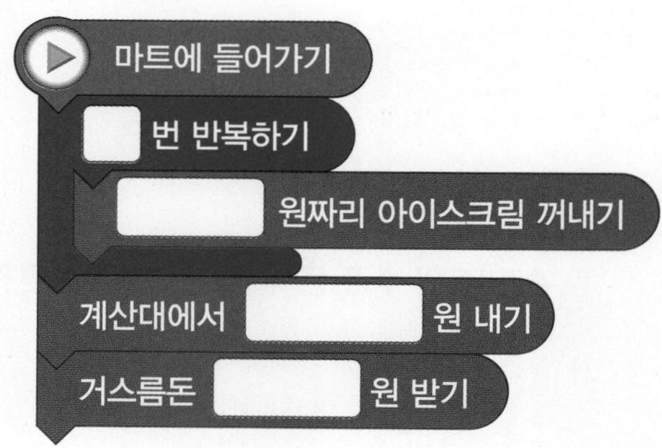

23541에서 1000씩 뛰어 세는 과정을 나타내는 코딩입니다./
이 코딩을 실행해 나온 수를 구해 보세요.

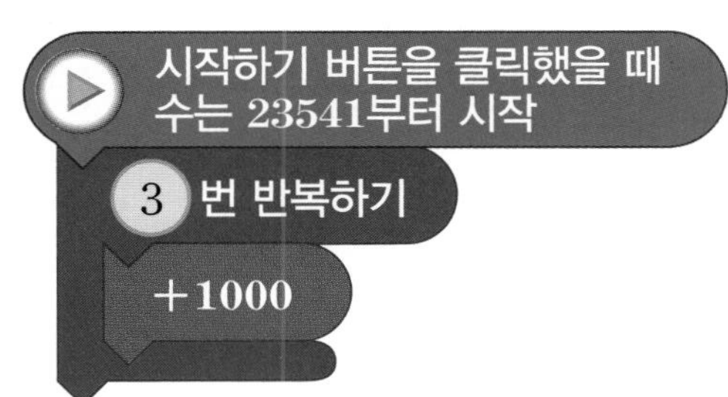
시작하기 버튼을 클릭했을 때
수는 23541부터 시작
3 번 반복하기
+1000

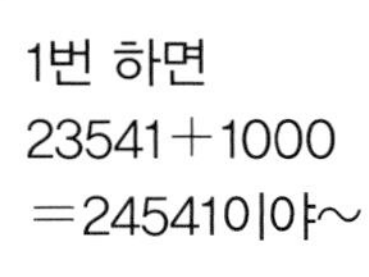
1번 하면
23541+1000
=24541이야~

빵집에서 빵을 사고 1850원 할인받아 다음과 같이 돈을 냈습니다./
할인받기 전 빵의 가격을 계산하여/ 빈칸에 알맞게 수를 써넣으세요.

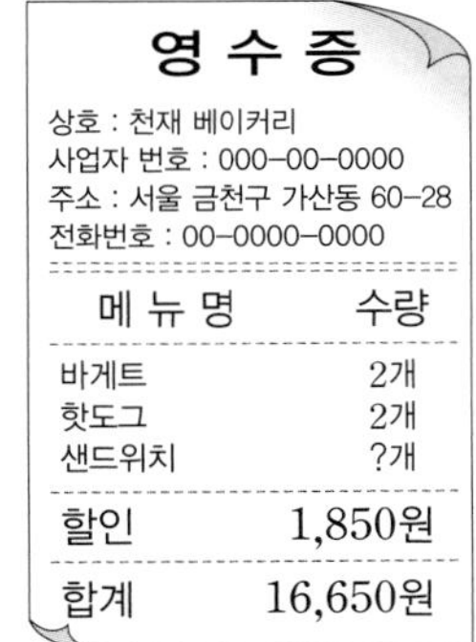

영 수 증

상호 : 천재 베이커리
사업자 번호 : 000-00-0000
주소 : 서울 금천구 가산동 60-28
전화번호 : 00-0000-0000

메 뉴 명	수량
바게트	2개
핫도그	2개
샌드위치	?개
할인	1,850원
합계	16,650원

바게트	핫도그	샌드위치
3000원	4000원	?

	만의 자리	천의 자리	백의 자리	십의 자리	일의 자리
숫자		8			
나타내는 값		8000			0

1

큰 수

창의·융합·코딩 체험하기

수 카드를 모두 사용하여 12자리 수를 만들려고 합니다./
억의 자리 숫자가 4인 수 중에서 가장 큰 수를 만들어 보세요.

1

큰 수

어느 공장에서 참치 캔과 참기름 병을 세트로 판매하려고 합니다./
참치 캔은 5조 5억 개, 참기름 병은 720000000000개 있습니다./
순서도에 따라 참치 캔과 참기름 병의 수를 실행했을 때/
출력되는 수를 ▢ 안에 써넣으세요.

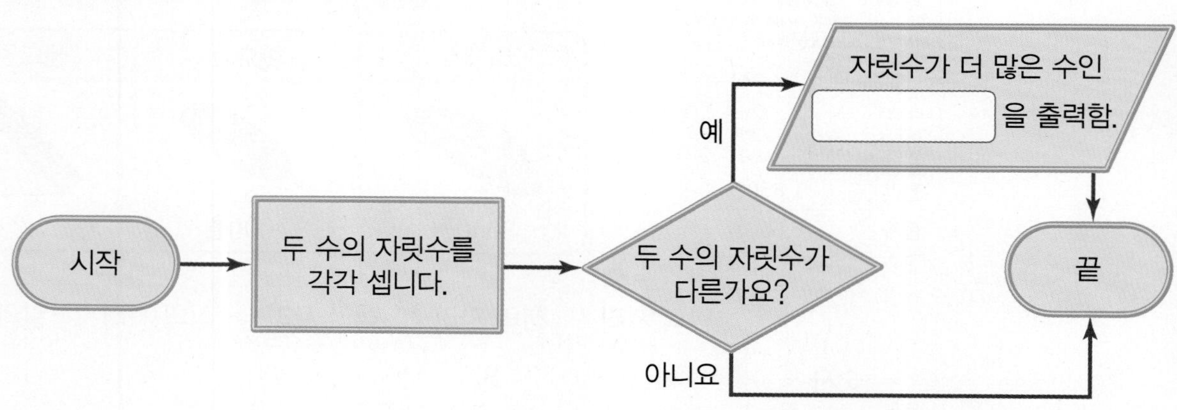

뮤직비디오를 좋아하는 수민이는 좋아하는 가수의 동영상을 기다렸다가 봅니다./
뮤직비디오 동영상이 공개된 지 4시간 만에 조회 수가 1000만 회가 되었습니다./
만약 지금과 같은 속도로 사람들이 시청한다면/
동영상이 공개된 후 3일이 지났을 때에는 조회 수가 얼마나 될지 예상해 보세요.

현재 K Tube 동영상 조회 수

인기 급상승 동영상 #1

CJS(천재소년단) '모두가 일등이 되는 세상!'

조회 수 10000000 회·4시간 전 최초 공개

답 ____________________

세계 부자 순위를 나타낸 표입니다./
힌트를 보고 1위인 제프 베조스가 가진 재산은 약 몇 조 원인지 추측해 보세요.

힌트1 1위가 가진 재산은 7위와 8위가 가진 재산을 합한 것보다 많습니다.
힌트2 4위와 9위의 재산을 합한 것보다 작습니다.
힌트3 조의 자리 숫자가 5입니다.

	이름	액수		이름	액수
1위	제프 베조스	약 ?조 원	6위	아만시오 오르테가	약 74조 원
2위	빌게이츠	약 114조 원	7위	래리 앨리슨	약 74조 원
3위	워렌 버핏	약 98조 원	8위	마크 저커버그	약 74조 원
4위	베르나르 아르노	약 90조 원	9위	마이클 블룸버그	약 66조 원
5위	카를로스 슬림	약 76조 원	10위	래리 페이지	약 60조 4000억 원

종합평가

실전 마무리 하기

맞힌 문제 수 개/10개

자리의 숫자를 찾아 합 구하기

1 다음 수에서 백억의 자리 숫자와 천만의 자리 숫자의 합을 구해 보세요.

591436700000

풀이

답

숫자로 쓸 때 0의 개수 비교하기

2 숫자를 쓸 때 0의 개수가 더 많은 것을 찾아 기호를 써 보세요.

㉠ 8조 2643억 ㉡ 900억 50만

풀이

답

뛰어 세기 활용하기 018쪽

3 재희네 가족이 해외로 여행을 가기 위해 필요한 돈은 350만 원입니다.
매달 70만 원씩 여행에 필요한 돈을 모으기로 했다면 몇 개월 동안 모아야 하나요?

풀이

답

㉠은 ㉡의 몇 배인지 구하기 006쪽

4 ㉠이 나타내는 값은 ㉡이 나타내는 값의 몇 배인지 구해 보세요.

3<u>4</u>1<u>4</u>6920
(㉠ ㉡)

풀이

답

주어진 돈을 큰 단위 돈으로 바꾸기 013쪽

5 천 원짜리 지폐로 3657000원이 있습니다. 이것을 10만 원짜리 수표로 바꾸려고 합니다. 10만 원짜리 수표 몇 장까지 바꿀 수 있나요?

풀이

답

전체 금액 알아보기 014쪽

6 선생님께서 10000원짜리 지폐 17장, 1000원짜리 지폐 15장, 100원짜리 동전 9개, 10원짜리 동전 8개를 가지고 있습니다. 선생님께서 가지고 있는 돈은 얼마인가요?

풀이

답

수 카드로 조건에 맞게 수 만들기 015쪽

7 수 카드를 모두 한 번씩 사용하여 만의 자리 숫자가 6, 십의 자리 숫자가 3인 가장 큰 수를 만들어 보세요.

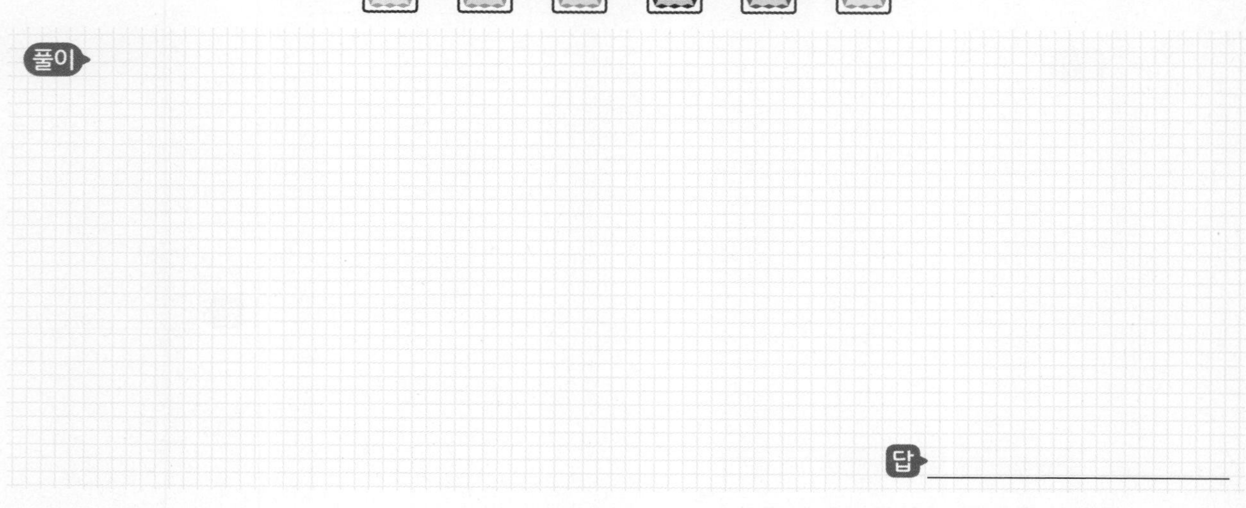

□ 안에 들어갈 수 있는 수 구하기 018쪽

8 0부터 9까지의 수 중에서 □ 안에 들어갈 수 있는 수를 모두 구해 보세요.

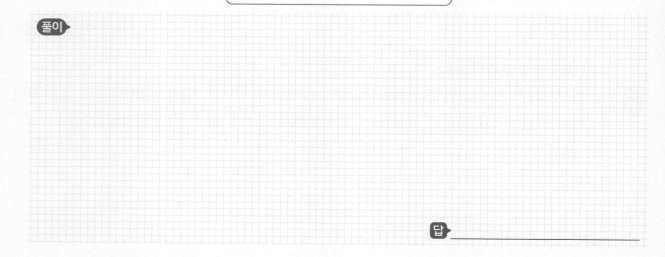

71839 < 71□52

풀이

답

수직선에서 ㉠이 나타내는 수 구하기 019쪽

9 수직선에서 ㉠이 나타내는 수를 구해 보세요.

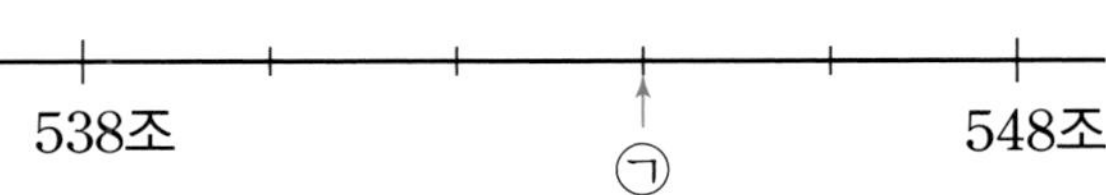

답

조건을 모두 만족하는 수 구하기 011쪽

10 조건을 모두 만족하는 수를 구해 보세요.

- 1, 2, 3, 4, 5의 수를 모두 한 번씩 사용하였습니다.
- 25300보다 크고 25400보다 작은 수입니다.
- 일의 자리 수는 짝수입니다.

풀이

답

2 각도

FUN 한 기억 노트

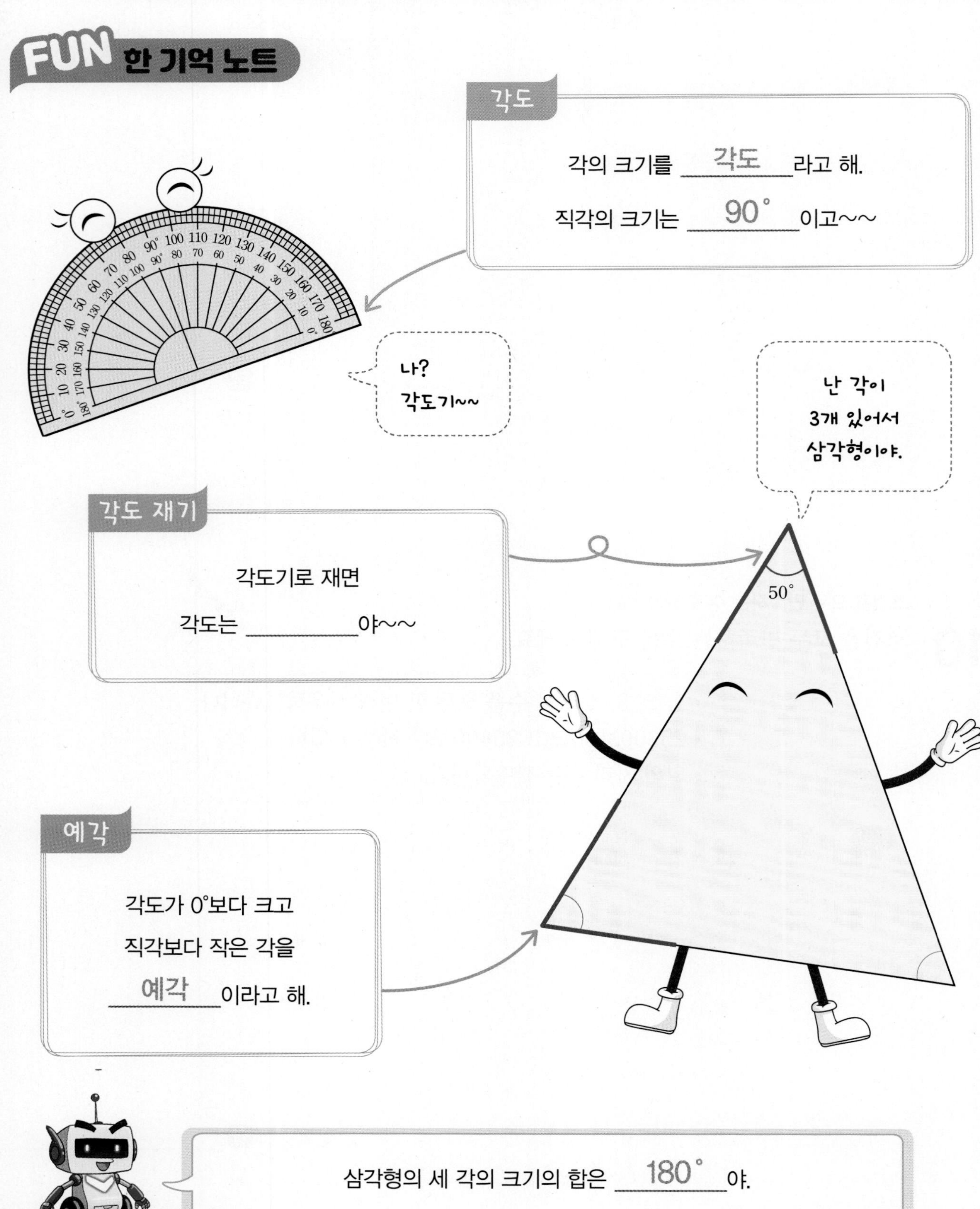

각도
각의 크기를 각도 라고 해.
직각의 크기는 90° 이고~~
나?
각도기~~
난 각이
3개 있어서
삼각형이야.
각도 재기
각도기로 재면
각도는 ____ 야~~
50°
예각
각도가 0°보다 크고
직각보다 작은 각을
예각 이라고 해.

삼각형의 세 각의 크기의 합은 180° 야.

매쓰 FUN 쓸 줄 알아야 진짜 실력!

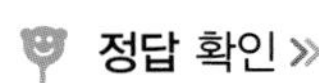

둔각

둔각은 각도가
90°보다 크고 ___180°___보다
작은 각이야.

각도 재기

각도기로 재면
각도는 ________야~~

70°

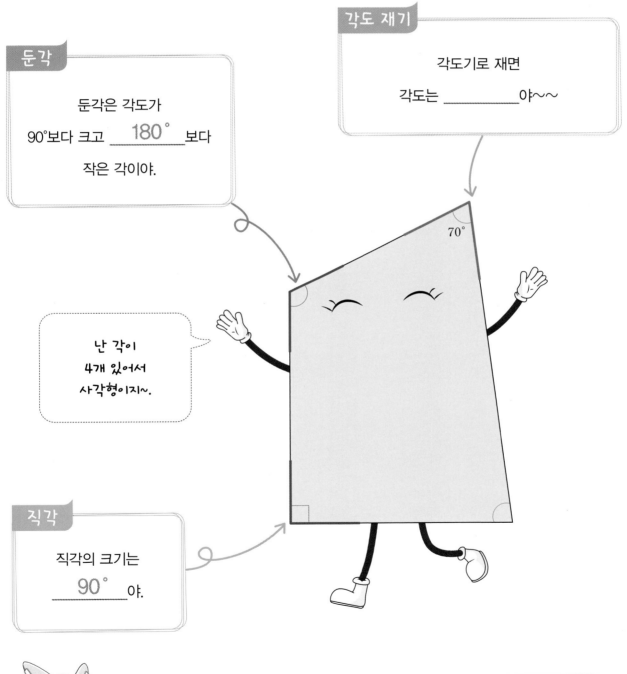

난 각이
4개 있어서
사각형이지~.

직각

직각의 크기는
___90°___야.

사각형의 네 각의 크기의 합은 ___360°___야.

STEP 1

문제 해결력 기르기

① 직선에서 각도 구하기

선행 문제 해결 전략

• 직선이 이루는 각도를 이용하여 각도 구하기

직선이 이루는 각도는 **180°**입니다.

180°

예 ㉠의 각도 구하기

㉠=**180°**−(주어진 각도)
직선이 이루는 각도

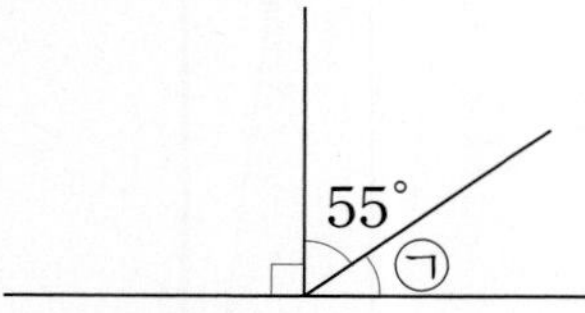

㉠=180°−70°=110°

선행 문제 1

(1) ㉠의 각도를 구해 보세요.

풀이 직선이 이루는 각도: 180°

➜ ㉠=180°−☐=☐

(2) ㉡의 각도를 구해 보세요.

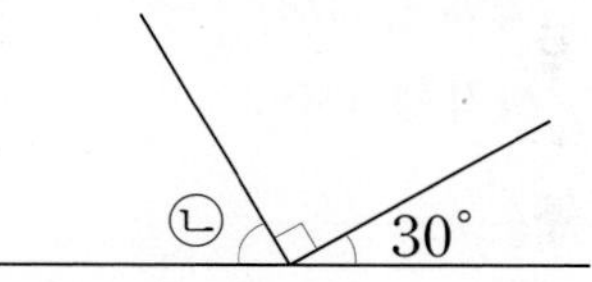

풀이 직선이 이루는 각도: ☐

➜ ㉡=☐−50°=☐

실행 문제 1

㉠의 각도를 구해 보세요.

55°
㉠

❶ 직선이 이루는 각도: ☐

전략 직선이 이루는 각도에서 주어진 각도를 차례로 빼자.

❷ ㉠=☐−☐−55°
=☐

답 ______

쌍둥이 문제 1-1

㉡의 각도를 구해 보세요.

㉡
30°

실행 문제 따라 풀기

❶

❷

답 ______

2

각도

② 도형 안에 있는 각도 구하기

해결 전략

• 삼각형 안에 있는 각도 구하기

(삼각형 안에 있는 한 각의 크기)
$=\mathbf{180}^\circ-$(주어진 두 각의 크기)
└ 삼각형 세 각의 크기의 합

예 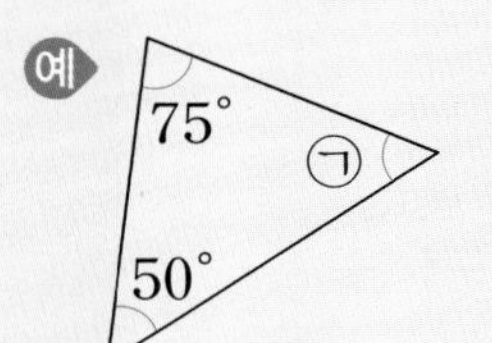

㉠$=180^\circ-75^\circ-50^\circ$
$=55^\circ$ 주어진 각도를 차례로 빼자.

• 사각형 안에 있는 각도 구하기

(사각형 안에 있는 한 각의 크기)
$=\mathbf{360}^\circ-$(주어진 세 각의 크기)
└ 사각형 네 각의 크기의 합

예 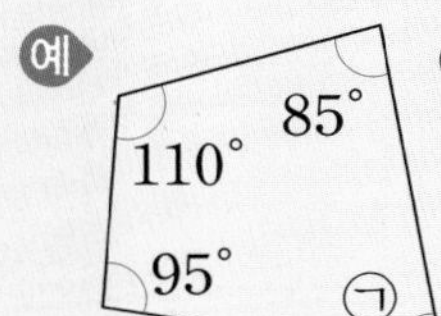

㉠$=360^\circ-110^\circ-95^\circ-85^\circ$
$=70^\circ$ 주어진 각도를 차례로 빼자.

선행 문제 2

(1) 삼각형 세 각의 크기의 합을 구해 보세요.

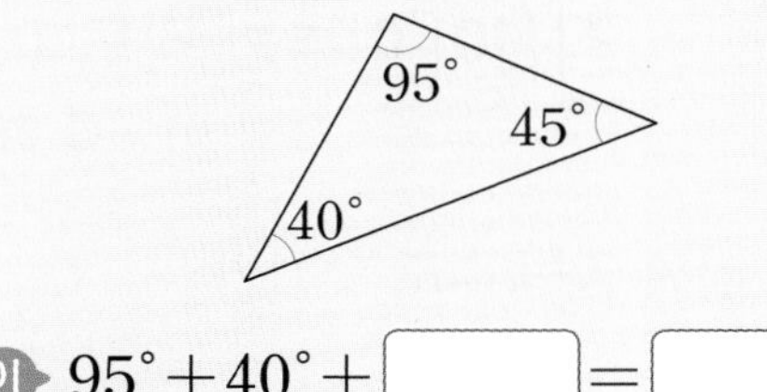

풀이 $95^\circ+40^\circ+$ ☐ $=$ ☐

(2) 사각형 네 각의 크기의 합을 구해 보세요.

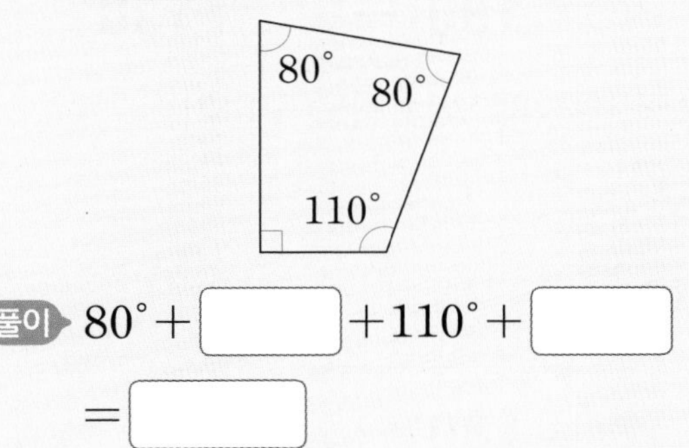

풀이 $80^\circ+$ ☐ $+110^\circ+$ ☐
$=$ ☐

실행 문제 2

㉠의 각도를 구해 보세요.

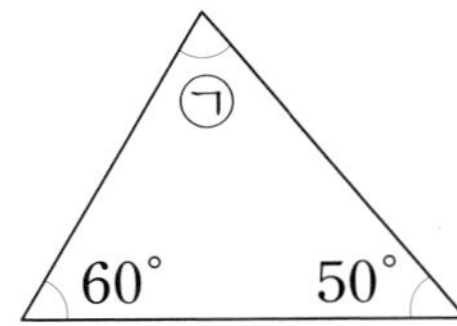

❶ 삼각형 세 각의 크기의 합: ☐

전략 삼각형 세 각의 크기의 합에서 주어진 각도를 차례로 빼자.

❷ ㉠$=$ ☐ $-60^\circ-$ ☐
$=$ ☐

답 ____________

쌍둥이 문제 2-1

㉠의 각도를 구해 보세요.

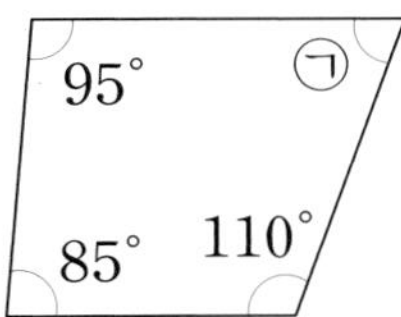

실행 문제 따라 풀기

❶

❷

답 ____________

{ 문제 해결력 기르기 }

③ 도형 밖에 있는 각도 구하기

선행 문제 해결 전략

도형 밖에 있는 각도를 구할 때에는 **직선이 이루는 각도**에서 **도형 안에 있는 각도**를 빼자.

1. 삼각형 밖에 있는 각도 구하기

예

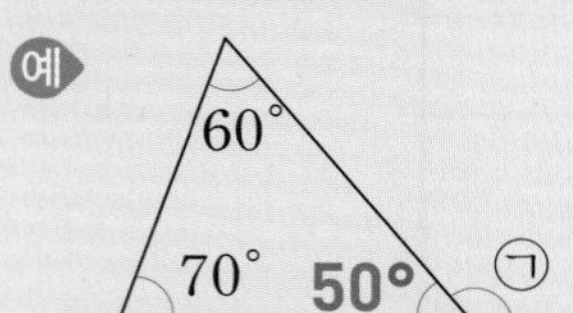

㉠ = 180° − 50° = 130°

└ 직선이 이루는 각도

2. 사각형 밖에 있는 각도 구하기

예

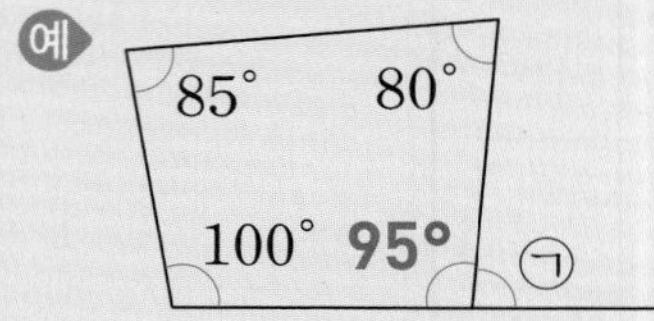

㉠ = 180° − 95° = 85°

└ 직선이 이루는 각도

선행 문제 3

㉠의 각도를 구해 보세요.

(1)

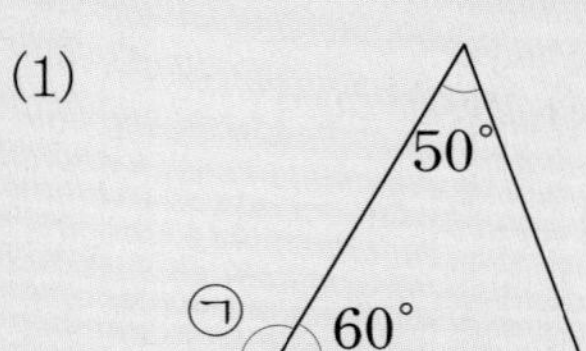

풀이 직선이 이루는 각도 : ☐

➜ ㉠ = ☐ − 60° = ☐

(2)

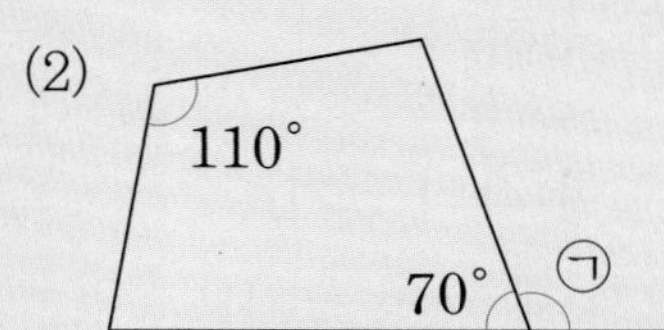

풀이 직선이 이루는 각도 : ☐

➜ ㉠ = ☐ − 70° = ☐

실행 문제 3

㉠의 각도를 구해 보세요.

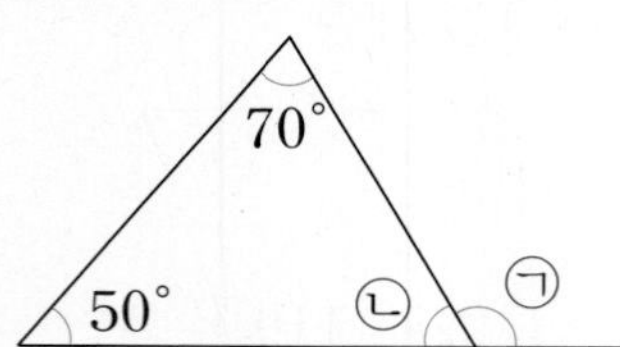

전략 삼각형 세 각의 크기의 합에서 주어진 각도를 차례로 빼자.

❶ ㉡ = ☐ − 70° − ☐

= ☐

전략 ㉠ = (직선이 이루는 각도) − ㉡

❷ ㉠ = ☐ − ㉡

= ☐ − ☐

= ☐

답 ____________

쌍둥이 문제 3-1

㉠의 각도를 구해 보세요.

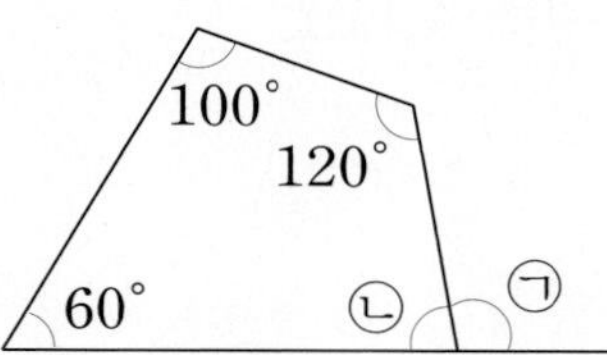

실행 문제 따라 풀기

❶

❷

답 ____________

2

각도

④ 두 직각 삼각자에서 각도 구하기

선행 문제 해결 전략

참고 직각 삼각자 2개의 각도는 다음과 같습니다.

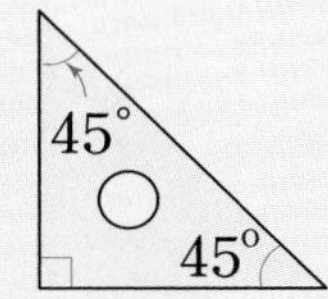

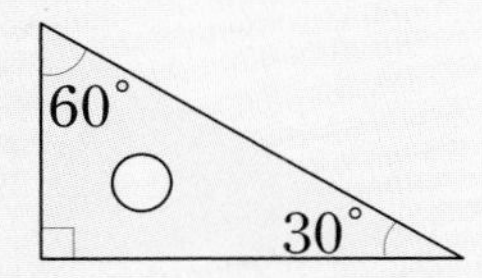

예 이어 붙여서 생기는 각도 구하기

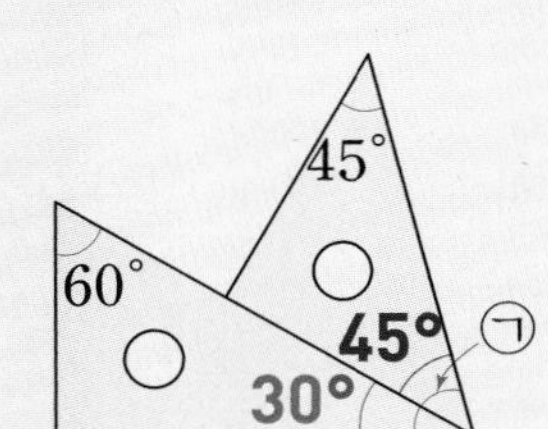

각도의 합을 구한다.

㉠=30°+45°
=75°

예 겹쳤을 때 생기는 각도 구하기

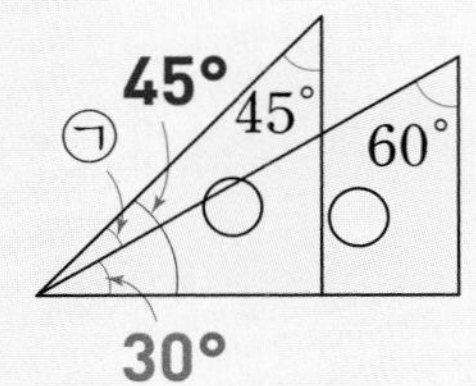

각도의 차를 구한다.

㉠=45°−30°
=15°

선행 문제 4

□ 안에 알맞은 각도를 써넣으세요.

(1)

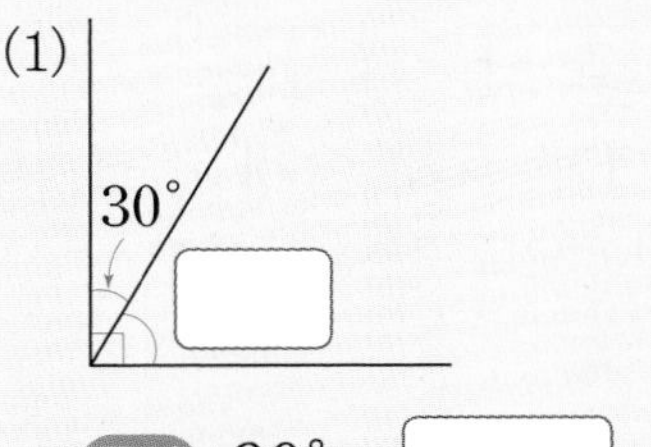

풀이 90°−□=□

(2)

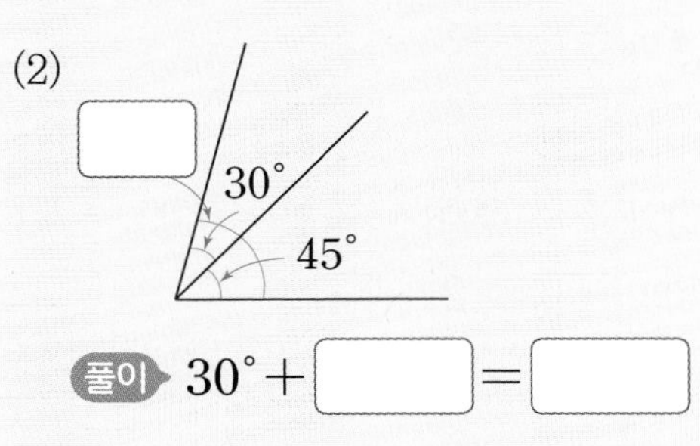

풀이 30°+□=□

실행 문제 4

두 직각 삼각자를 다음과 같이 이어 붙였습니다./ ■의 각도를 구해 보세요.

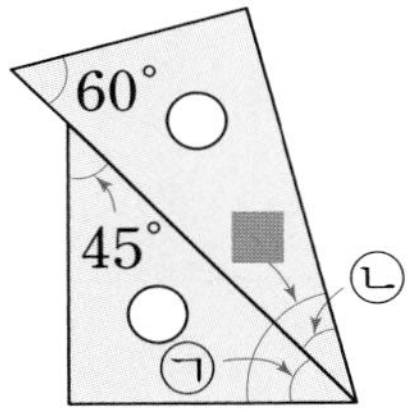

전략 직각 삼각자의 각도를 생각하여 ㉠과 ㉡의 각도를 알아보자.

❶ ㉠=□

㉡=□

전략 ■=㉠+㉡

❷ ■=□+□=□

답 ______

쌍둥이 문제 4-1

두 직각 삼각자를 다음과 같이 이어 붙였습니다./ ●의 각도를 구해 보세요.

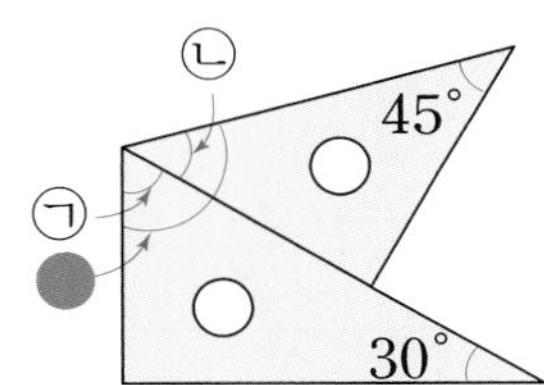

실행 문제 따라 풀기

❶

❷

답 ______

5 예각, 둔각의 개수 구하기

선행 문제 해결 전략

• 도형을 보고 크고 작은 각의 개수 구하기

크고 작은 각을 찾을 때에는
작은 각 1개, 2개, 3개……로
이루어진 각으로 구분하여 찾자.

예

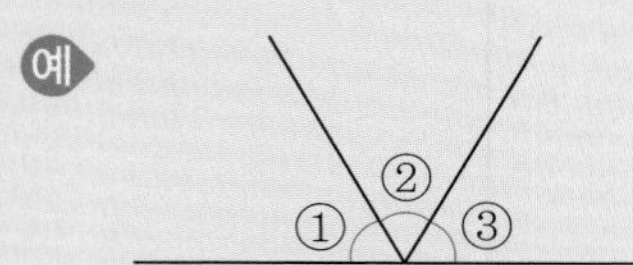

① **작은 각 1개**로 이루어진 각:
①, ②, ③ ➔ 3개

② **작은 각 2개**로 이루어진 각:
①+②, ②+③ ➔ 2개

③ **작은 각 3개**로 이루어진 각:
①+②+③ ➔ 1개

➔ 크고 작은 각의 수: $3+2+1=6$(개)

선행 문제 5

도형을 보고 물음에 답하세요.

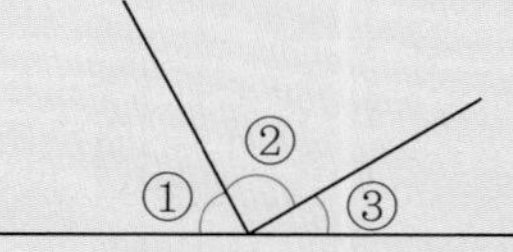

(1) 작은 각 1개로 이루어진 각은 몇 개인가요?

풀이 ①, ☐, ☐ ➔ ☐개

(2) 작은 각 2개로 이루어진 각은 몇 개인가요?

풀이 ①+②, ☐+☐ ➔ ☐개

(3) 작은 각 3개로 이루어진 각은 몇 개인가요?

풀이 ①+☐+☐ ➔ ☐개

실행 문제 5

도형에서 찾을 수 있는 예각은 모두 몇 개인가요?

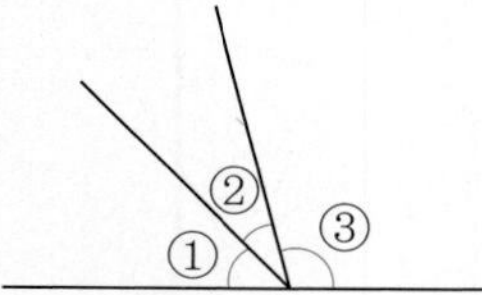

❶ 작은 각 1개로 이루어진 각:
①, ☐, ☐
➔ 이 중에서 예각은 ________이다.

❷ 작은 각 2개로 이루어진 각:
☐+☐, ☐+☐
➔ 이 중에서 예각은 ________이다.

전략 ❶과 ❷에서 구한 예각의 수를 세어 보자.

❸ 예각의 수: ☐개

답 ________

쌍둥이 문제 5-1

도형에서 찾을 수 있는 예각은 모두 몇 개인가요?

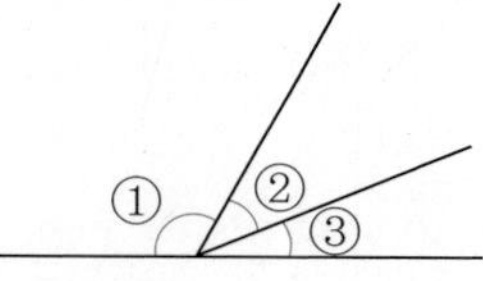

실행 문제 따라 풀기

❶

❷

❸

답 ________

6 도형에서 각도의 합 구하기

선행 문제 해결 전략

• 도형에서 8개 각의 크기의 합 구하기

도형을 삼각형 또는 사각형으로 나누자. 도형을 나누는 선을 그을 때는 꼭짓점과 꼭짓점을 연결해야 해~

① 삼각형으로 나누어 구하기

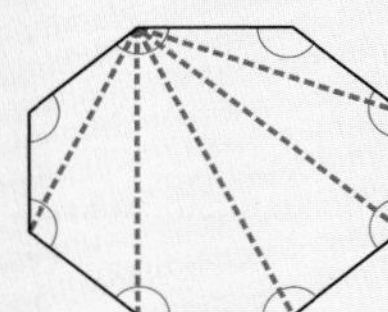

삼각형 **6**개로 나뉜다.
(8개 각의 크기의 합)
$=180^\circ \times 6 = 1080^\circ$
(180°: 삼각형 세 각의 크기의 합)

② 사각형으로 나누어 구하기

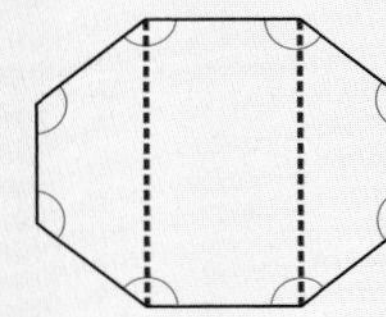

사각형 **3**개로 나뉜다.
(8개 각의 크기의 합)
$=360^\circ \times 3 = 1080^\circ$
(360°: 사각형 네 각의 크기의 합)

선행 문제 6

(1) 도형에 선을 그어 삼각형으로 나누어 보세요.

(2) 도형에 선을 그어 사각형으로 나누어 보세요.

(3) 도형에 선을 그어 삼각형과 사각형으로 나누어 보세요.

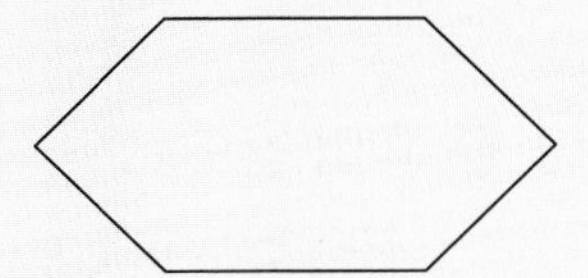

실행 문제 6

오른쪽 도형에서 5개 각의 크기의 합을 구해 보세요.

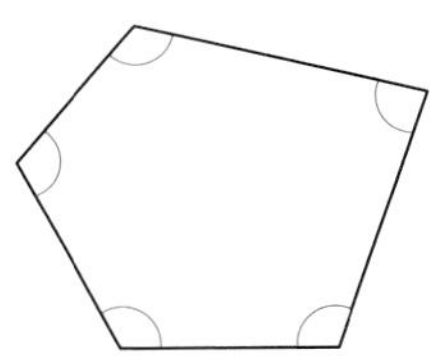

전략 도형에 선을 그어 삼각형으로 나누자.

❶ 도형을 삼각형으로 나누기:

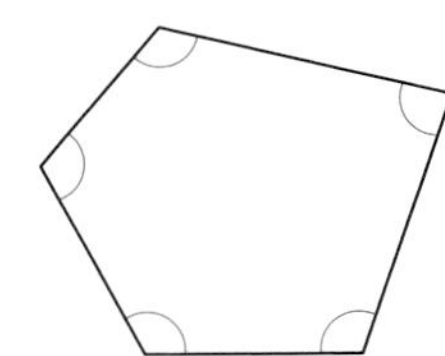

➔ 삼각형 : 개

전략 180°×(삼각형의 수)

❷ (5개 각의 크기의 합)
$=180^\circ \times \square = \square$

답 

다르게 풀기

❶ 도형을 삼각형과 사각형으로 나누기:

➔ 삼각형 : □개
사각형 : □개

전략 (삼각형 세 각의 크기의 합)+(사각형 네 각의 크기의 합)

❷ (5개 각의 크기의 합)
$=180^\circ + \square = \square$

답 

2 각도

STEP 2

{ 수학 사고력 키우기 }

직선에서 각도 구하기

연계학습 032쪽

대표 문제 1 오른쪽 그림에서 ㉠의 각도를 구해 보세요.

구하려는 것은? ☐의 각도

주어진 것은?
- 주어진 각도: 90°, ☐

해결해 볼까?

❶ 직선이 이루는 각도는?

답 ________

❷ ㉡의 각도는?

전략 (직선이 이루는 각도)−(주어진 각도)

답 ________

❸ ㉠의 각도는?

전략 (직각)−㉡

답 ________

쌍둥이 문제 1-1

오른쪽 그림에서 ㉠의 각도를 구해 보세요.

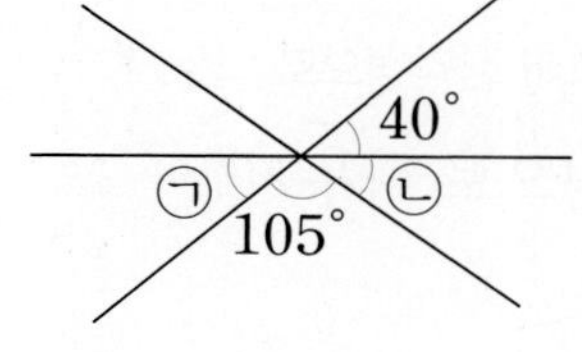

대표 문제 따라 풀기

도형 안에 있는 각도 구하기

연계학습 033쪽

대표 문제 2

㉠과 ㉡의 각도의 합을 구해 보세요.

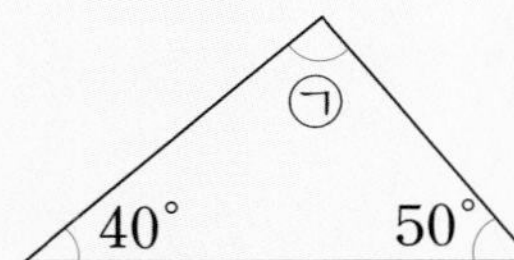

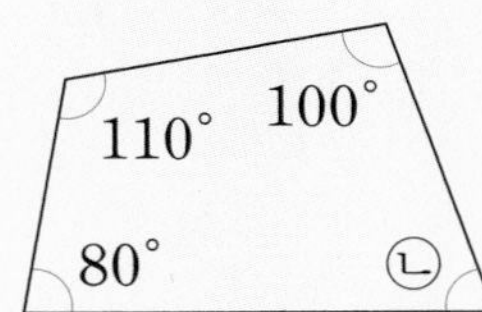

구하려는 것은?

㉠과 ㉡의 각도의 ☐

주어진 것은?

- 삼각형에서 주어진 각도: 40°, 50°
- 사각형에서 주어진 각도: ☐, ☐, ☐

해결해 볼까?

❶ ㉠의 각도는?

전략 180° −(주어진 두 각의 크기)

답 ____________

❷ ㉡의 각도는?

전략 360° −(주어진 세 각의 크기)

답 ____________

❸ ㉠과 ㉡의 각도의 합은?

답 ____________

쌍둥이 문제 2-1

㉠과 ㉡의 각도의 차를 구해 보세요.

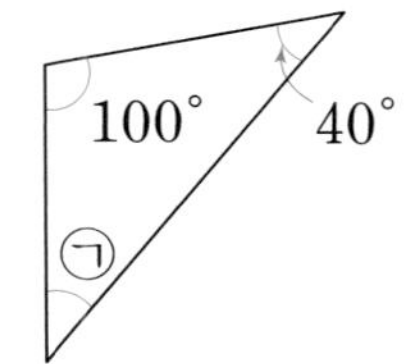

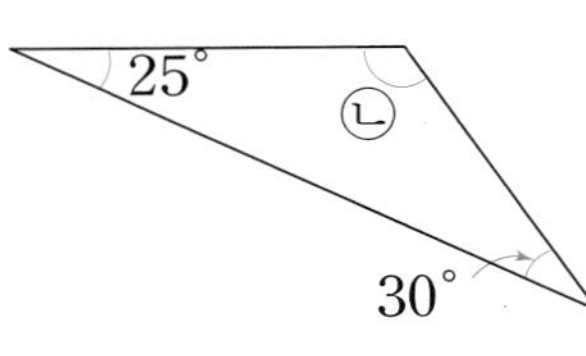

대표 문제 따라 풀기

❶

❷

❸

답 ____________

STEP 2

수학 사고력 키우기

도형 밖에 있는 각도 구하기

연계학습 034쪽

대표 문제 3 삼각형에서 ㉠과 ㉡의 각도의 합을 구해 보세요.

구하려는 것은?
㉠과 ㉡의 각도의 □

주어진 것은?
- 삼각형 밖에 있는 각도 : □

해결해 볼까?

❶ ㉢의 각도는?

전략 (직선이 이루는 각도)−130°

답 ______________

❷ ㉠과 ㉡의 각도의 합은?

전략 (삼각형 세 각의 크기의 합)−㉢

답 ______________

쌍둥이 문제 3-1 삼각형에서 ㉠과 ㉡의 각도의 합을 구해 보세요.

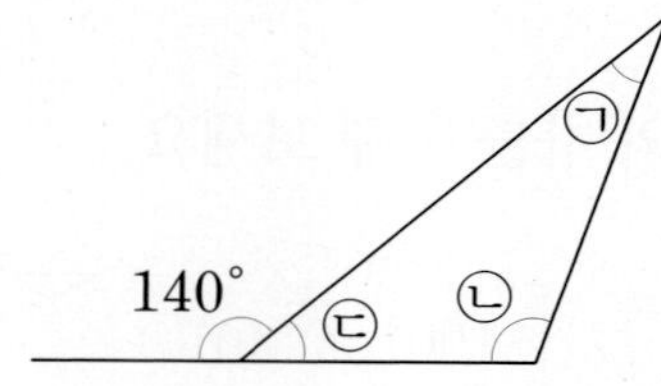

대표 문제 따라 풀기

❶

❷

답 ______________

두 직각 삼각자에서 각도 구하기

연계학습 035쪽

대표 문제 4 두 직각 삼각자를 오른쪽과 같이 겹쳤습니다.
㉠의 각도를 구해 보세요.

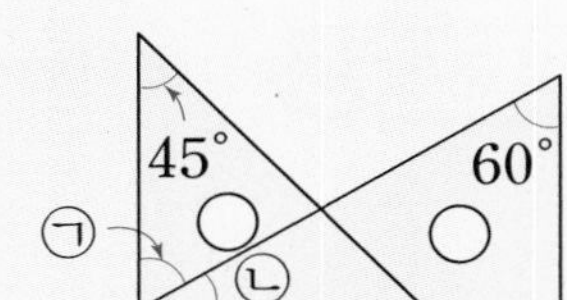

구하려는 것은?

☐의 각도

주어진 것은?

- 두 ☐ 삼각자
- 주어진 각도 : ☐, ☐

해결해 볼까?

❶ ㉡의 각도는?

전략 직각 삼각자의 한 각도이다.

답 ________

❷ ㉠의 각도는?

전략 ㉠+㉡=90°

답 ________

쌍둥이 문제 4-1

두 직각 삼각자를 오른쪽과 같이 겹쳤습니다.
㉠의 각도를 구해 보세요.

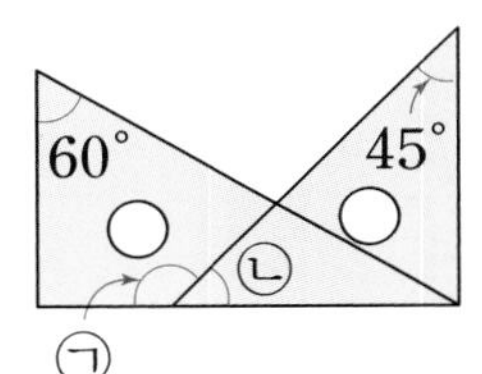

대표 문제 따라 풀기

❶

❷

 답 ________

예각, 둔각의 개수 구하기

연계학습 036쪽

대표 문제 5 도형에서 찾을 수 있는 둔각은 모두 몇 개인가요?

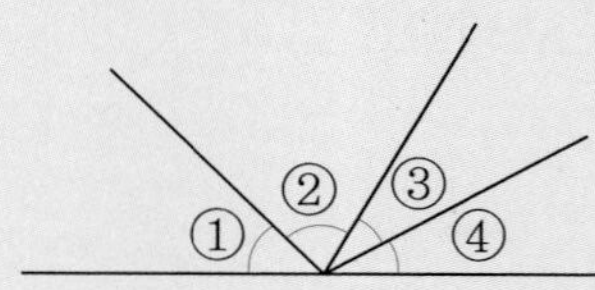

구하려는 것은? ☐의 개수

어떻게 풀까?

1 작은 각 1개짜리, 2개짜리, 3개짜리 각을 알아본 다음

2 둔각인 것을 찾자.

해결해 볼까?

❶ 작은 각 1개, 2개, 3개로 이루어진 둔각은 각각 몇 개?

전략 90°<(둔각)<180°

답 작은 각 1개: ________, 2개: ________, 3개: ________

❷ 둔각은 모두 몇 개?

답 ________

쌍둥이 문제 5-1 도형에서 찾을 수 있는 둔각은 모두 몇 개인가요?

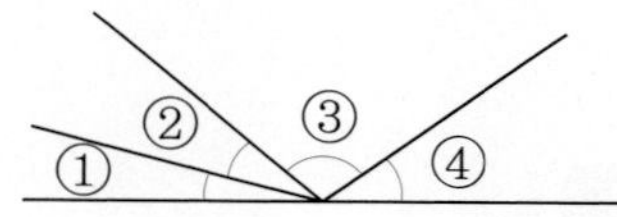

대표 문제 따라 풀기

❶

❷

답 ________

도형에서 각도의 합 구하기

연계학습 037쪽

대표 문제 6 도형에서 6개 각의 크기의 합을 구해 보세요.

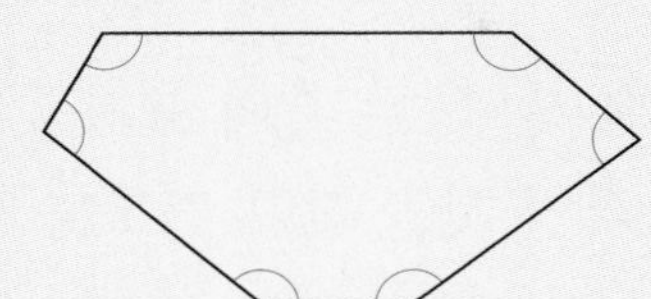

구하려는 것은?

□개 각의 크기의 합

어떻게 풀까?

1 도형을 삼각형 또는 사각형으로 나눈 다음

2 삼각형 세 각의 합, 사각형 네 각의 합을 이용하여 6개 각의 크기의 합을 구하자.

해결해 볼까?

❶ 도형에 선을 그어 삼각형 또는 사각형으로 나누기

전략 삼각형 또는 사각형으로 나누자.

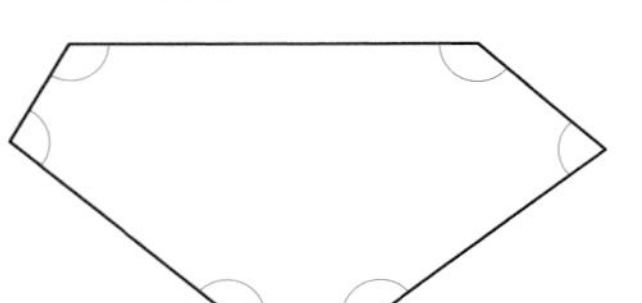

❷ 6개 각의 크기의 합은?

전략 삼각형 세 각의 크기의 합 또는 사각형 네 각의 크기의 합을 이용하자.

답 ____________

쌍둥이 문제 6-1

도형에서 7개 각의 크기의 합을 구해 보세요.

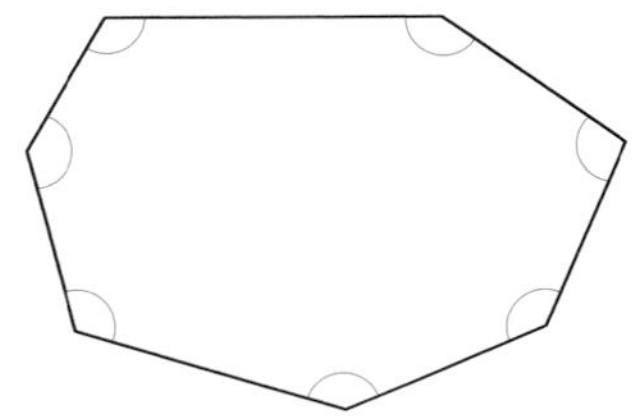

대표 문제 따라 풀기

❶

❷

답 ____________

STEP 3

수학 독해력 완성하기

나머지 각을 구하여 예각, 직각, 둔각 찾기

독해 문제 1

다음은 삼각형의 세 각 중 두 각의 크기를 나타낸 것입니다./
나머지 한 각이 둔각인 것을 찾아 기호를 써 보세요.

㉠ 25°, 80°　　㉡ 45°, 40°

해결해 볼까?

❶ 나머지 한 각의 크기를 각각 구하면?

답 ㉠: ________, ㉡: ________

❷ 나머지 한 각이 둔각인 것은?

전략 90°<(둔각)<180°

답 ________

시각을 보고 예각, 직각, 둔각 구별하기

독해 문제 2

시계의 긴바늘과 짧은바늘이 이루는 작은 쪽의 각이 둔각인 것을 찾아/
기호를 써 보세요.

㉠ 5시 40분　　㉡ 1시 30분

❶ ㉠의 시각을 시계에 그려 보면?

답

❷ ㉡의 시각을 시계에 그려 보면?

답

❸ 시계의 긴바늘과 짧은바늘이 이루는 작은 쪽의 각이 둔각인 것을 찾아 기호를 쓰면?

답 ________

삼각형의 세 각의 크기가 될 수 없는 것 찾기

삼각형의 세 각의 크기가 될 수 없는 것을 찾아 기호를 써 보세요.

㉠ 70°, 45°, 65°　　㉡ 25°, 95°, 60°　　㉢ 30°, 40°, 120°

❶ ㉠, ㉡, ㉢의 세 각의 크기의 합을 각각 구하면?

㉠: ______

㉡: ______

㉢: ______

❷ 삼각형의 세 각의 크기가 될 수 없는 것을 찾아 기호를 쓰면?

전략 (삼각형의 세 각의 크기의 합)=180°

______

도형에서 ㉠, ㉡의 각도 구하기

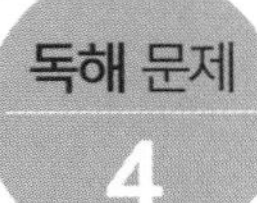

도형에서 ㉠, ㉡의 각도를 각각 구해 보세요.

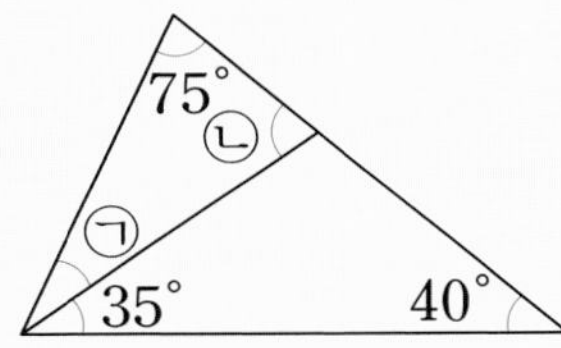

해결해 볼까?

❶ 두 각이 35°, 40°인 삼각형에서 나머지 한 각의 크기는?

답 ______

❷ ㉡의 각도는?

답 ______

❸ ㉠의 각도는?

답 ______

2

각도

STEP 3

수학 독해력 완성하기

똑같이 나누어진 각에서 각도 구하기

독해 문제 5

직선을 크기가 같은 각 6개로 나눈 것입니다./ 각 ㄱㅇㄴ의 크기는 몇 도인가요?

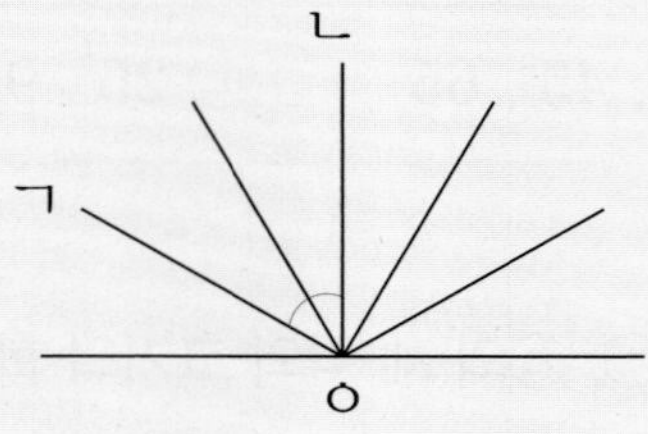

구하려는 것은? 각 ☐의 크기

주어진 것은?
- 직선이 이루는 각
- 크기가 같은 각: ☐개

어떻게 풀까?
1 직선이 이루는 각도는 180°임을 알고 크기가 같은 각의 개수로 나누어 한 각의 크기를 먼저 구한 다음
2 각 ㄱㅇㄴ의 크기를 구하자.

해결해 볼까?

❶ 직선이 이루는 각도는?

답 ______

❷ 직선을 크기가 같은 각 6개로 나누었을 때 한 각의 크기는?

답 ______

❸ 각 ㄱㅇㄴ의 크기는?

답 ______

2 각도

도형 밖에 있는 각도 구하기

연계학습 033, 034쪽

㉠의 각도를 구해 보세요.

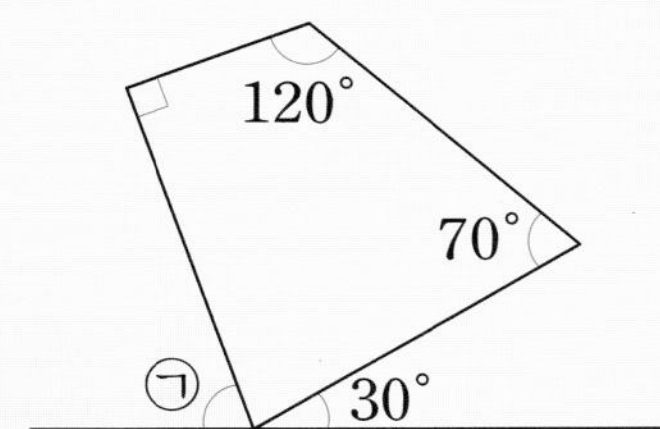

구하려는 것은? ☐의 각도

주어진 것은?
- 사각형 안의 세 각 : ☐, ☐, ☐
- 사각형 밖의 한 각 : ☐

어떻게 풀까?
1. 사각형 네 각의 크기의 합이 360°임을 이용하여 나머지 한 각의 크기를 구한 다음
2. 직선이 이루는 각도가 180°임을 이용하여 ㉠의 각도를 구하자.

해결해 볼까?

❶ 사각형에서 나머지 한 각의 크기는?

답 ____________

❷ 직선이 이루는 각도는?

답 ____________

❸ ㉠의 각도는?

4 STEP

창의·융합·코딩 체험하기

코딩 1 왼쪽과 같은 각을 그리려면 어떻게 해야 할까요?/
▢ 안에 알맞은 각도를 써넣으세요.

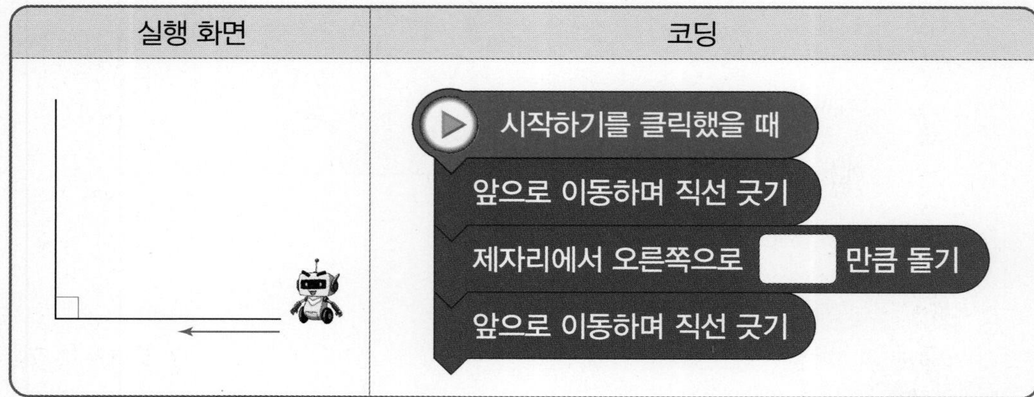

실행 화면
코딩
시작하기를 클릭했을 때
앞으로 이동하며 직선 긋기
제자리에서 오른쪽으로 ▢ 만큼 돌기
앞으로 이동하며 직선 긋기

창의 2 책상 다리가 흔들려서 나무 조각을 그림과 같이 끼워 고정하려고 합니다./
책상 다리의 기울어진 정도가 바닥으로부터 15°, 끼운 나무 조각의 한 각도가 9°일 때/
한 각이 몇 도인 나무 조각이 더 필요한가요?

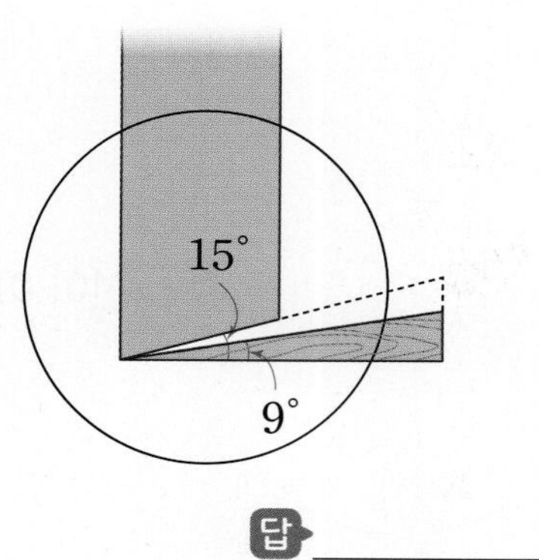

답 ____________________

2 각도

융합 **3** 오른쪽은 이탈리아 피사시의 피사 대성당에 있는 종탑인 '피사의 사탑'인데 기울어진 것으로 유명합니다./ 민주가 직각삼각형을 그려서 기울어진 정도를 알 수 있는 힌트를 만들었습니다./ 피사의 사탑은 약 몇 도 기울어져 있나요?

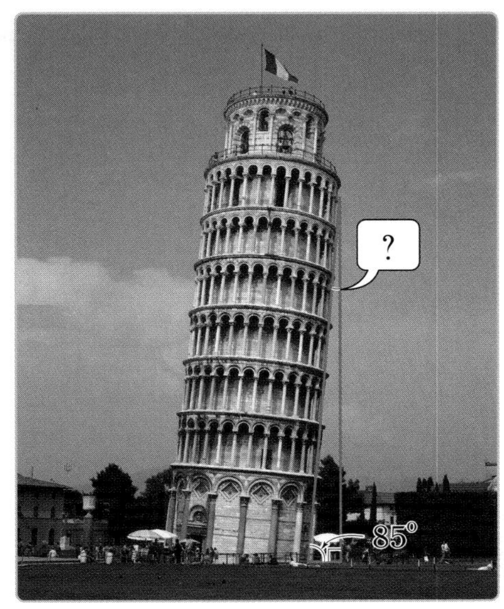

답 ______________

코딩 **4** 입력한 각이 예각인지, 직각인지, 둔각인지 구별하는 과정을 나타낸 순서도입니다./ □ 안에 예각, 직각, 둔각 중에서 알맞은 말을 써넣어 순서도를 완성해 보세요.

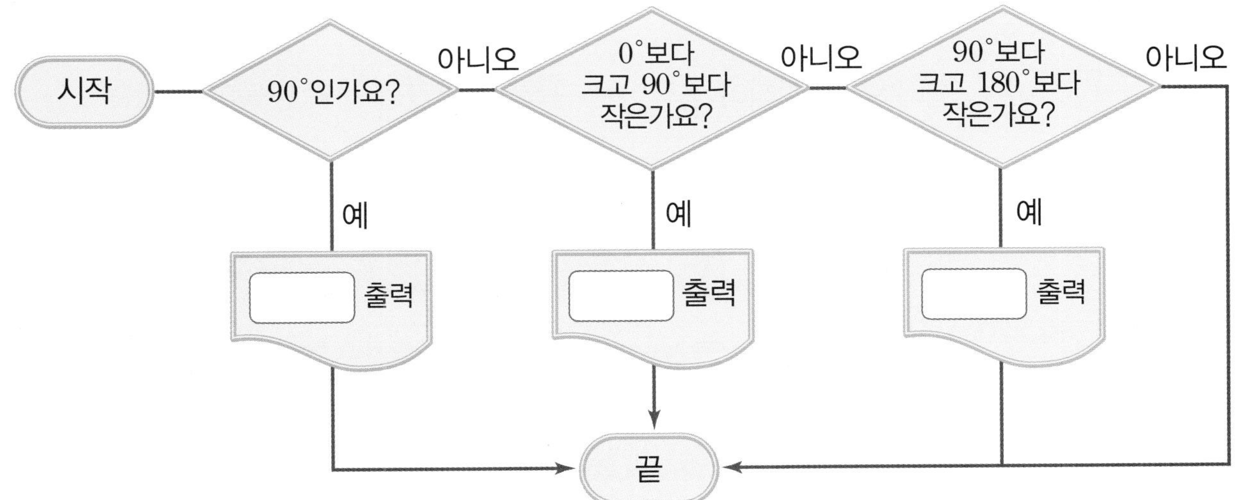

{창의·융합·코딩 체험하기}

창의 5

다음과 같이 사각형과 삼각형 모양의 종이가 붙어 있습니다./
㉠의 각도가 ㉡의 2배일 때,/
사각형과 삼각형 사이에 끼어있는 ㉢의 각도를 구해 보세요.

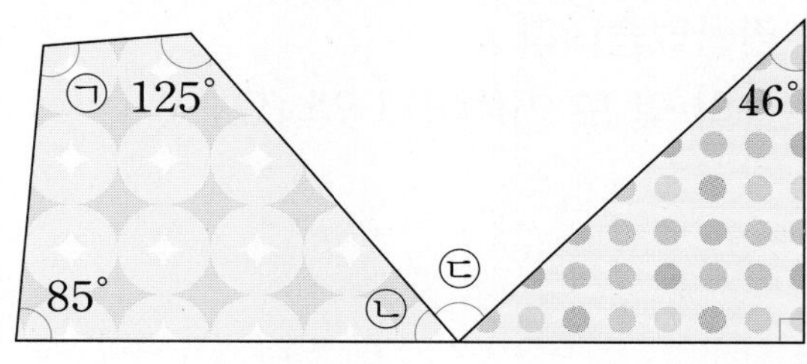

답

코딩 6

초침은 다음과 같은 코딩으로 움직입니다./

10분 동안 분침과 시침이 움직이는 규칙을/ 빈칸을 채워 만들어 보세요.

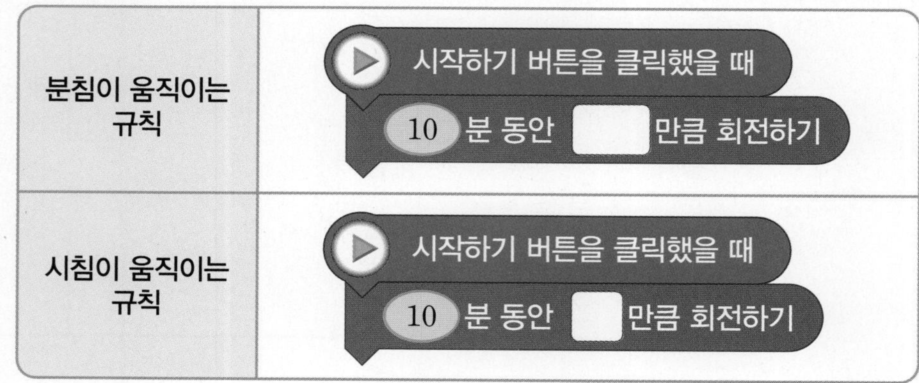

분침이 움직이는 규칙
시작하기 버튼을 클릭했을 때
10 분 동안 만큼 회전하기
시침이 움직이는 규칙
시작하기 버튼을 클릭했을 때
10 분 동안 만큼 회전하기

다음과 같이 1개의 직선과 2개의 삼각형 모양의 종이가 붙어 있습니다./
▢ 안에 알맞는 각도를 구해 보세요.

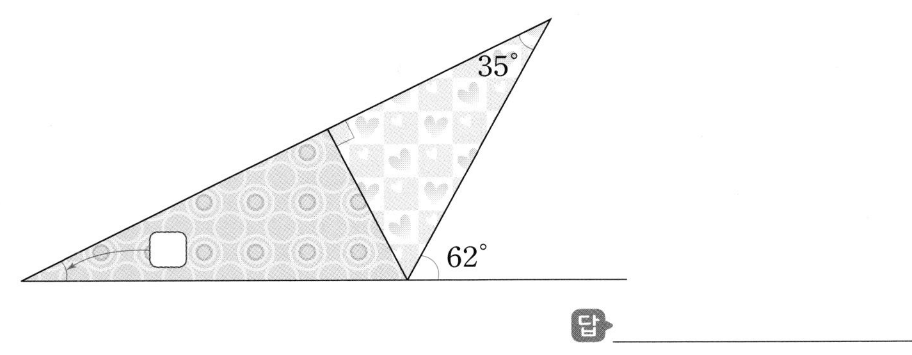

답

직사각형 모양의 종이를 접었더니 다음과 같은 각의 크기를 알 수 있었습니다./
㉠의 각도를 구해 보세요.

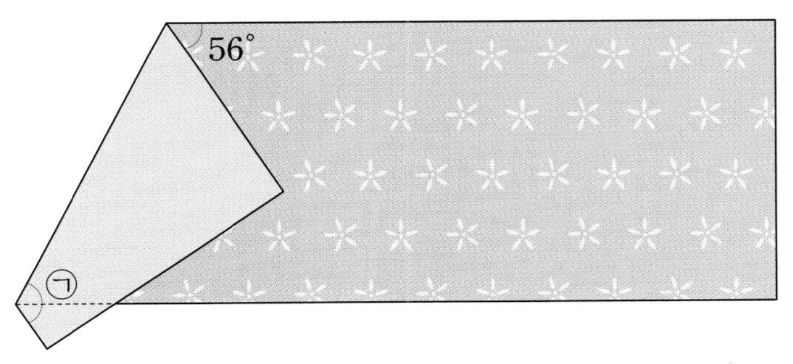

접기 전의 직사각형을 그리고, 접었을 때 접힌 부분의 각의 크기와 같은 곳을 찾아봐~

답

실전 마무리 하기

맞힌 문제 수
개 /10개

예각과 둔각 찾기

1 도형에서 예각과 둔각은 각각 몇 개인가요?

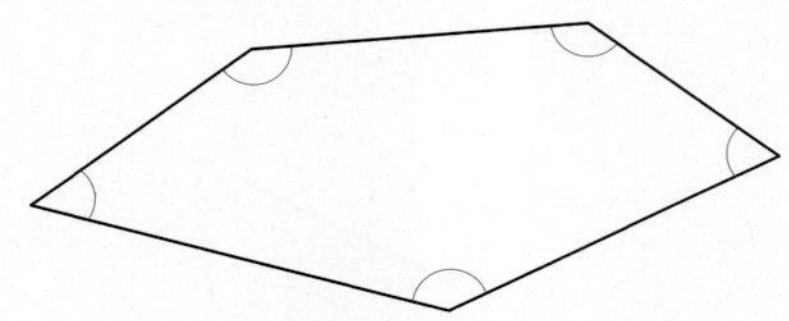

풀이

답 예각: ________ , 둔각: ________

각도의 차에서 □ 안에 알맞은 각도 구하기

2 □ 안에 알맞은 각도를 구해 보세요.

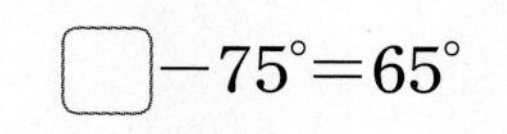

풀이

답 ________

직선에서 각도 구하기 032쪽

3 ㉠의 각도를 구해 보세요.

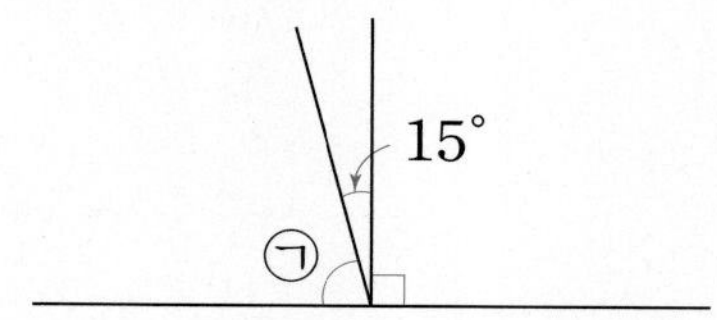

풀이

답 ________

도형 안에 있는 각도 구하기 033쪽

4 ㉠과 ㉡의 각도의 합을 구해 보세요.

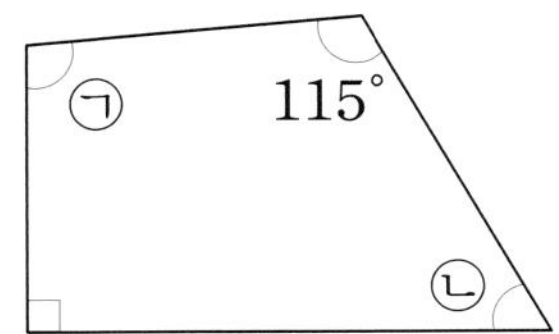

풀이

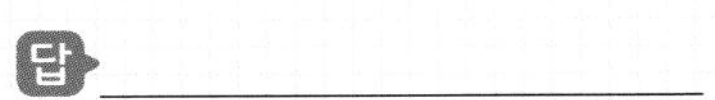

시각을 보고 예각, 직각, 둔각 구별하기 044쪽

5 시계의 긴바늘과 짧은바늘이 이루는 작은 쪽의 각이 예각인 것을 찾아 기호를 써 보세요.

㉠ 10시 20분　　㉡ 6시 45분

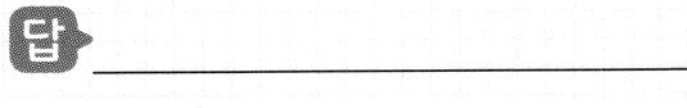

도형 밖에 있는 각도 구하기 047쪽

6 ㉠의 각도를 구해 보세요.

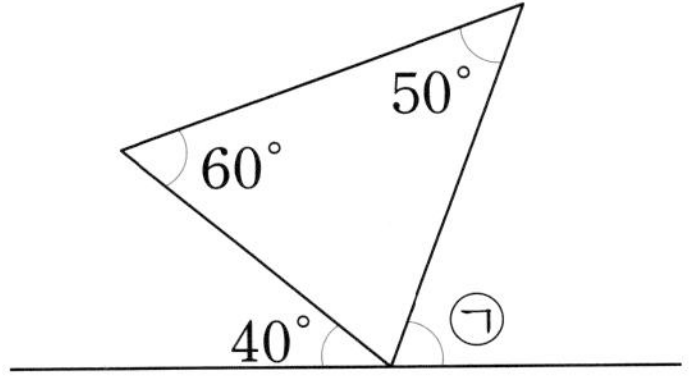

풀이

예각, 둔각의 개수 구하기 042쪽

7 도형에서 찾을 수 있는 예각은 모두 몇 개인지 구해 보세요.

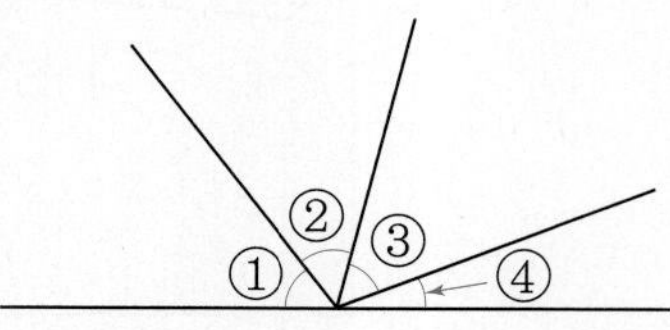

풀이

답 ____________

도형에서 각도의 합 구하기 043쪽

8 도형에서 8개 각의 크기의 합을 구해 보세요.

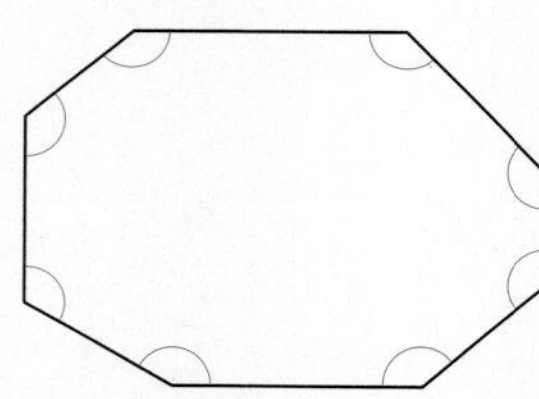

풀이

답 ____________

두 직각 삼각자에서 각도 구하기 041쪽

9 두 직각 삼각자를 겹쳐서 만든 것입니다. ㉠의 각도를 구해 보세요.

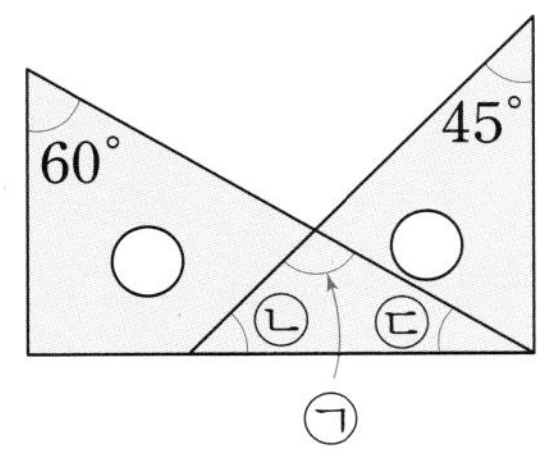

도형에서 ㉠, ㉡의 각도 구하기 045쪽

10 도형에서 ㉠, ㉡의 각도를 각각 구해 보세요.

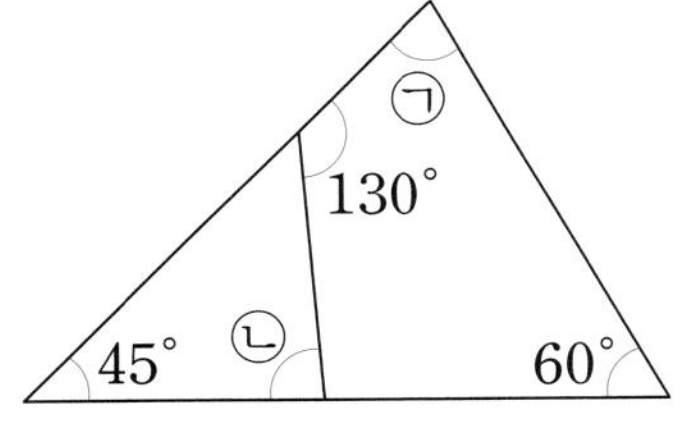

3 곱셈과 나눗셈

FUN 한 이야기

태형이네 집 근처 공원에서 알뜰 장터가 열렸어요./

태형이는 쿠키 한 개에 500원씩 팔고 있어요./

한 시간 동안 판 쿠키 15개의 판매 금액은 모두 얼마인가요?

한 시간 후

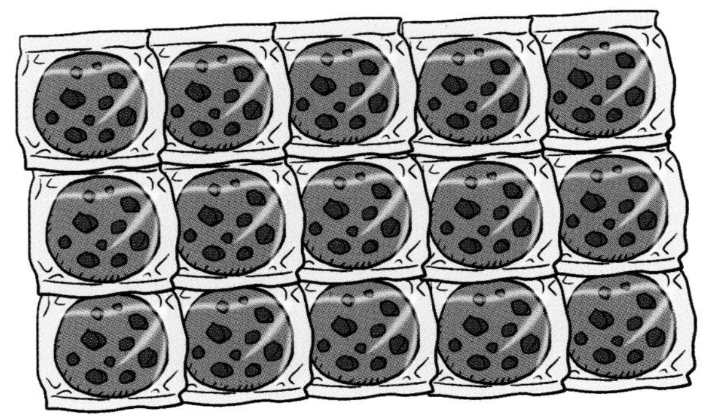

판 쿠키의 수: 15개

➔ 판매 금액: (500 × ☐)원

한 시간 동안 판 쿠키의 판매 금액은 500원짜리 15개의 금액의 합이므로 500에 15를 곱해 구하자.

식 ____________________

답 ____________ 원

STEP 1

문제 해결력 기르기

1 남은 물건의 수 구하기

선행 문제 해결 전략

• 곱셈식으로 나타내야 하는 경우

●개씩	■묶음
●장씩	■상자
●개씩	■봉지
●의	■배

●×■

곱셈은 순서를 바꾸어 계산할 수 있어.
●×■=■×●

선행 문제 1

곱셈식으로 나타내어 계산해 보세요.

(1) 120개씩 20묶음

풀이 $120\times20=\square$

(2) 42개씩 130상자

풀이 42×130
$=\square\times42=\square$

실행 문제 1

어느 공장에서 한 봉지에
120개씩 들어 있는 볼트를 80봉지 샀습니다./
산 볼트 중에서 8000개를 사용했다면/
남은 볼트는 몇 개인가요?

전략 (산 볼트의 수)
=(한 봉지에 들어 있는 볼트의 수)×(봉지 수)

❶ (산 볼트의 수)
$=120\times\square$
$=\square$(개)

전략 (남은 볼트의 수)
=(산 볼트의 수)−(사용한 볼트의 수)

❷ (남은 볼트의 수)
$=\square-\square$
$=\square$(개)

답 ____________

쌍둥이 문제 1-1

어느 회사에서 한 상자에 50장씩 들어 있는 마스크를 140상자 샀습니다./
직원 6500명에게 마스크를 한 장씩 나누어 주었다면/ 남은 마스크는 몇 장인가요?

실행 문제 따라 풀기

❶

❷

답 ____________

② 나누어지는 수 구하기

선행 문제 해결 전략

• 나머지가 될 수 있는 수 알아보기

나머지는 나누는 수보다 작다

가장 큰 나머지 ➔ (나누는 수)−1

예 어떤 자연수를 5로 나누었을 때
가장 큰 나머지 ➔ 5−1=4

• 나눗셈에서 나누어지는 수 구하기

(나누는 수)×(몫)에 (나머지)를 더한다.

예 □÷4=3⋯2에서 □ 구하기
➔ $\underbrace{4\times3}_{12}+2=14$이므로 □=14이다.

선행 문제 2

(1) 어떤 수를 10으로 나누었을 때 나머지가 될 수 있는 가장 큰 수를 구해 보세요.

풀이 가장 큰 나머지:
□−1=□

(2) □ 안에 알맞은 수를 구해 보세요.

□÷20=9⋯8

풀이 20×9=180,
□+8=□

실행 문제 2

●에 들어갈 수 있는 가장 큰 자연수는 얼마인가요?

●÷20=8⋯★

❶ ●가 가장 크게 되려면 나머지인 ★이 가장 (커야 , 작아야) 한다.

전략 ●가 가장 큰 자연수가 되는 나눗셈식을 만들어 보자.

❷ 가장 큰 나머지: □−1=□
➔ 나눗셈식: ●÷20=8⋯□

전략 ❷의 나눗셈식에서 (나누는 수)×(몫)에 (나머지)를 더하여 ●의 값을 구하자.

❸ 20×8=□,
●=□+□=□

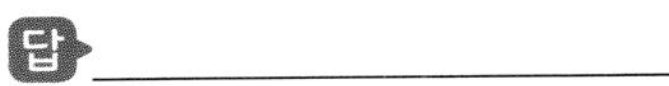

답 ____________

쌍둥이 문제 2-1

■에 들어갈 수 있는 가장 큰 자연수는 얼마인가요?

■÷35=11⋯▲

실행 문제 따라 풀기

❶

❷

❸

답 ____________

③ 더 필요한 물건의 수 구하기

선행 문제 해결 전략

예 귤 14개를 한 봉지에 4개씩 담을 때 남는 귤의 수 구하기

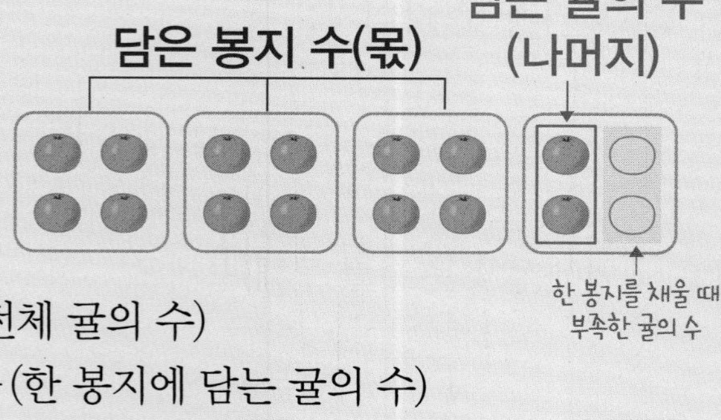

(전체 귤의 수)
÷(한 봉지에 담는 귤의 수)
$=14\div4=$**3**…**2**

봉지 수 남는 귤의 수

선행 문제 3

사탕 362개를 한 봉지에 15개씩 나누어 담았습니다. 몇 봉지가 되고 몇 개가 남을까요?

풀이 (전체 사탕 수)
÷(한 봉지에 담는 사탕 수)
$=362\div15=$ ☐ … ☐

➔ 사탕을 15개씩 담으면
☐ 봉지가 되고
☐ 개가 남는다.

실행 문제 3

공책 485권을 학생 28명에게 똑같이 나누어 주려고 하였더니/ 몇 권이 모자랐습니다./ 공책을 남는 것 없이 똑같이 나누어 주려면/ 공책은 적어도 몇 권 더 필요한가요?
→ 필요한 최소 공책 수를 구해야 한다.

전략 485권을 나누어 줄 때의 몫과 나머지를 구하자.

❶ (전체 공책의 수)÷(나누어 줄 학생 수)
$=485\div28=$ ☐ … ☐ 이므로
➔ 공책을 28명에게 ☐ 권씩 나누어 주고 ☐ 권이 남는다.

전략 (더 필요한 최소 공책의 수)
=(나누어 줄 학생 수)−(남는 공책의 수)

❷ (더 필요한 최소 공책의 수)
= ☐ − ☐ = ☐ (권)

답 ______________

쌍둥이 문제 3-1

인형 427개를 한 상자에 16개씩 나누어 담으려고 했더니/ 인형 몇 개가 모자랐습니다./ 인형을 남는 것 없이 상자에 모두 담으려면/ 인형은 적어도 몇 개 더 있어야 하나요?

실행 문제 따라 풀기

❶

❷

인형이 더 많아도 되지만 최소로 구할 때는 '적어도'나 '최소'와 같은 말을 사용해.

답 ______________

4 □ 안에 들어갈 수 있는 자연수 구하기

선행 문제 해결 전략

• 곱셈식을 나눗셈식으로 바꾸어 □ 구하기

예 $15\times\square=135$에서 □ 구하기

$15\times\square=135$

→ $135\div15=\square$, $\square=9$

예 $\square\times20=140$에서 □ 구하기

$\square\times20=140$

→ $140\div20=\square$, $\square=7$

선행 문제 4

□ 안에 알맞은 수를 구해 보세요.

(1) $34\times\square=884$

풀이 $884\div\square=\square$,

$\square=\square$

(2) $\square\times21=336$

풀이 $\square\div21=\square$,

$\square=\square$

실행 문제 4

□ 안에 들어갈 수 있는 자연수 중에서/ 가장 작은 수를 구해 보세요.

$\square\times30>210$

전략 $\square\times30>210$에서 $>$를 $=$로 생각하여 □를 구하자.

❶ $\square\times30=210$

→ $\square=210\div\square=\square$

전략 부등호($>$, $<$)와 ❶에서 구한 값을 보고 □의 범위를 간단하게 나타내 보자.

❷ $\square\times30>210$에서 $\square>\square$

❸ □ 안에 들어갈 수 있는 가장 작은 자연수: □

답

쌍둥이 문제 4-1

□ 안에 들어갈 수 있는 자연수 중에서/ 가장 작은 수를 구해 보세요.

$25\times\square>875$

실행 문제 따라 풀기

❶

❷

❸

답

3 곱셈과 나눗셈

{ 문제 해결력 기르기 }

⑤ 일정한 간격 활용하기

선행 문제 해결 전략

• 길이가 30 m인 길에 처음부터 끝까지 10 m 간격으로 가로등을 세우려고 합니다.

① 가로등 사이의 간격의 수 구하기

(간격의 수)=(전체 길이)÷(간격)

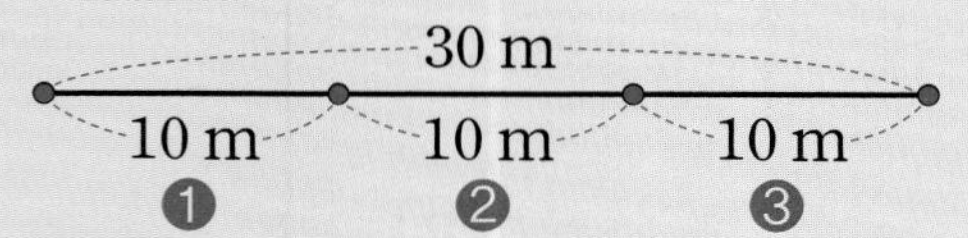

(간격의 수)=30÷10=3(군데)

② 가로등의 수 구하기

(가로등의 수)=(간격의 수)+1

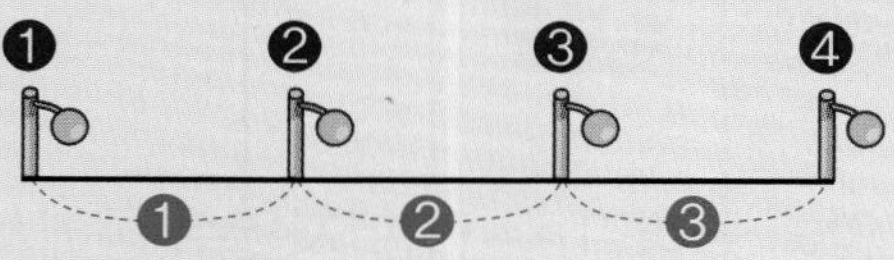

(가로등의 수)=3+1=4(개)

선행 문제 5

길이가 210 m인 길에 처음부터 끝까지 15 m 간격으로 나무를 심을 때 나무 사이의 간격은 몇 군데인가요?(단, 나무의 두께는 생각하지 않습니다.)

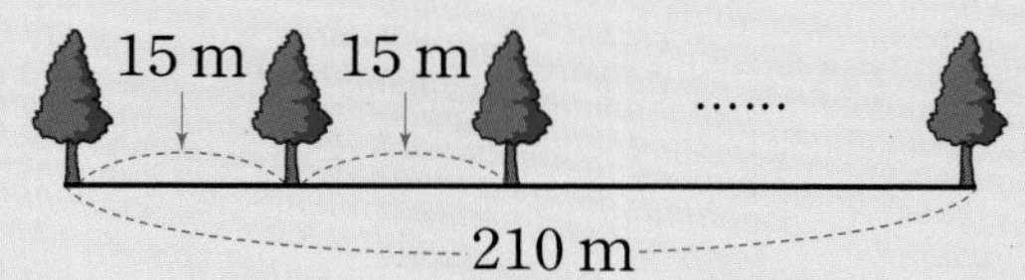

풀이 (간격의 수)=(전체 길이)÷(간격)

=☐÷15

=☐(군데)

실행 문제 5

길이가 342 m인 도로의 한쪽에/ 18 m 간격으로 처음부터 끝까지 가로등을 세우려고 합니다./ 가로등은 모두 몇 개 세울 수 있나요?/ (단, 가로등의 두께는 생각하지 않습니다.)

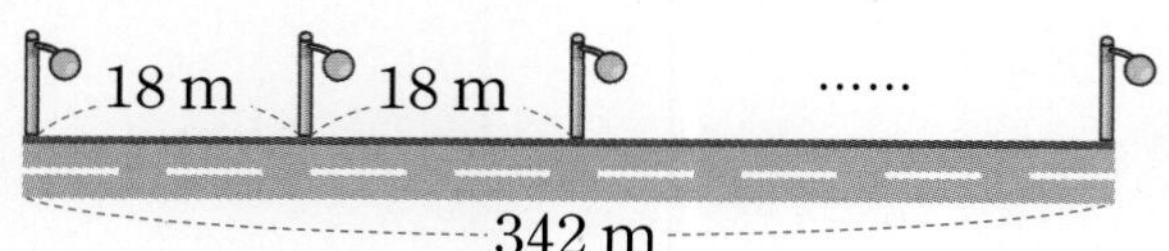

전략 (간격의 수)=(전체 길이)÷(간격)

❶ (간격의 수)=342÷☐=☐(군데)

전략 (가로등의 수)=(간격의 수)+1

❷ (가로등의 수)=☐+1=☐(개)

답 ________

쌍둥이 문제 5-1

길이가 504 m인 도로의 한쪽에/ 24 m 간격으로 처음부터 끝까지 나무를 심으려고 합니다./ 나무는 모두 몇 그루 필요한가요?/ (단, 나무의 두께는 생각하지 않습니다.)

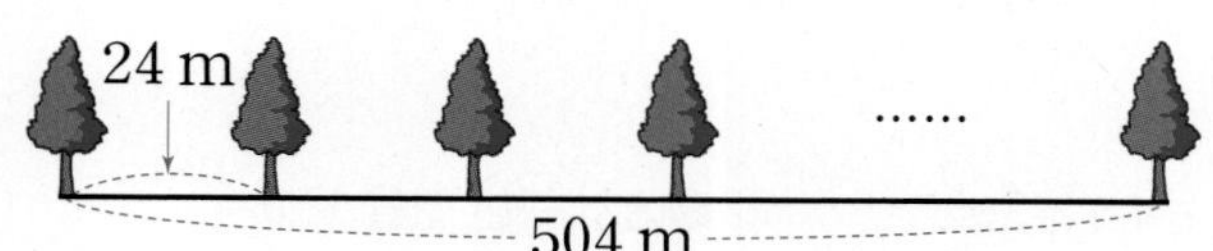

실행 문제 따라 풀기

❶

❷

답 ________

3 곱셈과 나눗셈

6 수 카드로 곱셈식 만들기

선행 문제 해결 전략

• 수 5개가 ①>②>③>④>⑤일 때
(세 자리 수)×(두 자리 수) 만들기

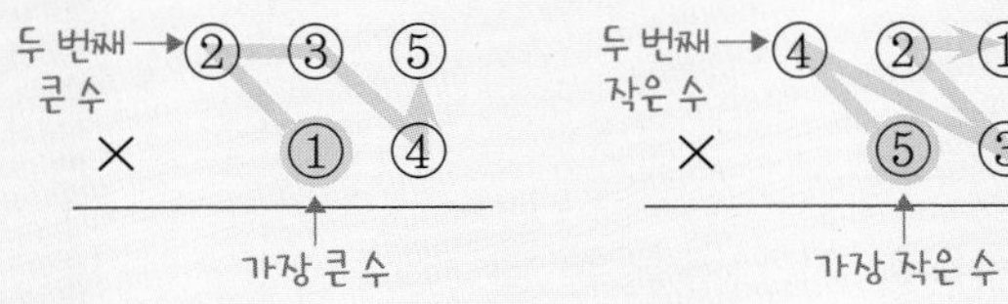

두 번째 큰 수 → ② ③ ⑤
× ① ④
가장 큰 수

두 번째 작은 수 → ④ ② ①
× ⑤ ③
가장 작은 수

● 표시한 자리에
곱이 **가장 클 때**는 **가장 큰 수**를,
곱이 **가장 작을 때**는 **가장 작은 수**를 놓아야 해.

선행 문제 6

수 카드 5장을 한 번씩만 사용하여 곱이 가장 큰 (세 자리 수)×(두 자리 수)를 만들어 보세요.

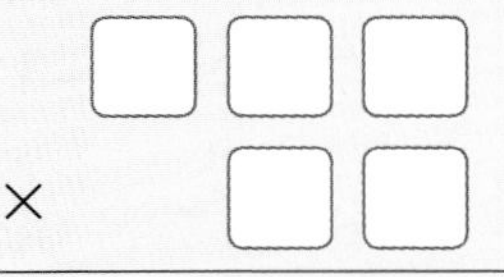

풀이 수 카드의 수의 크기 비교:
□>5>4>□>□이므로
➔ 곱이 가장 큰 곱셈식은

□□□
× □□

실행 문제 6

수 카드 5장을 한 번씩만 사용하여/
곱이 가장 큰 (세 자리 수)×(두 자리 수)를 만들어/ 계산해 보세요.

➔ 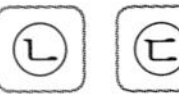 

❶ 수 카드의 수의 크기 비교:
□>□>□>□>□

전략 가장 큰 수를 놓아야 할 자리는 곱하는 수의 십의 자리이다.

❷ 가장 큰 수를 놓아야 하는 자리: □

전략 ㉣→㉠→㉡→㉤→㉢의 순서로 가장 큰 수부터 차례로 놓아 곱이 가장 큰 곱셈식을 만들자.

❸ 곱이 가장 큰 곱셈식:

□□□
× □□
□

답 ________

쌍둥이 문제 6-1

수 카드 5장을 한 번씩만 사용하여/
곱이 가장 큰 (세 자리 수)×(두 자리 수)를 만들어/ 계산해 보세요.

➔     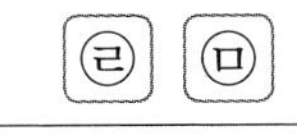

실행 문제 따라 풀기

❶

❷

❸

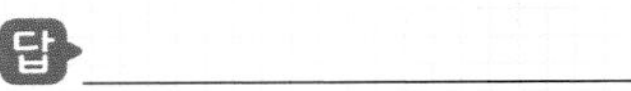

STEP 2

수학 사고력 키우기

남은 물건의 수 구하기

연계학습 058쪽

대표 문제 1

어느 사무실에서 복사용지를 10000장 샀습니다./
5월 한 달 동안 하루에 320장씩 사용했다면,/
남은 복사용지는 몇 장인가요?

구하려는 것은? 남은 복사용지의 수

주어진 것은?

- 산 복사용지의 수: [   ]장
- 사용한 기간: 5월 한 달
- 하루에 사용한 복사용지의 수: [   ]장

해결해 볼까?

❶ 5월 한 달은 며칠?

답 ______________

❷ 5월 한 달 동안 사용한 복사용지는 몇 장?

전략 (5월 한 달 동안 사용한 복사용지의 수)
=(하루에 사용한 복사용지의 수)×(날 수)

답 ______________

❸ 남은 복사용지는 몇 장?

전략 (남은 복사용지의 수)
=(산 복사용지의 수)−(5월 한 달 동안 사용한 복사용지의 수)

답 ______________

쌍둥이 문제 1-1

어느 인형 공장에서 4월 한 달 동안 인형을 하루에 893개씩 만들었습니다./
만든 인형 중 22840개를 팔았다면,/ 남은 인형은 몇 개인가요?

대표 문제 따라 풀기

❶

❷

❸

답 ______________

나누어지는 수 구하기

연계학습 059쪽

대표 문제 2 나눗셈의 몫이 19이고/ 나누어지는 수가 가장 클 때/ ●, ■에 알맞은 수를 각각 구해 보세요.

8●■÷43

구하려는 것은? ●, ■에 알맞은 수

주어진 것은?
- 몫: ☐
- 나눗셈: 8●■÷43

해결해 볼까?

❶ 8●■÷43의 나머지가 될 수 있는 가장 큰 수는?

전략 (나누는 수)−1=(가장 큰 나머지)

답 ________

❷ 8●■가 가장 큰 수가 될 수 있는 나눗셈식을 세우면?

전략 8●■가 가장 큰 수가 되려면 나머지가 가장 커야 한다.

식 ________

❸ ●, ■에 알맞은 수는?

전략 나머지가 가장 큰 나눗셈식을 계산해 나누어지는 수를 구하자.

답 ●: ________, ■: ________

쌍둥이 문제 2-1 나눗셈의 몫이 12이고/ 나누어지는 수가 가장 클 때/ ▲, ◆에 알맞은 수를 각각 구해 보세요.

4▲◆÷34

대표 문제 따라 풀기

❶

❷

❸

답 ▲: ________, ◆: ________

더 필요한 물건의 수 구하기

연계학습 060쪽

대표 문제 3 연필 32타를 현주네 반 학생 21명에게 똑같이 나누어 주려고 했더니/ 몇 자루가 모자랐습니다./ 남는 연필이 없이 똑같이 나누어 주려면/ 적어도 몇 자루 더 필요한가요?/ (단, 연필 한 타는 12자루입니다.)

구하려는 것은? 더 필요한 최소 연필의 수

주어진 것은? • 연필 ☐타 • 현주네 반 학생 ☐명

해결해 볼까?

❶ 연필 32타는 몇 자루?

전략 (32타의 연필의 수)=(한 타의 연필의 수)×(타 수)

답 ____________

❷ 나누어 주고 남은 연필은 몇 자루?

전략 (32타의 연필의 수)÷(학생 수)의 몫과 나머지를 구하자.

답 ____________

❸ 더 필요한 연필은 적어도 몇 자루?

전략 (더 필요한 최소 연필의 수)
=(나누어 줄 학생 수)−(남는 연필의 수)

답 ____________

쌍둥이 문제 3-1

어느 가게에서 달걀 32판을 한 상자에 25개씩 담았더니/ 달걀 몇 개가 모자랐습니다./ 남는 달걀이 없이 상자에 모두 담는다면/ 달걀은 적어도 몇 개 더 필요한가요?/ (단, 달걀 한 판은 30개입니다.)

대표 문제 따라 풀기

❶

❷

❸

답 ____________

□ 안에 들어갈 수 있는 자연수 구하기

연계학습 061쪽

대표 문제 4 □ 안에 들어갈 수 있는 자연수 중에서 가장 큰 수를 구해 보세요.

$\square \times 72 < 864$

구하려는 것은?
□ 안에 들어갈 수 있는 자연수 중에서 가장 큰 수

어떻게 풀까?
1 □×72=864라 놓고 □의 값을 구한 후,
2 □의 범위를 간단히 나타낸 다음,
3 □ 안에 들어갈 수 있는 자연수 중에서 가장 큰 수를 구하자.

해결해 볼까?

❶ □×72=864일 때 □ 안에 알맞은 수는?

전략 곱셈과 나눗셈의 관계를 이용하여 72와 곱해서 864가 되는 수를 구하자.

답 ______________

❷ □ 안에 들어갈 수 있는 자연수의 범위를 간단히 나타내면?

전략 부등호(>, <)와 ❶에서 구한 값을 보고 □의 범위를 간단히 나타내 보자.

답 □< □

❸ □ 안에 들어갈 수 있는 자연수 중에서 가장 큰 수는?

답 ______________

쌍둥이 문제 4-1

□ 안에 들어갈 수 있는 자연수 중에서 가장 큰 수를 구해 보세요.

$18 \times \square < 432$

대표 문제 따라 풀기

❶

❷

❸

답 ______________

3 곱셈과 나눗셈

일정한 간격 활용하기

연계학습 062쪽

대표 문제 5 길이가 324 m인 도로의 양쪽에/
처음부터 끝까지 27 m 간격으로 가로등을 세우려고 합니다./
가로등은 모두 몇 개 세울 수 있나요?/
(단, 가로등의 두께는 생각하지 않습니다.)

구하려는 것은? 가로등의 수

주어진 것은?
- 도로의 길이: ☐ m
- 가로등 사이의 간격: ☐ m

해결해 볼까?

❶ 도로의 한쪽에 세울 수 있는 가로등 사이의 간격은 몇 군데?

전략 (간격의 수)=(전체 길이)÷(간격)

답 ______

❷ 도로의 한쪽에 세울 수 있는 가로등은 몇 개?

전략 (도로의 한쪽에 세울 수 있는 가로등의 수)=(간격의 수)+1

답 ______

❸ 도로의 양쪽에 세울 수 있는 가로등은 몇 개?

전략 (도로의 양쪽에 세울 수 있는 가로등의 수)
=(도로의 한쪽에 세울 수 있는 가로등의 수)×2

답 ______

쌍둥이 문제 5-1

길이가 364 m인 도로의 양쪽에/
처음부터 끝까지 13 m 간격으로 의자를 놓으려고 합니다./
의자는 모두 몇 개 놓아야 하나요?/
(단, 의자의 길이는 생각하지 않습니다.)

대표 문제 따라 풀기

❶

❷

❸

답 ______

수 카드로 곱셈식 만들기

연계학습 063쪽

대표 문제 6 수 카드 5장을 한 번씩만 사용하여/
곱이 가장 작은 (세 자리 수)×(두 자리 수)를 만들고/ 계산해 보세요.

9 3 2 5 8

	㉠	㉡	㉢
×		㉣	㉤

구하려는 것은? 곱이 가장 작은 (세 자리 수)×(두 자리 수)

어떻게 풀까?

1 수 카드의 수의 크기를 비교한 다음,
2 가장 작은 수부터 순서대로 놓아
곱이 가장 작은 곱셈식을 만들자.

수 5개가 ⑤<④<③<②<①일 때
곱이 가장 작은 (세 자리 수)×(두 자리 수) 만들기

	④	②	①
×		⑤	③

해결해 볼까?

❶ 수 카드의 수를 작은 수부터 차례로 쓰기 답 ______

❷ 가장 작은 수를 놓아야 할 자리는? 답 ______

❸ 곱이 가장 작은 (세 자리 수)×(두 자리 수)를 만들고 계산해 보면?

전략 ㉣ → ㉠ → ㉤ → ㉡ → ㉢의 순서로 가장 작은 수부터 놓아 곱이 가장 작은 곱셈식을 만든다.

식

	□	□	□
×		□	□
	□		

쌍둥이 문제 6-1

수 카드 5장을 한 번씩만 사용하여/
곱이 가장 작은 (세 자리 수)×(두 자리 수)를 만들어/ 계산해 보세요.

4

	㉠	㉡	㉢
×		㉣	㉤

대표 문제 따라 풀기

❶

❷

❸

답 ______

3 곱셈과 나눗셈

STEP 3

수학 독해력 완성하기

몫을 이용하여 문제 해결하기

독해 문제 1

성재네 학교 4학년 학생은 327명입니다./
이 학생들이 버스 한 대에 45명씩 타고 현장 학습을 가려고 합니다./
버스는 적어도 몇 대가 필요한가요?

해결해 볼까?

❶ 45명씩 몇 대까지 타고 남은 사람은 몇 명?

답 ____________, ____________

❷ 필요한 버스는 적어도 몇 대?

답 ____________

수 카드로 나눗셈식 만들기

독해 문제 2

수 카드 5장을 한 번씩만 사용하여/
몫이 가장 큰 (세 자리 수)÷(두 자리 수)를 만들려고 합니다./
이 나눗셈식의 몫과 나머지를 구해 보세요.

1　3　4　6　8

해결해 볼까?

❶ 알맞은 말에 ○표 하기

> 몫이 가장 큰 나눗셈식을 만들려면
> 나누어지는 수는 가장 (큰 , 작은) 세 자리 수,
> 나누는 수는 가장 (큰 , 작은) 두 자리 수로 해야 합니다.

❷ 가장 큰 세 자리 수, 가장 작은 두 자리 수를 각각 구하면?

답 가장 큰 세 자리 수: ____________
가장 작은 두 자리 수: ____________

❸ 몫이 가장 큰 (세 자리 수)÷(두 자리 수)의 몫과 나머지를 구하면?

답 몫: ____________, 나머지: ____________

가장 가까운 수 구하기

독해 문제 3

곱이 25000에 가장 가까운 수가 되도록/ □ 안에 알맞은 자연수를 구해 보세요.

555×□

해결해 볼까?

❶ 곱이 25000보다 작으면서 가장 큰 곱을 구해 25000과의 차를 구하면?

❷ 곱이 25000보다 크면서 가장 작은 곱을 구해 25000과의 차를 구하면?

❸ □ 안에 알맞은 자연수는?

전략 25000과 차가 작을수록 25000에 가깝다.

답 ____________

걸리는 시간 구하기

독해 문제 4

길이가 154 m인 기차가/ 1초에 40 m를 가는 일정한 빠르기로 달린다고 합니다./ 이 기차가 길이가 526 m인 터널에 진입해서/ 완전히 빠져나가는 데 걸리는 시간은 몇 초인가요?

❶ 기차가 터널에 진입해서 완전히 빠져나가는 데까지 움직이는 거리는 몇 m?

전략 (기차가 움직이는 거리)
=(터널의 길이)+(기차의 길이)

❷ 기차가 터널을 완전히 빠져나가는 데 걸리는 시간은 몇 초?

전략 (걸리는 시간)
=(기차가 움직이는 거리)÷(1초에 가는 거리)

수학 독해력 완성하기

□ 안에 들어갈 수 있는 자연수 구하기

연계학습 067쪽

독해 문제 5

□ 안에 들어갈 수 있는 자연수 중에서 가장 작은 수를 구해 보세요.

$\square \times 36 > 452$

구하려는 것은? □ 안에 들어갈 수 있는 가장 (큰 , 작은) 자연수

주어진 것은? $\square \times 36 >$ □

어떻게 풀까?

1 곱셈과 나눗셈의 관계를 이용하여 $\square \times 36 > 452$를 간단히 나타낸 다음,

2 □ 안에 들어갈 수 있는 자연수의 범위를 알아보고

3 □ 안에 들어갈 수 있는 가장 작은 자연수를 구하자.

해결해 볼까?

❶ 곱셈과 나눗셈의 관계를 이용하여 식을 정리하면?

식 $\square >$ □ $\div$ □

❷ □ 안에 들어갈 수 있는 자연수의 범위를 알아보면?

전략 ❶의 나눗셈의 몫과 나머지를 구해 자연수의 범위를 알아보자.

답 $\square >$ □

❸ □ 안에 들어갈 수 있는 가장 작은 자연수는?

답 ______

나누어지는 수 구하기

연계학습 065쪽

독해 문제 6

나눗셈의 몫이 6일 때/ 0부터 9까지의 수 중에서/
□ 안에 들어갈 수 있는 가장 큰 수를 구해 보세요.

3□7÷53

구하려는 것은? □ 안에 들어갈 수 있는 가장 큰 수

주어진 것은?
- 몫: □
- □ 안에 들어갈 수 있는 수: 0부터 9까지의 수
- 나눗셈식: 3□7÷53

어떻게 풀까?
1 3□7÷53의 나머지가 될 수 있는 가장 작은 수와 가장 큰 수를 각각 구한 다음,
2 3□7이 될 수 있는 수의 범위를 구하고,
3 □ 안에 들어갈 수 있는 가장 큰 수를 구하자.

해결해 볼까?

❶ 3□7÷53의 나머지가 될 수 있는 가장 작은 수와 가장 큰 수는?

답 가장 작은 수: ______________, 가장 큰 수: ______________

❷ ❶에서 구한 수를 이용하여 나눗셈의 몫이 6일 때 나누어지는 수가 될 수 있는 가장 작은 수와 가장 큰 수를 구하면?

답 가장 작은 수: ______________, 가장 큰 수: ______________

❸ □ 안에 들어갈 수 있는 가장 큰 수는?

답 ______________

창의·융합·코딩 체험하기

창의 1

수빈이는 스마트밴드를 차고/
안정된 상태에서 심장박동 수를 측정했더니 71*BPM이었습니다./
23분 동안 심장은 몇 번 뛰었는지 구해 보세요.

* BPM(Beats Per Minute): 단위시간당 심장박동 수로
일반적으로 1분당 뛰는 심장박동 수를 말함.

답

코딩 2

어느 멜론 농장에서 수확한 멜론을 한 상자에 12개씩 담아/
상자의 수가 30개가 넘으면 하루 일과를 마무리하려고 합니다./
다음 순서도의 시작에 멜론의 수인 405를 넣었을 때 나오는 결과는 무엇인가요?

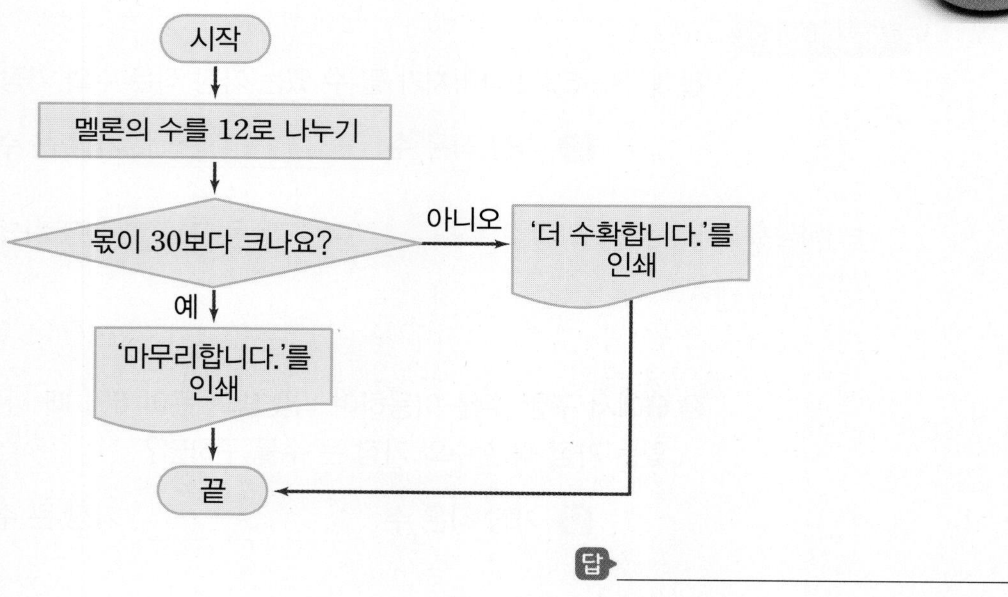

답

코딩 **3** 세경이네 가족은 매일 똑같은 수의 우유를 마십니다./
세경이네 가족이 매일 똑같이 마시는 우유는 몇 개인지 알아보기 위해/
다음과 같이 입력하였습니다./
결괏값을 구해 보세요.

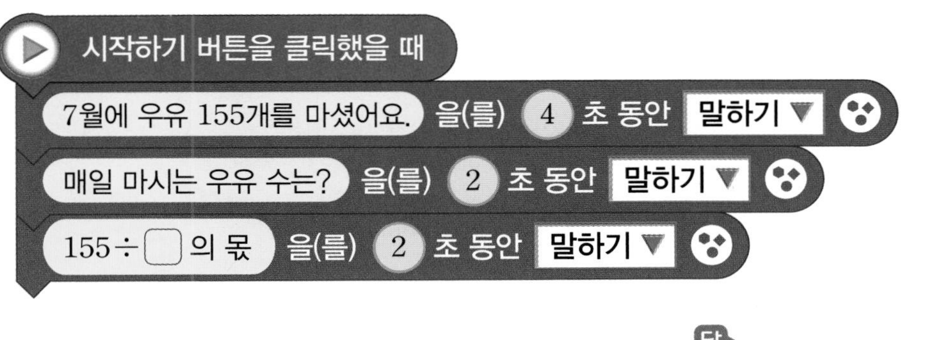

답 ____________________

창의 **4** 음식물 쓰레기로 오염된 물을 물고기가 살 수 있을 정도로 깨끗하게 하려면/
많은 양의 깨끗한 물이 필요합니다./
간장 30 mL가 음식물 쓰레기로 버려지면 630 L의 깨끗한 물이 필요하다고 할 때/
간장 1 mL를 깨끗하게 하는 데 몇 L의 물이 필요한가요?

답 ____________________

창의·융합·코딩 체험하기

급식 시간에 학생들이 좋아하는 새우튀김이 나왔습니다./
4학년 학생 96명을 위해 튀긴 새우튀김은 215개입니다./
똑같이 최대한 나누어 주고 남은 새우튀김은 몇 개일까요?

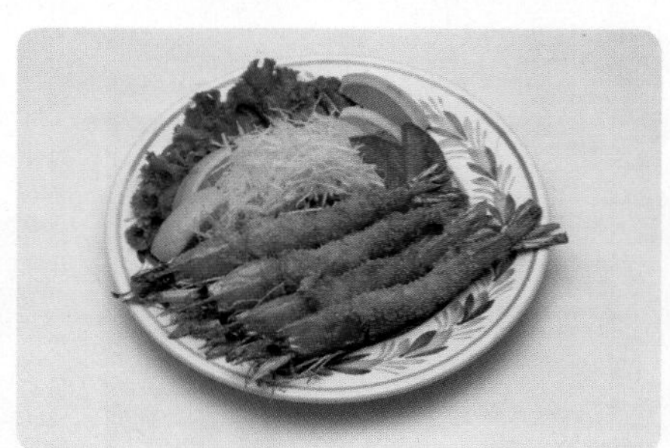

답 ____________________

석진이네 학교에서는 어린이날 선물로 수첩과 공책을 나누어 주기 위해/
각각 다음과 같이 준비했습니다./
수첩과 공책 중 어느 것을 더 많이 준비했을까요?

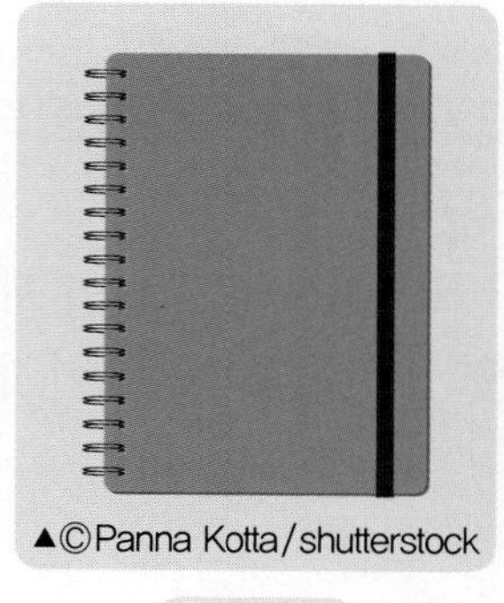

▲©Panna Kotta/shutterstock

수첩

164권씩 13상자

공책

2000권

답 ____________________

지민이네 가족은 음식 재료를 새벽 배송으로 하루에 한 번 받습니다./
한 번 배송받을 때마다 다음과 같이 포장 쓰레기가 생깁니다./
매일 배송시킨다면 1년 동안 발생하는 포장 쓰레기는 몇 개인지 구해 보세요./
(단, 1년은 365일입니다.)

종이상자	비닐봉지	보냉팩
2개	8개	3개

 답

재민이와 경석이는 방과후 농구 수업이 끝나면/
재민이는 500 mL의 스포츠 음료를,/
경석이는 350 mL의 오렌지주스를 마십니다./
방과후 농구 수업을 26번 했다면/
재민이와 경석이가 마신 음료의 양은/
모두 몇 L 몇 mL인지 구해 보세요.

 답

실전 마무리 하기

맞힌 문제 수
개 / 10개

남은 물건의 수 구하기 058쪽

1 어느 가게에서 홍보용 전단지를 5000장 만들었습니다. 20일 동안 하루에 136장씩 나누어 주었다면 남은 전단지는 몇 장인가요?

답 __________

나누어지는 수 구하기 065쪽

2 나눗셈의 몫이 33이고 나누어지는 수가 가장 클 때 ▲, ●에 알맞은 수를 각각 구해 보세요.

9▲●÷28

풀이

답 ▲: __________ , ●: __________

더 필요한 물건의 수 구하기 066쪽

3 색연필 46타를 태형이네 반 학생 26명에게 똑같이 나누어 주려고 했더니 몇 자루가 모자랐습니다. 남는 색연필이 없이 똑같이 나누어 준다면 적어도 몇 자루 더 필요한가요? (단, 색연필 한 타는 12자루입니다.)

답 __________

□ 안에 들어갈 수 있는 자연수 구하기 072쪽

4 □ 안에 들어갈 수 있는 자연수 중에서 가장 작은 수를 구해 보세요.

$\square \times 58 > 649$

일정한 간격 활용하기 068쪽

5 길이가 448 m인 도로의 양쪽에 처음부터 끝까지 14 m 간격으로 나무를 심으려고 합니다. 나무는 모두 몇 그루 심을 수 있나요? (단, 나무의 두께는 생각하지 않습니다.)

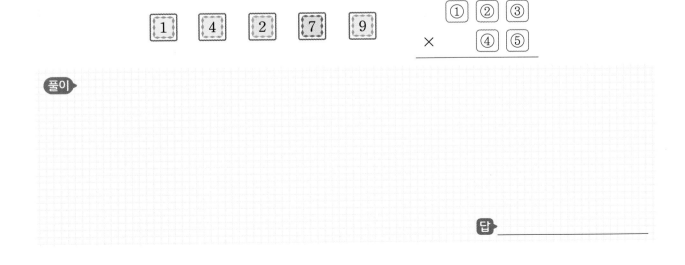

수 카드로 곱셈식 만들기 069쪽

6 수 카드 5장을 한 번씩만 사용하여 곱이 가장 작은 (세 자리 수)×(두 자리 수)를 만들어 계산해 보세요.

1 4 2 7 9

① ② ③
× ④ ⑤

실전 마무리 하기

묶을 이용하여 문제 해결하기 070쪽

7 창섭이네 학교 4학년 학생은 292명입니다. 이 학생들이 버스 한 대에 32명씩 타고 박물관 관람을 가려고 합니다. 버스는 적어도 몇 대가 필요할까요?

풀이

답

가장 가까운 수 구하기 071쪽

8 곱이 48000에 가장 가까운 수가 되도록 □ 안에 알맞은 자연수를 구해 보세요.

□×728

풀이

답

걸리는 시간 구하기 071쪽

9 길이가 152 m인 기차가 1초에 42 m를 가는 일정한 빠르기로 달린다고 합니다. 이 기차가 길이가 730 m인 터널에 진입해서 완전히 빠져나가는 데 걸리는 시간은 몇 초일까요?

나누어지는 수 구하기 073쪽

10 나눗셈의 몫이 8일 때 0부터 9까지의 수 중에서 □ 안에 들어갈 수 있는 가장 큰 수를 구해 보세요.

5□3÷64

4 평면도형의 이동

FUN 한 이야기

매쓰 FUN 생활 속 **수학 이야기**

태형이가 도장을 만들려고 도장 가게에 갔어요./

태형이는 도장에 새길 자신의 이름을 써 주었어요./

주인 아저씨가 도장에 새겨야 하는 모양을 그려 보세요.

이름 : 김태형

도장 : 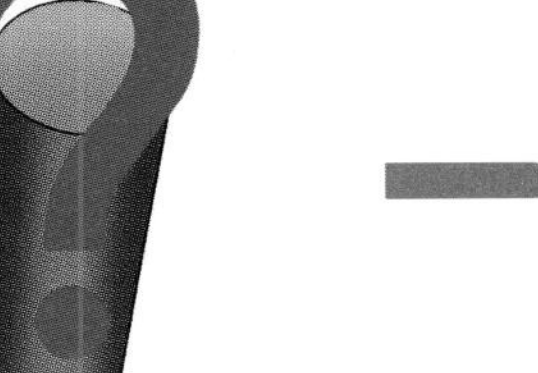

찍힌 모양 : 

도장에 새기는 글자는 왼쪽이나 오른쪽으로
뒤집기 한 것임을 알고 글자를 그려 보자.

____

{ 문제 해결력 기르기 }

1 움직여도 처음과 같게 보이는 도형 찾기

선행 문제 해결 전략

• 도형을 오른쪽으로 뒤집기

예 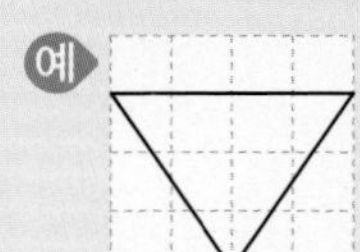 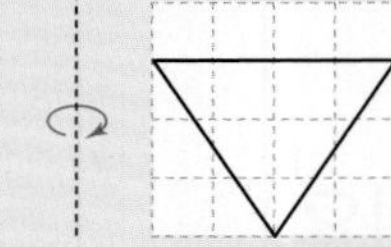

왼쪽과 오른쪽 부분이 같으면 오른쪽(왼쪽)으로 **뒤집기 한 도형은 처음 도형과 같다.**

• 도형을 아래쪽으로 뒤집기

예 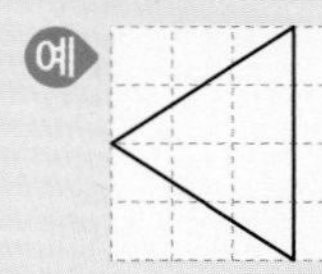

위쪽과 아래쪽 부분이 같으면 아래쪽(위쪽)으로 **뒤집기 한 도형은 처음 도형과 같다.**

선행 문제 1

도형을 뒤집었을 때의 도형을 그려 보고 알맞은 말에 ○표 하세요.

(1)  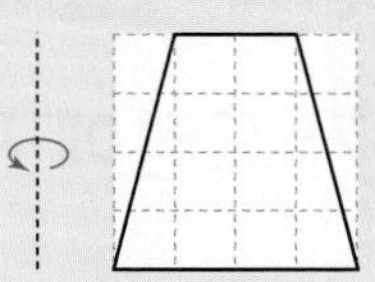

도형의 왼쪽과 오른쪽 부분이 같으므로 왼쪽으로 뒤집기 한 도형은 처음 도형과 (같다 , 다르다).

(2) 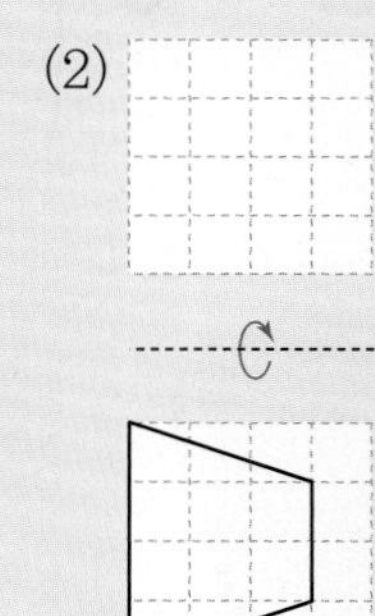

도형의 위쪽과 아래쪽 부분이 같으므로 위쪽으로 뒤집기 한 도형은 처음 도형과 (같다 , 다르다).

실행 문제 1

왼쪽으로 뒤집어도/ 처음과 같게 보이는 알파벳은 모두 몇 개인가요?

A	C	I	J

❶ 알파벳을 왼쪽으로 뒤집기 한 모양 그리기

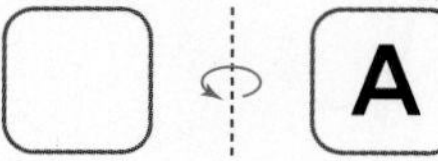 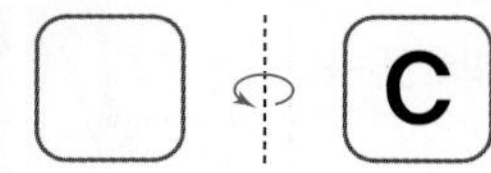

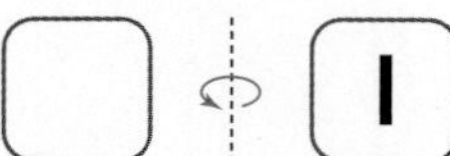 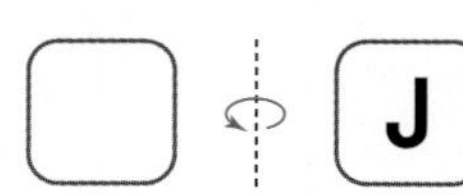

❷ 왼쪽으로 뒤집어도 처음과 같게 보이는 알파벳: ☐, ☐ → ☐개

답

초간단 풀이

전략 왼쪽과 오른쪽 부분이 같으면 왼쪽으로 뒤집기 한 모양은 처음 모양과 같다.

❶ 왼쪽과 오른쪽 부분이 같은 알파벳: ☐, ☐

❷ 왼쪽으로 뒤집어도 처음과 같게 보이는 알파벳의 수: ☐개

답

여러 번 움직인 도형 그리기

선행 문제 해결 전략

• 같은 방향으로 여러 번 뒤집기

같은 방향으로 2번, 4번, 6번…… 뒤집기 한 도형은 처음 도형과 같다.

예 **위쪽으로 3번 뒤집기** 하는 것은 **위쪽으로 1번 뒤집기** 하는 것과 같다.

• 같은 방향으로 90°만큼 여러 번 돌리기

└▶ 또는 시계 반대 방향

시계 방향으로 90°만큼 4번 돌리기 한 도형은 처음 도형과 같다.

예 시계 방향으로 **90°만큼 6번** 돌리기 하는 것은 **90°만큼 2번** 돌리기 하는 것과 같다.

선행 문제 2

도형을 아래쪽으로 3번 뒤집었을 때의 도형을 그려 보세요.

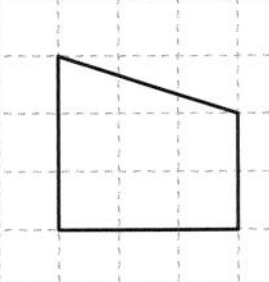

풀이 아래쪽으로 3번 뒤집기 하는 것은 아래쪽으로 (1번 , 2번) 뒤집기 하는 것과 같다.

실행 문제 2

오른쪽 도형을 위쪽으로 2번 뒤집고/ 오른쪽으로 3번 뒤집었을 때의 도형을 그려 보세요.

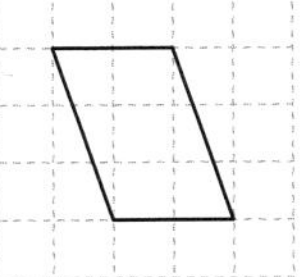

전략 같은 방향으로 2번 뒤집기 하면 처음 도형과 같다.

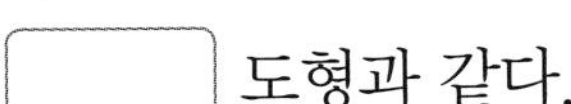

❶ 위쪽으로 2번 뒤집기 한 도형은 [ ] 도형과 같다.

❷ 도형을 오른쪽으로 3번 뒤집기 하는 것은 오른쪽으로 [ ]번 뒤집기 하는 것과 같다.

답

쌍둥이 문제 2-1

오른쪽 도형을 시계 방향으로 90°만큼 4번 돌리고/ 아래쪽으로 5번 뒤집었을 때의 도형을 그려 보세요.

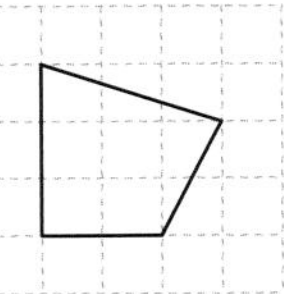

실행 문제 따라 풀기

❶

❷

답

③ 움직이기 전의 도형 그리기

선행 문제 해결 전략

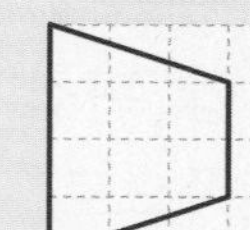

움직인 방법과 반대로 움직이면 **움직이기 전의 도형**이 돼.

예 **오른쪽으로 뒤집기 전**의 도형은 **뒤집은 도형을 왼쪽으로 뒤집기 하여** 그린다.

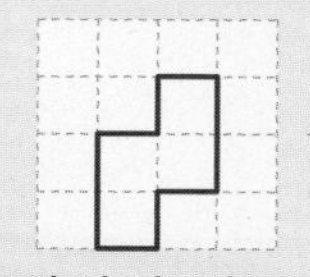
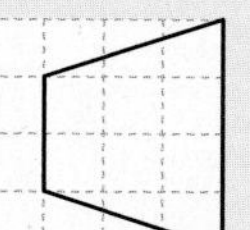

움직이기 전 도형 뒤집은 도형

예 **시계 방향으로 90°만큼 돌리기 전**의 도형은 **돌린 도형을** 시계 반대 방향으로 90°만큼 돌리기 하여 그린다.

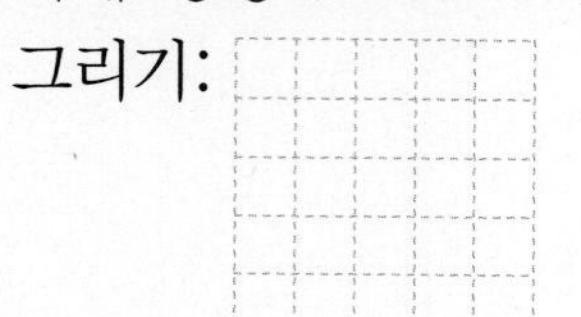
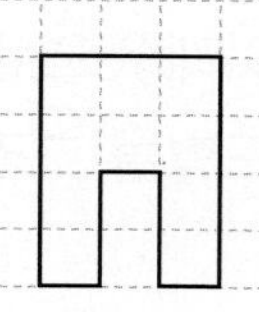

움직이기 전 도형 돌린 도형

선행 문제 ③

다음은 어떤 도형을 시계 방향으로 90°만큼 돌린 도형입니다. 움직이기 전의 도형을 그려 보세요.

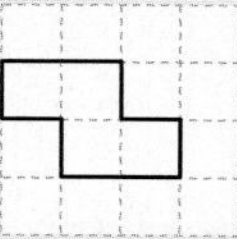

움직이기 전 도형 돌린 도형

풀이 움직이기 전의 도형은 돌린 도형을 시계 ☐ 방향으로 90°만큼 돌리기 하여 그린다.

실행 문제 ③

오른쪽은 어떤 도형을 오른쪽으로 뒤집고/ 시계 방향으로 270° 만큼 돌리기 한 도형입니다./ 움직이기 전의 도형을 그려 보세요.

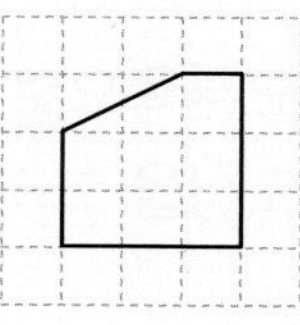

전략 움직인 방법을 반대로 생각해 보자.

❶ 시계 방향으로 270°만큼 돌리기 전 도형 그리기:

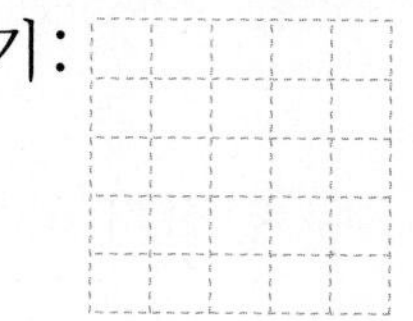

❷ 오른쪽으로 뒤집기 전의 도형 그리기:

답 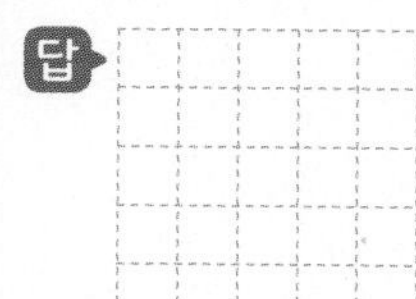

쌍둥이 문제 3-1

오른쪽은 어떤 도형을 아래쪽으로 뒤집고/ 시계 방향으로 180° 만큼 돌리기 한 도형입니다./ 움직이기 전의 도형을 그려 보세요.

전략 움직인 방법을 반대로 생각해 보자.

❶ 시계 방향으로 180°만큼 돌리기 전 도형 그리기:

❷ 아래쪽으로 뒤집기 전의 도형 그리기:

답 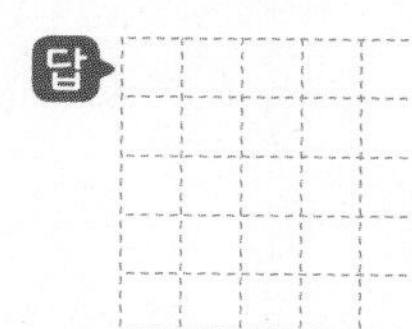

4 조각을 움직여서 직(정)사각형 만들기

선행 문제 해결 전략

• 조각을 움직인 방법 설명하기

조각을 뒤집기 해 보고, 돌리기 해 보면서 움직인 방법을 찾아보자.

예 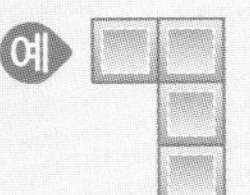 → 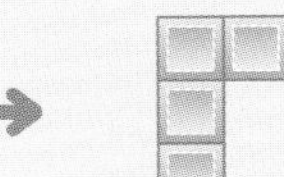

방법 조각을 오른쪽으로 뒤집기 한다.

예 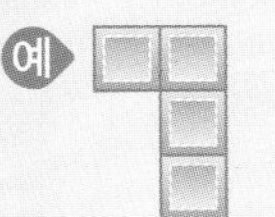 → 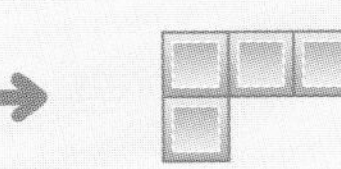

방법 조각을 시계 반대 방향으로 90°만큼 돌리기 한다.

선행 문제 4

오른쪽 조각을 움직여서 왼쪽 직사각형을 완성하려고 합니다. 조각을 어떻게 움직여야 하는지 방법을 설명해 보세요.

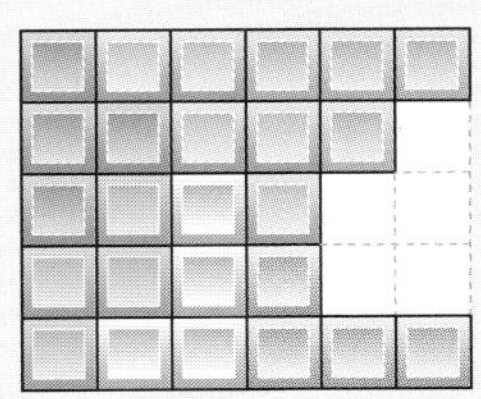 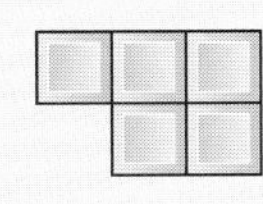

방법 주어진 조각을 시계 방향으로 90°만큼 ☐ 하면 된다.

실행 문제 4

조각을 움직여서 직사각형을 완성하려고 합니다./ ㉠에 들어갈 수 있는 조각을 어떻게 움직여야 하는지 방법을 설명해 보세요.

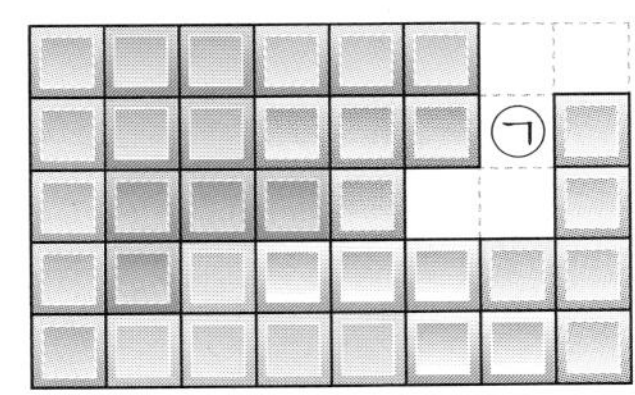

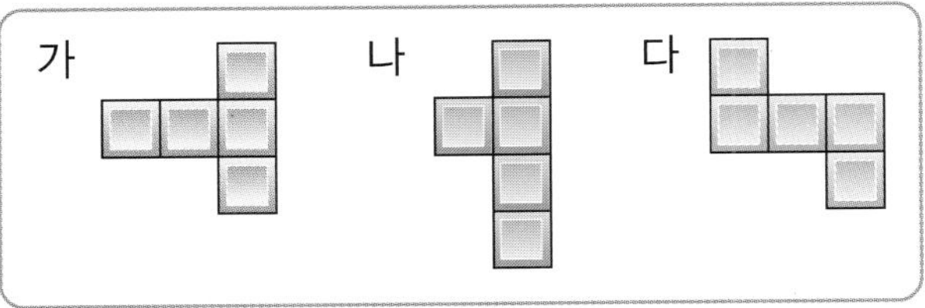

전략 ㉠의 모양을 뒤집거나 돌렸을 때 나올 수 있는 조각을 찾자.

❶ ㉠에 들어갈 수 있는 조각: ☐

전략 ❶에서 고른 조각을 어떻게 움직여야 하는지 방법을 설명해 보자.

❷ 방법 ☐ 조각을 시계 방향으로 ☐°만큼 돌리기 한다.

쌍둥이 문제 4-1

조각을 움직여서 정사각형을 완성하려고 합니다./ ㉠에 들어갈 수 있는 조각을 어떻게 움직여야 하는지 방법을 설명해 보세요.

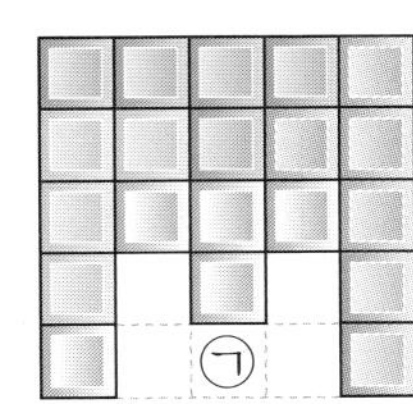

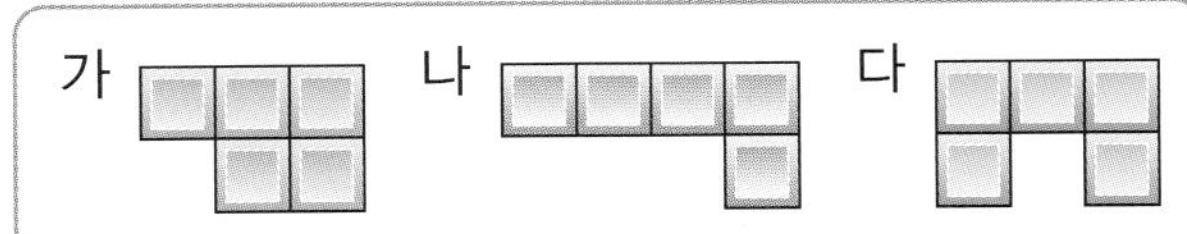

실행 문제 따라 풀기

❶

❷ 방법

STEP 1 { 문제 해결력 기르기 }

⑤ 수 카드를 움직여 만든 수를 이용하여 계산하기

선행 문제 해결 전략

예 [25] 를 오른쪽으로 뒤집었을 때 만들어지는 수 구하기

오른쪽으로 뒤집기 하면
2는 5가 되고, 5는 2가 돼.

[25] ↔ [25]

예 [96] 을 시계 방향으로 180°만큼 돌렸을 때 만들어지는 수 구하기

시계 방향으로 180°만큼 돌리기 하면
9는 6이 되고, 6은 9가 돼.

[96] ↻ [96]

선행 문제 5

(1) 왼쪽으로 뒤집었을 때 만들어지는 수를 써 보세요.

→ 만들어지는 수: [ ]

(2) 시계 방향으로 180°만큼 돌렸을 때 만들어지는 수를 써 보세요.

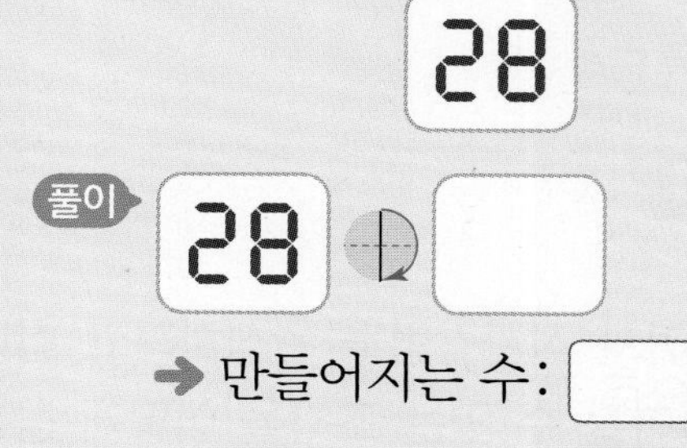

→ 만들어지는 수: [ ]

실행 문제 5

세 자리 수가 적힌 카드를/
왼쪽으로 뒤집었을 때 만들어지는 수와/
처음 수의 합을 구해 보세요.

[212]

전략 왼쪽으로 뒤집기 하면 왼쪽과 오른쪽 부분이 바뀐다.

❶ 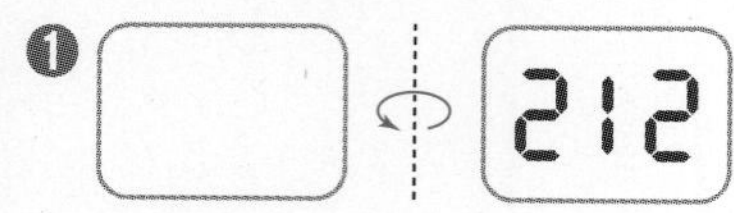

→ 만들어지는 수: [ ]

전략 ❶에서 만든 수와 처음 수의 합을 구해 보자.

❷ [ ] + [ ] = [ ]

답 ____________

쌍둥이 문제 5-1

세 자리 수가 적힌 카드를/
아래쪽으로 뒤집었을 때 만들어지는 수와/
처음 수의 차를 구해 보세요.

[832]

실행 문제 따라 풀기

❶ 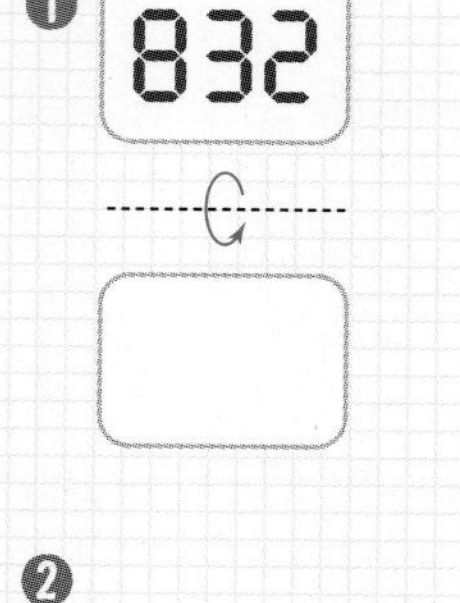

❷

답 ____________

6 규칙을 찾아 ■째 모양 알아보기

선행 문제 해결 전략

밀기, 뒤집기, 돌리기를 해 보면서 알맞은 규칙을 찾아보자~

예 규칙을 찾아 **7**째에 알맞은 모양 구하기

K → ꓘ → K → ꓘ → K ……

첫째 둘째 셋째 넷째 다섯째

① 모양을 왼쪽으로 뒤집기 하는 규칙이다.

② K, ꓘ의 **2**개의 모양이 반복된다.

③ **7**÷**2**=3…**1**이므로 **7**째에 알맞은 모양은 **첫째** 모양과 같은 K이다.

선행 문제 6

일정한 규칙으로 모양을 움직인 것입니다. 10째에 알맞은 모양을 그려 보세요.

곰 → 뭄 → 곰 → 뭄 → 곰 ……

첫째 둘째 셋째 넷째 다섯째

풀이 모양을 □쪽으로 뒤집기 하는 규칙이다.

곰, 뭄의 □개의 모양이 반복된다.

→ 10÷2=5이므로 10째에 알맞은 모양은 □이다.

실행 문제 6

일정한 규칙으로 모양을 움직인 것입니다./ 15째에 알맞은 모양을 그려 보세요.

4 → (돌린 4) → 4 → (돌린 4) → 4 ……

첫째 둘째 셋째 넷째 다섯째

전략 모양을 밀기, 뒤집기, 돌리기 해 보면서 규칙을 찾자.

❶ 모양을 시계 방향으로 □°만큼 돌리기 하는 규칙이다.

❷ 4, (돌린 4)의 □개의 모양이 반복된다.

→ 15÷□=7…□이므로 15째에는 첫째 모양과 같은 모양이 놓인다.

❸ 15째에 알맞은 모양: □

 □

쌍둥이 문제 6-1

일정한 규칙으로 모양을 움직인 것입니다./ 17째에 알맞은 모양을 그려 보세요.

ㄱ → ㄲ → ㄷ → ㅂ → ㄱ ……

첫째 둘째 셋째 넷째 다섯째

실행 문제 따라 풀기

❶

❷

❸

 □

STEP 2 수학 사고력 키우기

움직여도 처음과 같게 보이는 도형 찾기

연계학습 084쪽

대표 문제 1 시계 방향으로 180°만큼 돌렸을 때/
처음과 같게 보이는 알파벳은 모두 몇 개인가요?

O F M S

구하려는 것은? 시계 방향으로 180°만큼 돌렸을 때 처음과 같게 보이는 알파벳의 개수

어떻게 풀까?
1 시계 방향으로 180°만큼 돌리기 한 모양을 각각 그려 보고,
2 돌리기 전과 같게 보이는 알파벳을 찾아 개수를 세어 보자.

해결해 볼까?

❶ 시계 방향으로 180°만큼 돌리기 한 모양을 각각 그리면?

전략 알파벳의 왼쪽과 오른쪽 부분, 위쪽과 아래쪽 부분이 바뀐다.

O → ☐ F → ☐ M → ☐ S → ☐

❷ 시계 방향으로 180°만큼 돌렸을 때 처음과 같게 보이는 알파벳은 모두 몇 개?

전략 ❶에서 그린 모양이 처음과 같게 보이는 알파벳을 찾자.

답 ____________

쌍둥이 문제 1-1 시계 반대 방향으로 180°만큼 돌렸을 때/
처음과 같게 보이는 글자는 모두 몇 개인가요?

글 응 문 근

대표 문제 따라 풀기

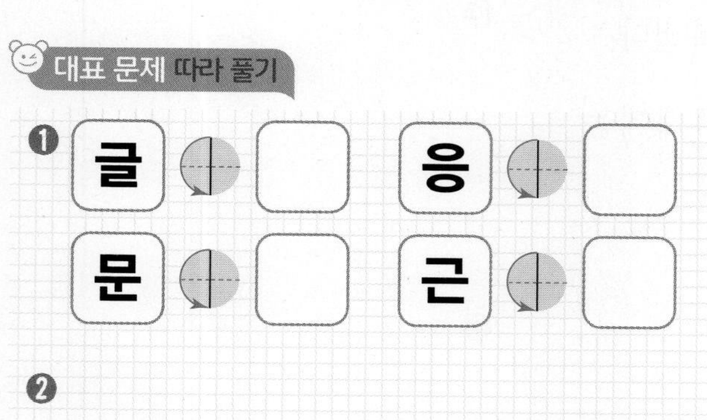

❷

답 ____________

여러 번 움직인 도형 그리기

연계학습 085쪽

대표 문제 2 오른쪽 도형을 왼쪽으로 3번 뒤집고/
아래쪽으로 5번 뒤집었을 때의 도형을 그려 보세요.

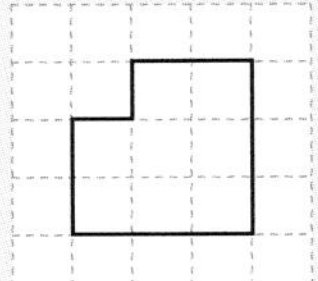

구하려는 것은? 왼쪽으로 3번 뒤집고 아래쪽으로 5번 뒤집었을 때의 도형

어떻게 풀까? 같은 방향으로 **2번, 4번, 6번…… 뒤집기 한 도형**은 처음 도형과 같음을 이용하여 뒤집기 한 도형을 그려 보자.

해결해 볼까?

❶ 왼쪽으로 3번 뒤집기 한 도형을 그리면?

전략 도형을 왼쪽으로 2번 뒤집기 하면 처음 도형과 같다.

답 

❷ ❶에서 그린 도형을 아래쪽으로 5번 뒤집기 한 도형을 그리면?

전략 도형을 아래쪽으로 4번 뒤집기 하면 처음 도형과 같다.

답 

쌍둥이 문제 2-1

오른쪽 도형을 시계 반대 방향으로 90°만큼 5번 돌리고/
위쪽으로 7번 뒤집었을 때의 도형을 그려 보세요.

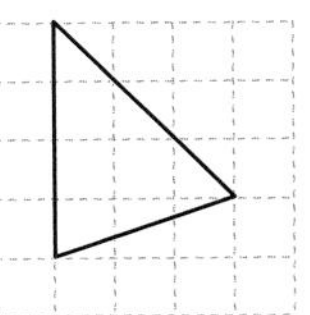

전략 도형을 시계 방향(시계 반대 방향)으로 90°만큼 4번 돌리기 하면
처음 도형과 같다.

대표 문제 따라 풀기

❶ 시계 반대 방향으로 90°만큼 5번 돌리기 한 도형 그리기:

❷ ❶에서 그린 도형을 위쪽으로 7번 뒤집기 한 도형 그리기: 답 

4 평면도형의 이동

STEP 2

수학 사고력 키우기

움직이기 전의 도형 그리기

연계학습 086쪽

대표 문제 3 오른쪽은 어떤 도형을 시계 반대 방향으로 90°만큼 돌리고/ 아래쪽으로 뒤집기 한 도형입니다./ 움직이기 전의 도형을 그려 보세요.

구하려는 것은? 움직이기 전의 도형

어떻게 풀까? 움직인 방법과 반대로 움직여서 움직이기 전의 도형을 그리자.

해결해 볼까?

❶ 아래쪽으로 뒤집기 전 도형을 그리면?

전략 움직인 방법을 반대로 생각해 보자.

답

❷ 시계 반대 방향으로 90°만큼 돌리기 전 도형을 그리면?

답

쌍둥이 문제 3-1 오른쪽은 어떤 도형을 시계 반대 방향으로 180°만큼 돌리고/ 오른쪽으로 뒤집기 한 도형입니다./ 움직이기 전의 도형을 그려 보세요.

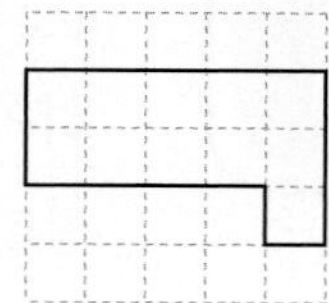

대표 문제 따라 풀기

❶ 오른쪽으로 뒤집기 전 도형 그리기:

❷ 시계 반대 방향으로 180°만큼 돌리기 전 도형 그리기: 답

조각을 움직여서 직(정)사각형 만들기

연계학습 087쪽

대표 문제 4 조각을 움직여서 오른쪽 정사각형을 완성하려고 합니다./ 가에 들어갈 수 있는 조각을 어떻게 움직여야 하는지 방법을 설명해 보세요.

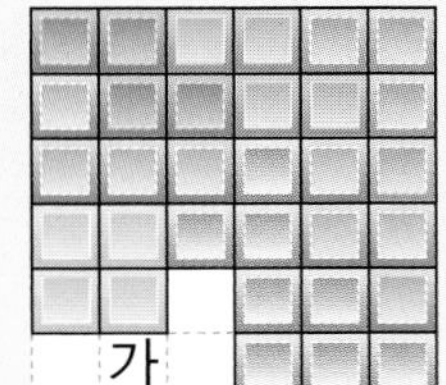

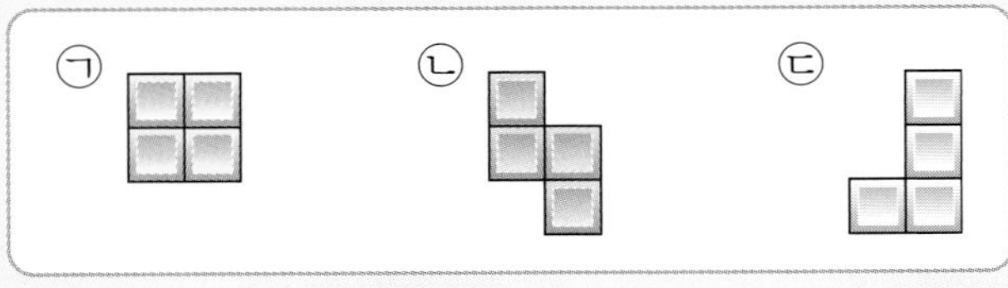

구하려는 것은? 가에 들어갈 수 있는 조각을 움직인 방법 설명하기

어떻게 풀까?
1 가에 들어갈 수 있는 조각을 찾고,
2 1에서 찾은 조각을 어떻게 움직여야 하는지 방법을 설명해 보자.

해결해 볼까?
❶ 가에 들어갈 수 있는 조각의 기호는?

전략 뒤집거나 돌렸을 때 가와 같은 모양을 찾자. 답 ____________

❷ ❶에서 고른 조각을 움직인 방법 설명하기

방법 ☐ 조각을 시계 방향으로 ☐°만큼 돌리고 ☐쪽으로 뒤집기 한다.

4 평면도형의 이동

쌍둥이 문제 4-1

조각을 움직여서 오른쪽 직사각형을 완성하려고 합니다./ 가에 들어갈 수 있는 조각을 어떻게 움직여야 하는지 방법을 설명해 보세요.

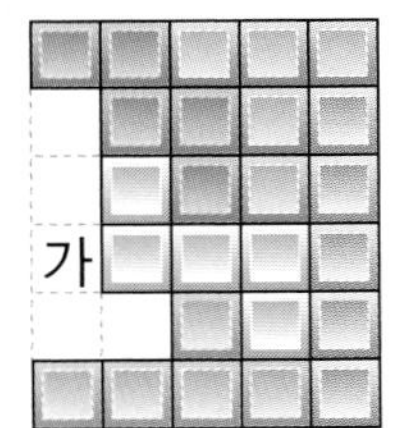

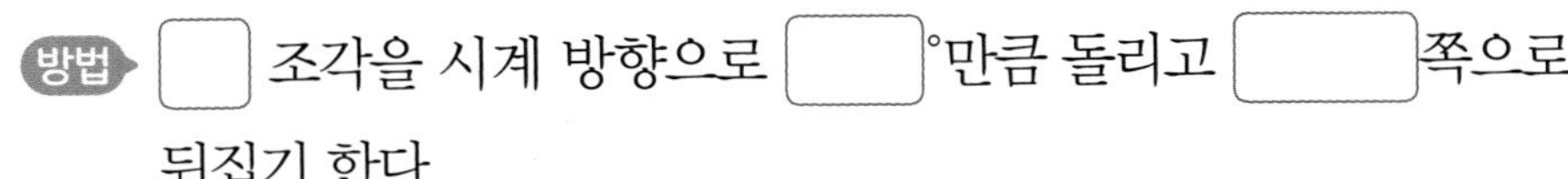

대표 문제 따라 풀기

❶

❷ 방법

수 카드를 움직여 만든 수를 이용하여 계산하기

연계학습 088쪽

대표 문제 5 세 자리 수가 적힌 카드를/ 시계 방향으로 180°만큼 돌렸을 때 만들어지는 수와/ 처음 수의 합을 구해 보세요.

586

구하려는 것은? 시계 방향으로 180°만큼 돌렸을 때 만들어지는 수와 처음 수의 합

주어진 것은?
- 세 자리 수가 적힌 카드
- 수 카드를 시계 방향으로 180°만큼 돌리기

해결해 볼까?

❶ 수 카드를 시계 방향으로 180°만큼 돌렸을 때 만들어지는 수는?

전략 180°만큼 돌리기 하면 왼쪽과 오른쪽 부분, 위쪽과 아래쪽 부분이 바뀐다.

답 ______________

❷ ❶에서 구한 수와 처음 수의 합은?

답 ______________

쌍둥이 문제 5-1 세 자리 수가 적힌 카드를/ 시계 반대 방향으로 180°만큼 돌렸을 때 만들어지는 수와/ 처음 수의 차를 구해 보세요.

602

대표 문제 따라 풀기

❶

❷

답 ______________

규칙을 찾아 ■째 모양 알아보기

연계학습 089쪽

대표 문제 6 일정한 규칙으로 모양을 움직인 것입니다./ 20째까지 움직인 모양 중에서/ 둘째 모양과 같은 모양은 모두 몇 개인가요?/ (단, 둘째 모양도 포함하여 셉니다.)

첫째 둘째 셋째 넷째 다섯째 여섯째

구하려는 것은? 20째까지 움직인 모양 중 둘째 모양과 같은 모양의 개수

어떻게 풀까?
1 모양의 규칙과 반복되는 모양을 알아보고,
2 둘째 모양과 같은 모양의 개수를 구하자.

해결해 볼까?

❶ 모양의 규칙과 반복되는 모양 알아보기

전략 밀기, 뒤집기, 돌리기를 해 보면서 알맞은 규칙을 찾자.

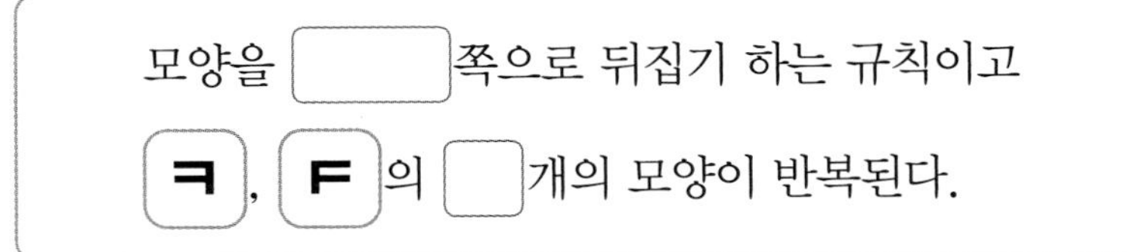

모양을 □쪽으로 뒤집기 하는 규칙이고

ㅋ, ㅋ(뒤집은 모양)의 □개의 모양이 반복된다.

❷ 둘째 모양과 같은 모양은 모두 몇 개?

답

쌍둥이 문제 6-1

일정한 규칙으로 모양을 움직인 것입니다./ 24째까지 움직인 모양 중에서/ 셋째 모양과 같은 모양은 모두 몇 개인가요?/ (단, 셋째 모양도 포함하여 셉니다.)

운 → (돌린 모양) → 공 → (돌린 모양) → 운 → (돌린 모양) → ……

첫째 둘째 셋째 넷째 다섯째 여섯째

대표 문제 따라 풀기

❶

❷

답

4 평면도형의 이동

수학 독해력 완성하기

움직인 도형이 처음 도형과 같은 것 찾기

어느 방향으로 뒤집어도/ 처음 도형과 같은 것을 모두 찾아 기호를 써 보세요.

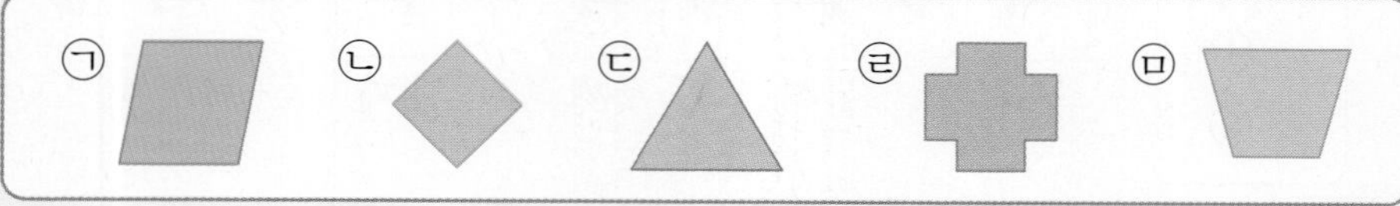

해결해 볼까?

❶ 어느 방향으로 뒤집어도 처음 도형과 같으려면?

도형의 오른쪽과 [　　] 부분, 위쪽과 [　　] 부분의 모양이 모두 같아야 어느 방향으로 뒤집어도 처음 도형과 같다.

❷ 어느 방향으로 뒤집어도 처음 도형과 같은 것을 모두 찾아 기호를 쓰면?

답 ________________

거울에 비친 시계 활용하기

오른쪽은 거울에 비친 시계의 모양입니다./
성재가 오후 4시부터 거울에 비친 시각까지 자전거를 탔습니다./
성재가 자전거를 탄 시간은 몇 시간 몇 분인가요?/
(단, 거울에 비친 시각은 오후입니다.)

해결해 볼까?

❶ 거울에 비친 시계의 시각은?

답 ________________

❷ 성재가 자전거를 탄 시간은?

답 ________________

도형 움직이기의 활용하기

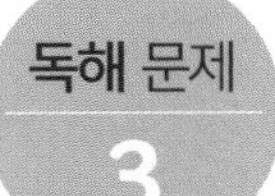

독해 문제 3

다음과 같은 순서로 왼쪽 도형을 움직여서 오른쪽 도형이 되었습니다./
오른쪽 도형에서 ◆이 있는 곳의 기호를 써 보세요.

① 시계 반대 방향으로 180°만큼 돌리기
➔ ② 오른쪽으로 뒤집기

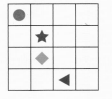

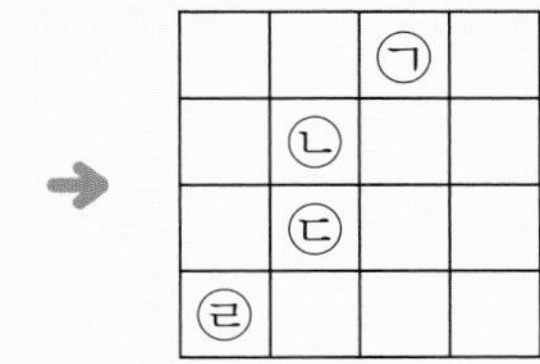

❶ ①의 방법으로 왼쪽 도형을 움직이면?

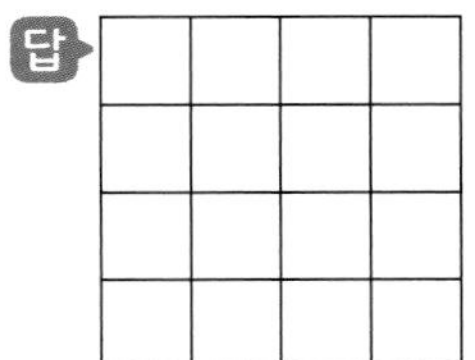

❷ ❶에서 그린 도형을 ②의 방법으로 움직이면?

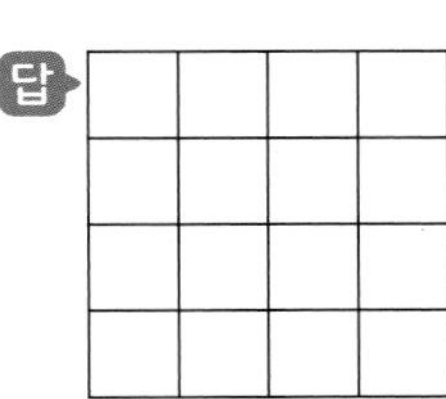

❸ 오른쪽 도형에서 ◆이 있는 곳의 기호는?

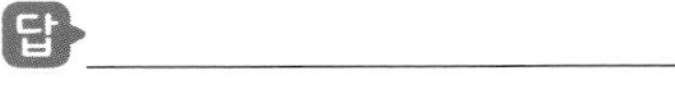

돌리기를 이용하여 만든 무늬 활용하기

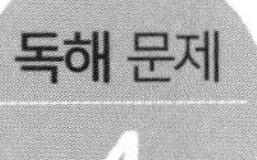

독해 문제 4

S 모양을 이용하여 무늬를 만들었습니다./
무늬의 모양 중에서 **S** 모양을 돌리기 하여 만든 모양은 모두 몇 개인가요?

S	Ƨ	ᔕ	S	Ƨ	S	ᔕ	S
Ƨ	S	ᔕ	S	Ƨ	ᔓ	S	Ƨ

해결해 볼까?

❶ **S** 모양을 돌렸을 때의 모양을 각각 그리면?

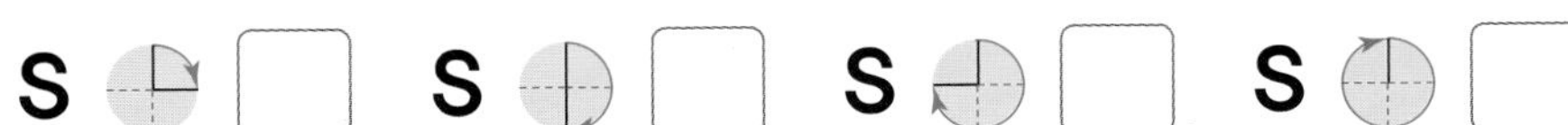

❷ **S** 모양을 돌리기 하여 만든 모양은 모두 몇 개?

4 평면도형의 이동

수학 독해력 완성하기

움직여도 처음과 같게 보이는 도형 찾기

연계학습 090쪽

독해 문제 5

한글 자음 중에서 위쪽으로 뒤집었을 때의 모양과/
시계 방향으로 180°만큼 돌렸을 때의 모양이 같은 것은/
모두 몇 개인가요?

ㄱ ㄷ ㅁ
ㅇ ㅈ ㅍ

구하려는 것은? 위쪽으로 뒤집었을 때의 모양과 시계 방향으로 180°만큼 돌렸을 때의 모양이 같은 것의 개수

주어진 것은? 한글 자음 ㄱ, ㄷ, ㅁ, ㅇ, ㅈ, ㅍ

어떻게 풀까?
1 한글 자음을 위쪽으로 뒤집었을 때의 모양을 그려 보고,
2 한글 자음을 시계 방향으로 180°만큼 돌렸을 때의 모양을 그린 다음,
3 1과 2에서 그린 모양이 같은 것의 개수를 구하자.

해결해 볼까?

❶ 위쪽으로 뒤집었을 때의 모양을 각각 그리면?

ㄱ → ☐, ㄷ → ☐, ㅁ → ☐,
ㅇ → ☐, ㅈ → ☐, ㅍ → ☐

❷ 시계 방향으로 180°만큼 돌렸을 때의 모양을 각각 그리면?

ㄱ → ☐, ㄷ → ☐, ㅁ → ☐,
ㅇ → ☐, ㅈ → ☐, ㅍ → ☐

❸ ❶과 ❷에서 그린 모양이 같은 것은 모두 몇 개?

답 ____________

수 카드를 움직여 만든 수를 이용하여 계산하기

연계학습 088쪽

세 자리 수가 적힌 카드를 아래쪽과 오른쪽으로 각각 뒤집었을 때/
만들어지는 두 수의 합을 구해 보세요.

구하려는 것은? 카드를 아래쪽과 오른쪽으로 각각 뒤집었을 때 만들어지는 두 수의 합

주어진 것은? 세 자리 수 105가 적힌 카드

어떻게 풀까?
1 수 카드를 아래쪽으로 뒤집었을 때 만들어지는 수를 구하고,
2 수 카드를 오른쪽으로 뒤집었을 때 만들어지는 수를 구한 다음,
3 1과 2에서 만든 수의 합을 구하자.

해결해 볼까?

❶ 수 카드를 아래쪽으로 뒤집었을 때 만들어지는 수는?

답

❷ 수 카드를 오른쪽으로 뒤집었을 때 만들어지는 수는?

답

❸ ❶과 ❷에서 구한 두 수의 합은?

답

STEP

창의·융합·코딩 체험하기

창의 1 아래쪽으로 뒤집어도 모양이 변하지 않는 것을 모두 찾아 기호를 써 보세요.

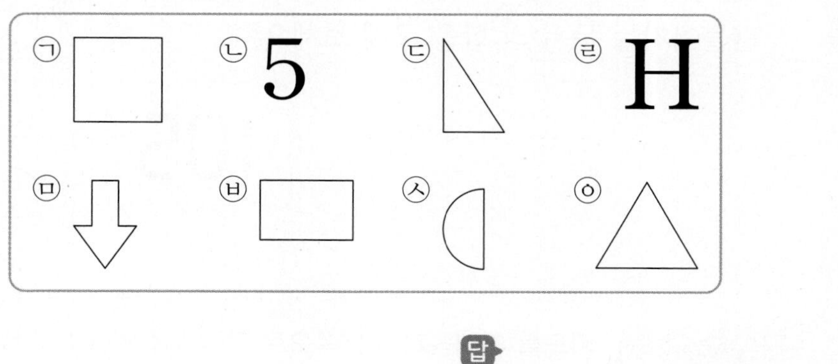
㉠
㉡ 5
㉢
㉣ H
㉤
㉥
㉦
㉧

답 ______________________

코딩 2 주어진 도형으로 다음과 같이 코딩식을 실행하였더니/
시계 방향으로 90°만큼 돌렸을 때의 도형이 되었습니다.

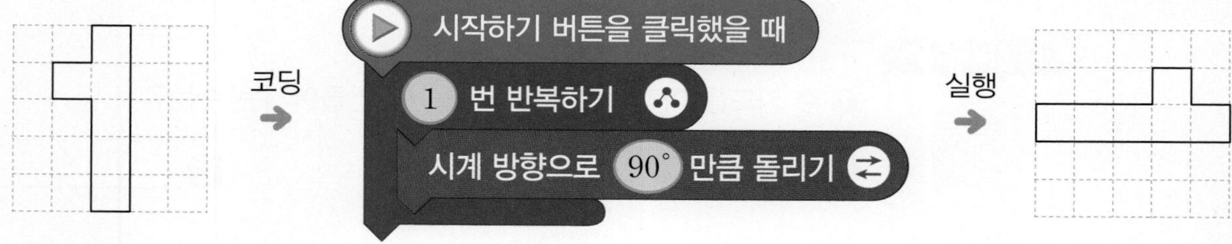
코딩
시작하기 버튼을 클릭했을 때
1 번 반복하기
시계 방향으로 90° 만큼 돌리기
실행

주어진 도형으로 다음 코딩식을 실행하면 어떤 도형이 되는지 그려 보세요.

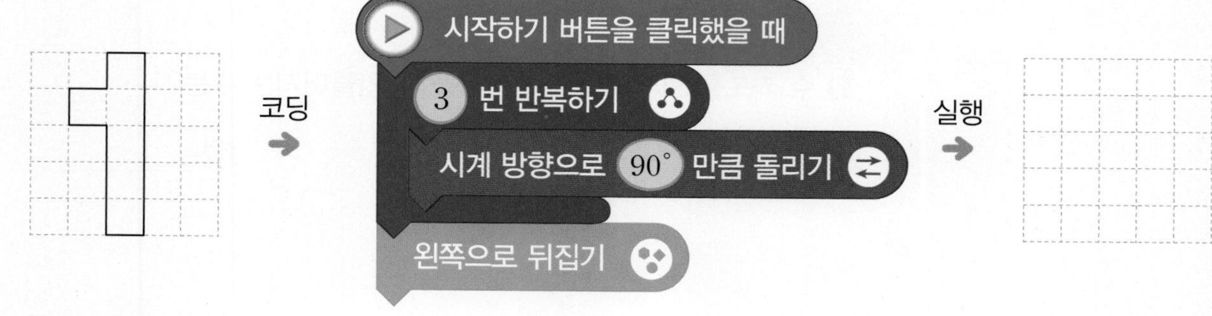
코딩
시작하기 버튼을 클릭했을 때
3 번 반복하기
시계 방향으로 90° 만큼 돌리기
왼쪽으로 뒤집기
실행

보도블록을 공사하시는 두 아저씨의 대화를 보고,/
아저씨가 원하는 보도블록을 움직여 만들어지는 보도블록 무늬를 그려 보세요.

첫째 줄에서 짝수 째에 있는 보도블록을 시계 방향으로 90°만큼 돌려야 해!!

둘째 줄에서 홀수 째에 있는 보도블록을 시계 방향으로 90°만큼 돌려야 하는군!!

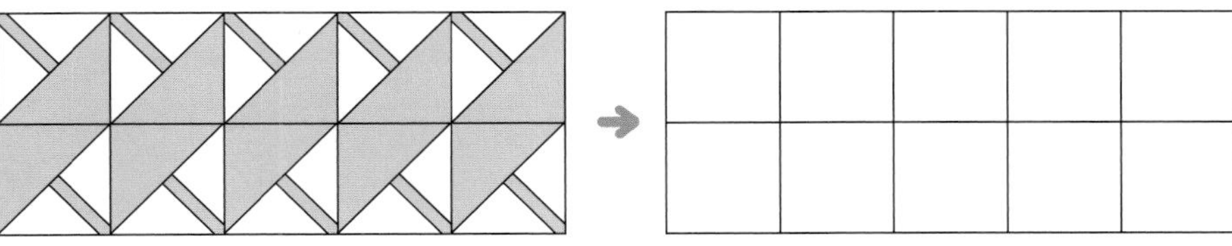

셜록홈즈는 다음과 같은 암호와 암호 해석 방법을 발견했습니다./

〈암호〉

♥ 하는 사람을 **6** 하고 싶다면 ⬆ 방향으로 와라.

〈해석 방법〉

♥와 **6**은 ◔ 방향으로 돌리기, ⬆는 ◔ 방향으로 돌리면 된다.

셜록홈즈가 바르게 암호를 해석해서 찾아갈 수 있도록 해석한 암호문을 그려 보세요.

하는 사람을
하고 싶다면
방향으로 와라.

4

평면도형의 이동

창의·융합·코딩 체험하기

수 카드를 시계 방향으로 180°만큼 돌렸을 때 만들어지는 수가/
더 큰 사람이 이기는 놀이를 하려고 합니다./
태형이와 지민이가 고른 카드가 다음과 같을 때 이긴 사람은 누구인가요?

태형	지민
969	868

답

4

평면도형의 이동

다음과 같은 모양이 있습니다./
이 모양을 [보기]의 방법으로 움직이면 ■●▲에 알맞은 영어 단어를 만들 수 있습니다./
[보기]의 방법으로 만든 단어는 무엇인지 써 보세요.

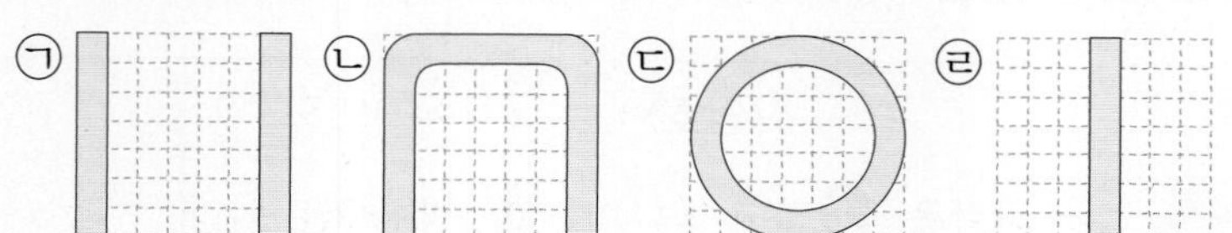

■●▲ ARE YOU?

[보기]

① ㉣을 시계 방향으로 90°만큼 돌리기 하여 ㉠에 꼭맞게 겹쳐 만들기

② ㉡을 아래쪽으로 뒤집기 하여  와 꼭맞게 겹쳐 만들기

③ ■에는 ①에서 만든 모양을, ●에는 ㉢을, ▲에는 ②에서 만든 모양을 놓아 만들기

답

오른쪽 깃발로 다음과 같이 코딩식을 실행했을 때/ 바뀐 깃발의 모양을 그려 보세요.

코딩 8 규칙에 따라 사자를 움직이면 어느 곳에 도착하는지 기호를 써 보세요.

← ↑ → ↓ : 방향에 맞게 한 칸 이동

↷ : 시계 방향으로 90°만큼 돌리고 앞으로 한 칸 이동

↶ : 시계 반대 방향으로 90°만큼 돌리고 앞으로 한 칸 이동

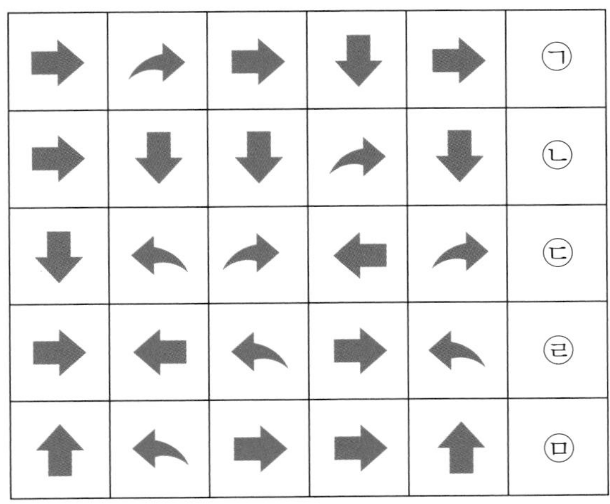

→	↷	→	↓	→	㉠
→	↓	↓	↷	↓	㉡
↓	↶	↷	←	↷	㉢
→	←	↶	→	↶	㉣
↑	↶	→	→	↑	㉤

실전 마무리 하기

맞힌 문제 수 개 /10개

움직여도 처음과 같게 보이는 도형 찾기 090쪽

1 시계 방향으로 180°만큼 돌렸을 때 처음과 같게 보이는 글자를 찾아 써 보세요.

몸	를	극

풀이

답

움직인 도형이 같은 모양이 되는 방법 찾기

2 왼쪽 도형을 오른쪽 방법으로 움직였을 때의 도형이 처음 모양과 다른 것을 찾아 기호를 써 보세요.

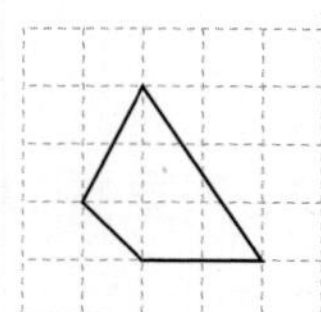

㉠ 위쪽으로 2번 뒤집기 한 도형
㉡ 왼쪽으로 3번 뒤집기 한 도형

풀이

답

조각을 움직여서 직(정)사각형 만들기 093쪽

3 조각을 움직여서 정사각형을 완성하려고 합니다. 빈 곳에 들어갈 수 있는 조각을 어떻게 움직여야 하는지 방법을 설명해 보세요.

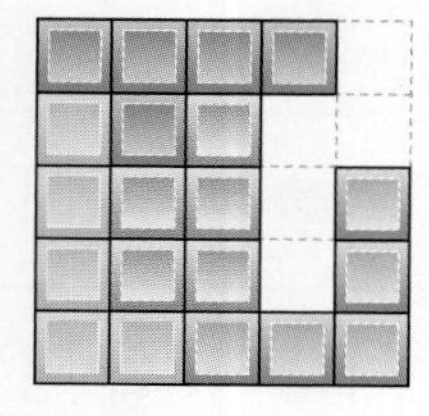

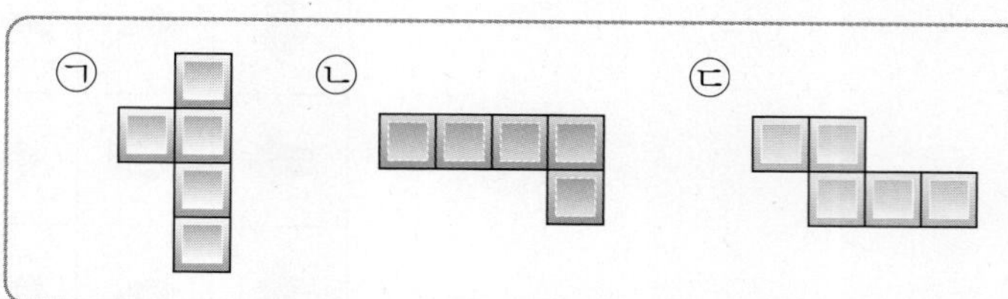

방법

움직이기 전의 도형 그리기 092쪽

4 오른쪽은 어떤 도형을 시계 반대 방향으로 270°만큼 돌리고 왼쪽으로 뒤집기 한 도형입니다. 움직이기 전의 도형을 그려 보세요.

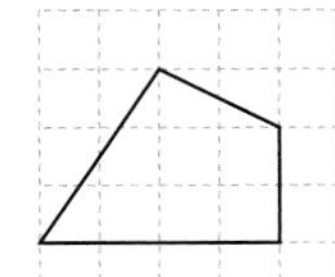

풀이 ❶ 왼쪽으로 뒤집기 전 도형 그리기:

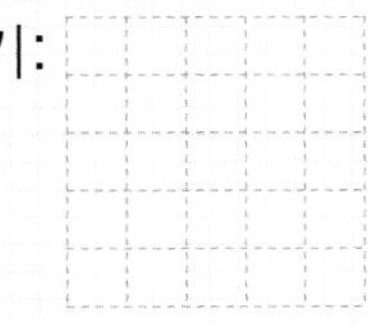

❷ 시계 반대 방향으로 270°만큼 돌리기 전 도형 그리기: 답

여러 번 움직인 도형 그리기 091쪽

5 왼쪽 도형을 위쪽으로 5번 뒤집고 오른쪽으로 7번 뒤집었을 때의 도형을 오른쪽에 그려 보세요.

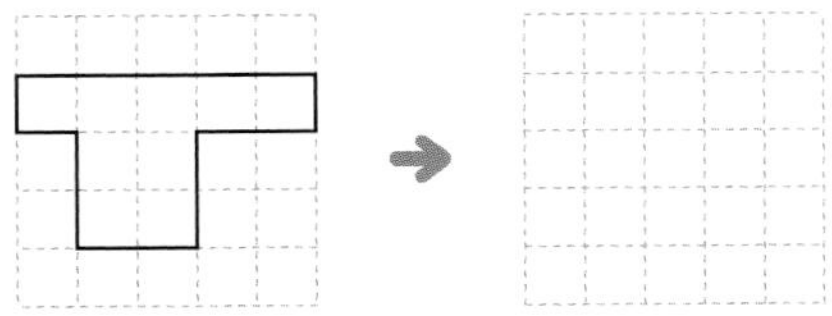

풀이

수 카드를 움직여 만든 수를 이용하여 계산하기 094쪽

6 오른쪽 세 자리 수가 적힌 카드를 시계 반대 방향으로 180°만큼 돌렸을 때 만들어지는 수와 처음 수의 합을 구해 보세요.

풀이

답

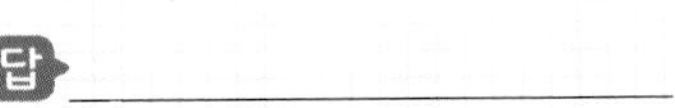

실전 마무리 하기

규칙을 찾아 ■째 모양 알아보기 095쪽

7 일정한 규칙으로 모양을 움직인 것입니다. 16째까지 움직인 모양 중에서 첫째 모양과 같은 모양은 모두 몇 개인가요? (단, 첫째 모양도 포함하여 셉니다.)

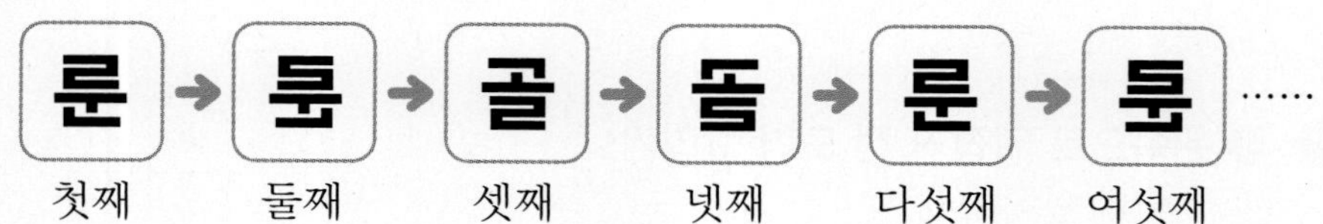

거울에 비친 시계 활용하기 096쪽

8 거울에 비친 시계의 모양입니다. 태형이가 거울에 비친 시각부터 오후 9시까지 동화책을 읽었습니다. 태형이가 동화책을 읽은 시간은 몇 시간 몇 분인가요? (단, 거울에 비친 시각은 오후입니다.)

도형 움직이기의 활용하기 097쪽

9 다음과 같은 순서로 왼쪽 도형을 움직여서 오른쪽 도형이 되었습니다. 오른쪽 도형에서 ♥가 있는 곳의 기호를 써 보세요.

① 위쪽으로 뒤집기
➔ ② 시계 방향으로 180°만큼 돌리기

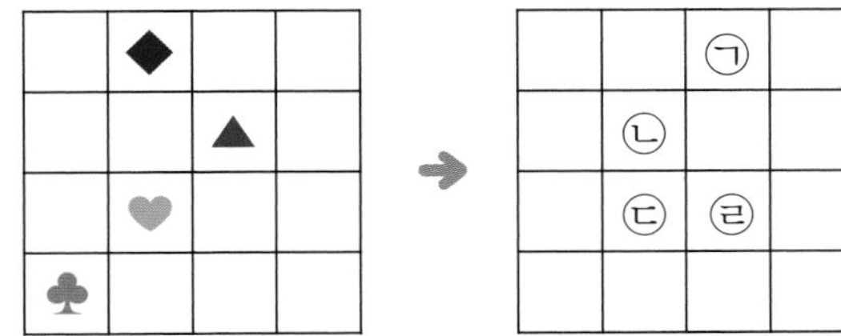

돌리기를 이용하여 만든 무늬 활용하기 097쪽

10 G 모양을 이용하여 무늬를 만들었습니다. 무늬의 모양 중에서 G 모양을 돌리기 하여 만든 모양은 모두 몇 개인가요?

5 막대그래프

FUN한 기억 노트

조사한 자료를 막대 모양으로 나타낸 그래프를 막대그래프 라고 해.

막대를 세로로 나타낸 그래프

제목
막대그래프의 제목은 여기에 쓰고~~

좋아하는 간식별 학생 수

단위 나타내기
이 자리에 단위를 나타내면 돼~

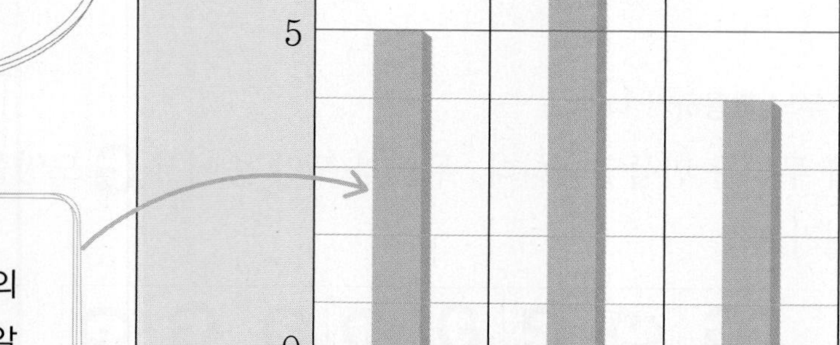

막대의 길이
많고 적음을 막대의 길이를 비교해서 알 수 있어.

가장 많은 학생들이 좋아하는 간식은 막대의 길이가 가장 긴 ______야.

그래프의 세로
세로에는 ______를 나타냈어.

그래프의 가로
가로에는 ______을 나타냈어.

간식을 세로에 나타낼 수도 있어.

매쓰 FUN 쓸 줄 알아야 진짜 실력!

정답 확인 »

막대그래프는 막대의 가로와 세로를 바꾸어 나타낼 수 있어.

막대를 가로로 나타낸 그래프

받고 싶은 선물별 학생 수

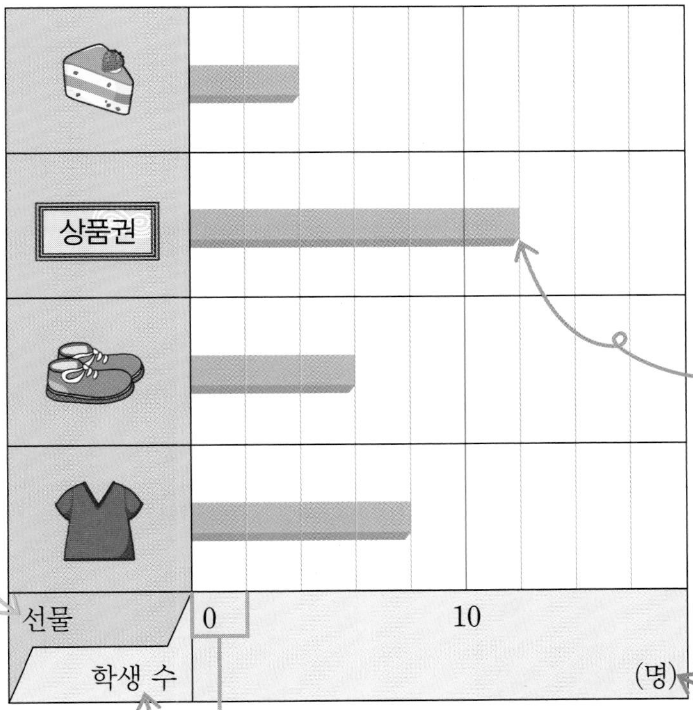

선물 \ 학생 수	0					10				(명)
(케이크)										
상품권										
(신발)										
(티셔츠)										

제목
막대그래프의 제목이야~~

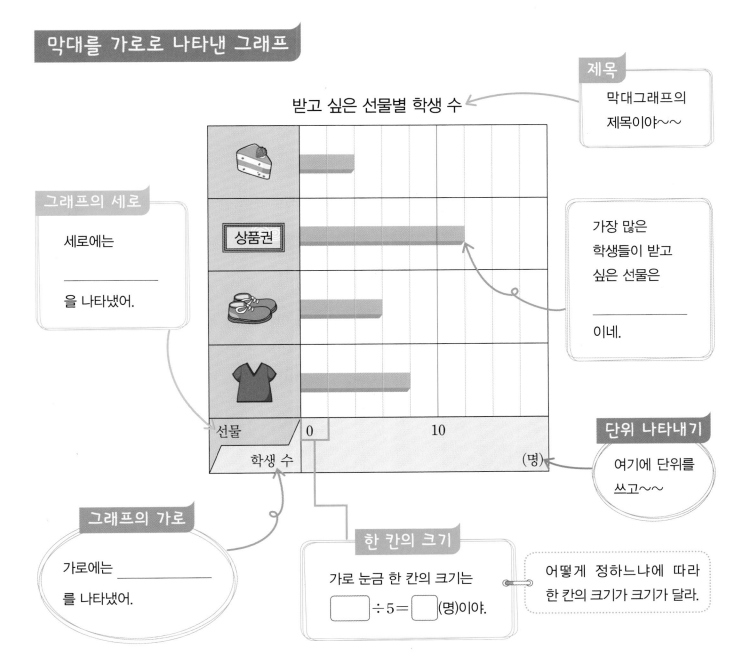

그래프의 세로
세로에는 ______________ 을 나타냈어.

가장 많은 학생들이 받고 싶은 선물은 ______________ 이네.

단위 나타내기
여기에 단위를 쓰고~~

그래프의 가로
가로에는 ______________ 를 나타냈어.

한 칸의 크기
가로 눈금 한 칸의 크기는 $\square \div 5 = \square$(명)이야.

어떻게 정하느냐에 따라 한 칸의 크기가 크기가 달라.

STEP 1

문제 해결력 기르기

1 세로 눈금 한 칸의 크기를 구하여 항목 수 구하기

선행 문제 해결 전략

• 세로 눈금 한 칸의 크기 구하기

예 좋아하는 운동별 학생 수

세로 눈금의 크기가 주어진 경우

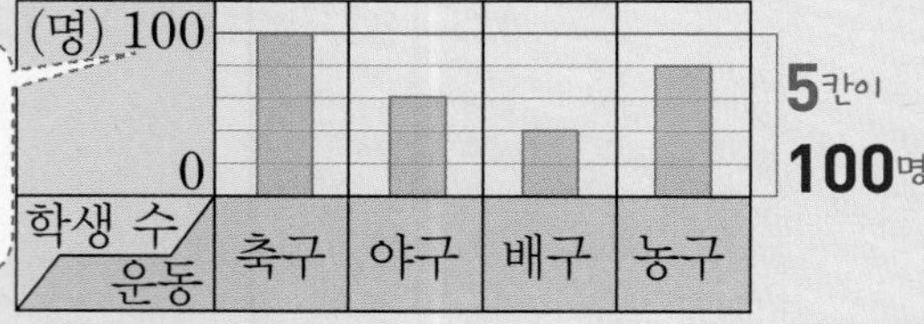

➔ 세로 눈금 한 칸: **100÷5=20(명)**

예 좋아하는 운동별 학생 수

세로 눈금의 크기가 주어지지 않은 경우

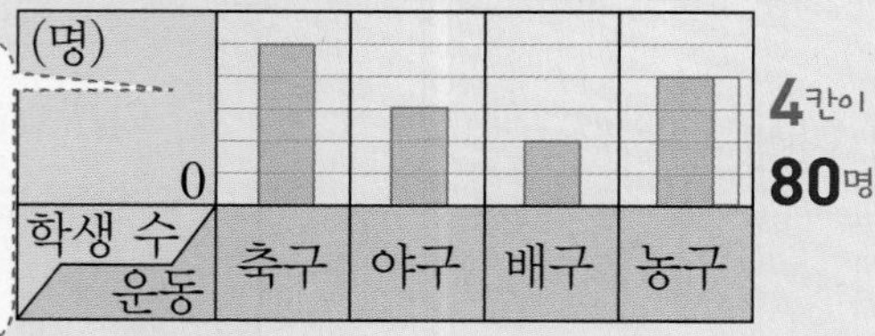

농구를 좋아하는 학생이 80명일 때

➔ 세로 눈금 한 칸: **80÷4=20(명)**

선행 문제 1

세로 눈금 한 칸의 크기를 구해 보세요.

(1) 좋아하는 과일별 학생 수

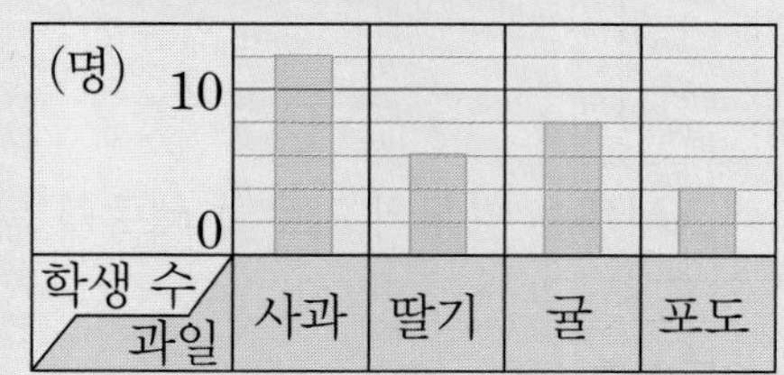

풀이 세로 눈금 한 칸: ☐÷5=☐(명)

(2) 재활용품별 무게

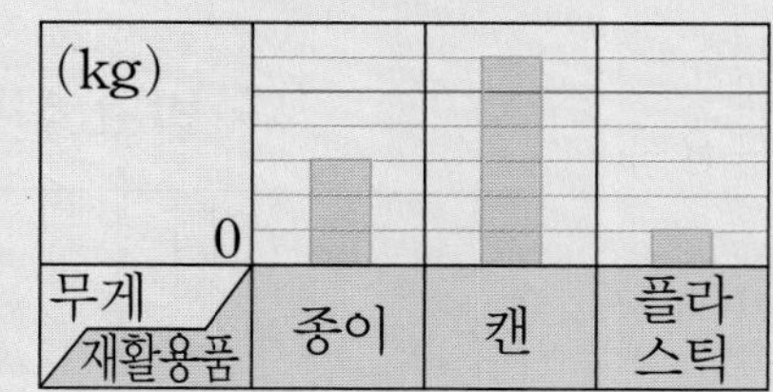

캔의 무게: 18 kg

풀이 세로 눈금 한 칸: 18÷☐=☐(kg)

실행 문제 1

귤 생산량이 가장 많은 마을의 생산량은 몇 상자인가요?

마을별 귤 생산량

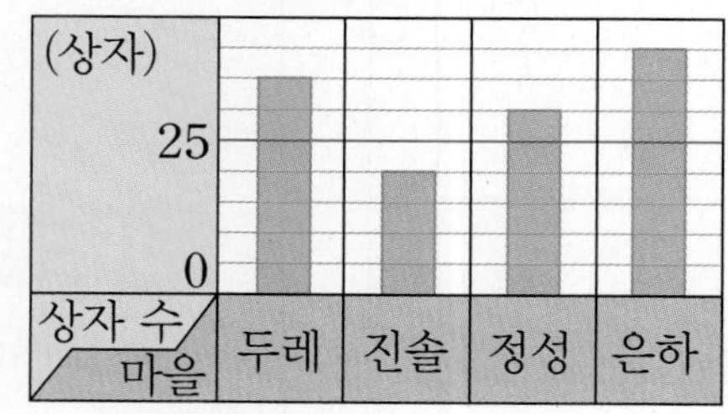

전략 막대가 가장 긴 마을을 찾자.

❶ 귤 생산량이 가장 많은 마을: ☐ 마을

전략 세로 눈금 한 칸의 크기를 구하자.

❷ 세로 눈금 한 칸: 25÷☐=☐(상자)

은하 마을의 생산량: ☐×8=☐(상자)

답 ____________

쌍둥이 문제 1-1

가장 많은 학생들이 좋아하는 동영상 분야는 몇 명이 좋아하나요?

좋아하는 동영상 분야별 학생 수

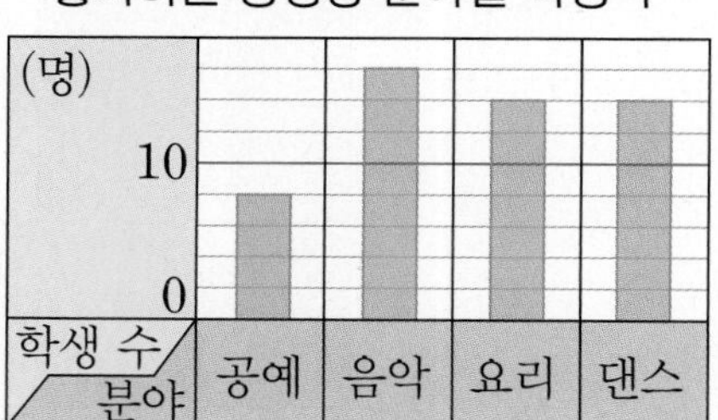

실행 문제 따라 풀기

❶

❷

답 ____________

5 막대그래프

② 그래프에 주어지지 않은 항목 수 구하기

선행 문제 해결 전략

예 아파트에 사는 전체 학생 수가 30명일 때 3동의 학생 수 구하기

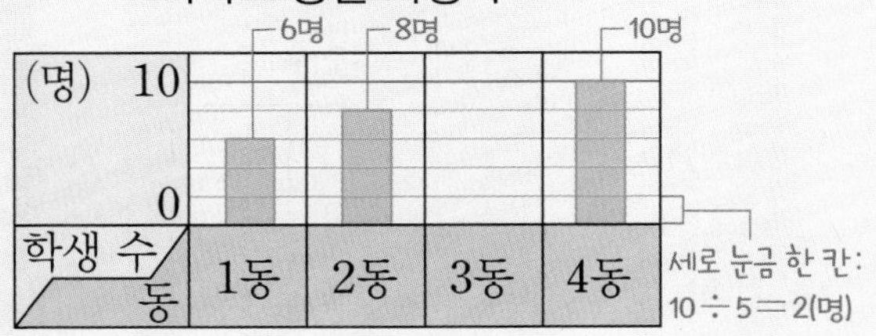

3동의 학생 수는 **전체 학생 수**에서 1, 2, 4동 학생 수를 빼어 구하자.

(3동 학생 수)
=(**전체 학생 수**)−(1, 2, 4동 학생 수)
=30−6−8−10=6(명)

선행 문제 2

조사한 학생 수가 15명일 때 국어를 좋아하는 학생 수를 구해 보세요.

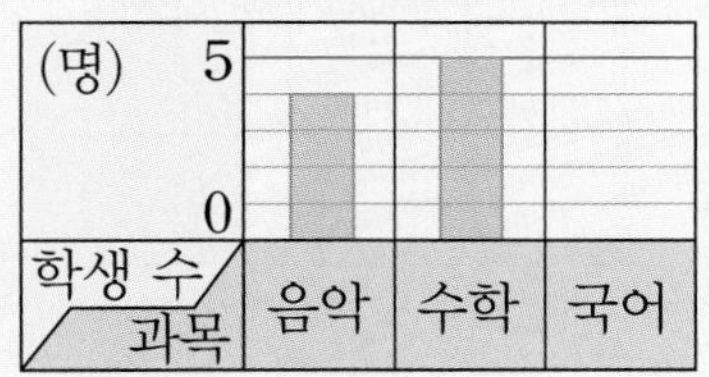

풀이 음악을 좋아하는 학생 수: □명
수학을 좋아하는 학생 수: □명
➜ (국어를 좋아하는 학생 수)
=15−□−□=□(명)

실행 문제 2

조사한 학생 수가 24명일 때 가장 많은 학생들의 취미를 써 보세요.

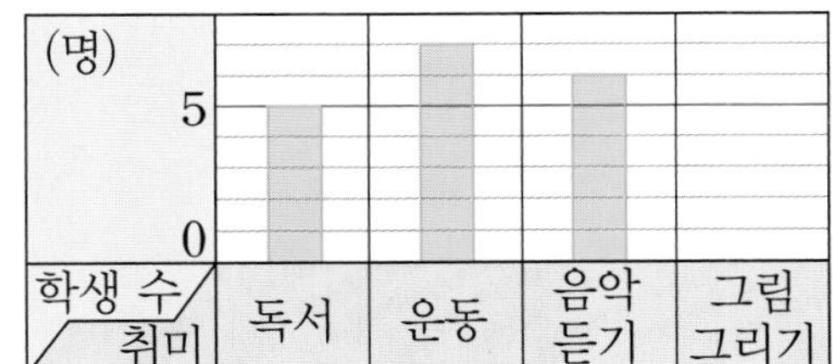

전략 취미별 학생 수를 구하자.

❶ 독서: □명, 운동: □명
음악 듣기: □명

전략 (조사한 학생 수)−(❶에서 구한 학생 수)

❷ (그림 그리기가 취미인 학생 수)
=24−□−□−□=□(명)

❸ 가장 많은 학생들의 취미: □

답 ____________

쌍둥이 문제 2-1

전체 팔린 김밥 수가 46줄일 때 가장 적게 팔린 가게를 써 보세요.

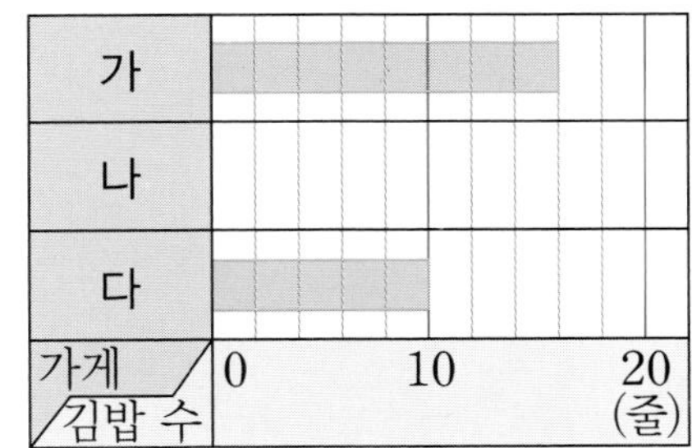

실행 문제 따라 풀기

❶

❷

❸

답 ____________

③ 두 막대가 그려진 막대그래프 알아보기

선행 문제 해결 전략

• 두 막대가 그려진 그래프에서 항목 수 구하기

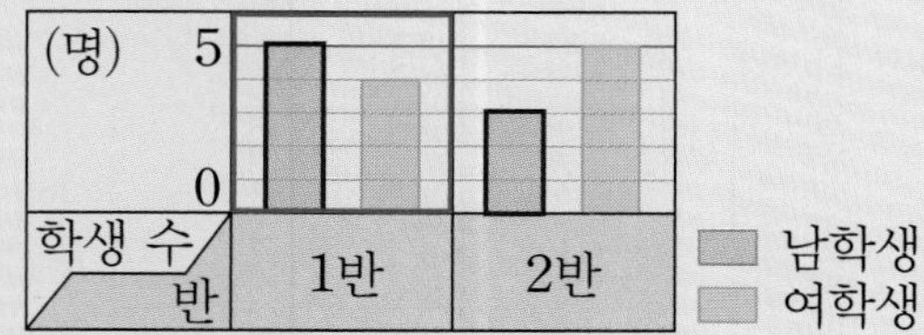

① 수영을 할 수 있는 1반의 학생 수:
(1반의 남학생 수)+(1반의 여학생 수)
$=5+4=9$(명)

② 수영을 할 수 있는 남학생 수:
(1반 남학생 수)+(2반 남학생 수)
$=5+3=8$(명)

선행 문제 3

막대그래프를 보고 물음에 답하세요.

(1) 피자를 좋아하는 학생은 몇 명인가요?

풀이 피자를 좋아하는 남학생: □명
피자를 좋아하는 여학생: □명 } □명

(2) 피자와 햄버거를 좋아하는 여학생은 몇 명인가요?

풀이 피자를 좋아하는 여학생: □명
햄버거를 좋아하는 여학생: □명 } □명

실행 문제 3

2반과 3반의 학생 수가 같다고 할 때/ 2반의 여학생은 몇 명인가요?

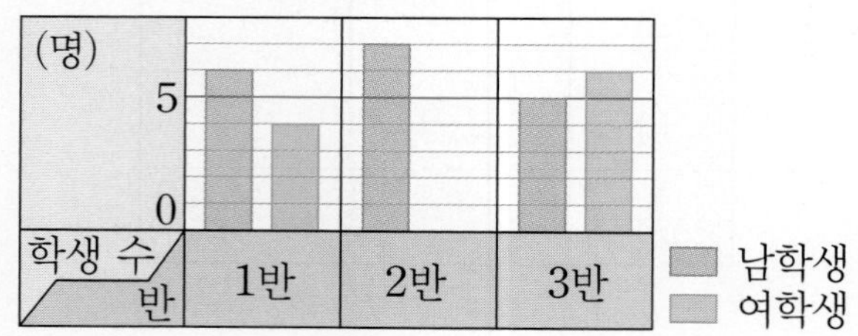

전략 3반의 학생 수를 구하자.

❶ 3반의 남학생: □명
3반의 여학생: □명 } □명

전략 (2반 여학생 수)=(3반 학생 수)−(2반 남학생 수)

❷ 2반의 남학생: □명
2반의 여학생: □−□=□(명)

답 ____________

쌍둥이 문제 3-1

2반과 3반의 안경을 낀 학생 수가 같다고 할 때/ 3반의 안경을 낀 남학생은 몇 명인가요?

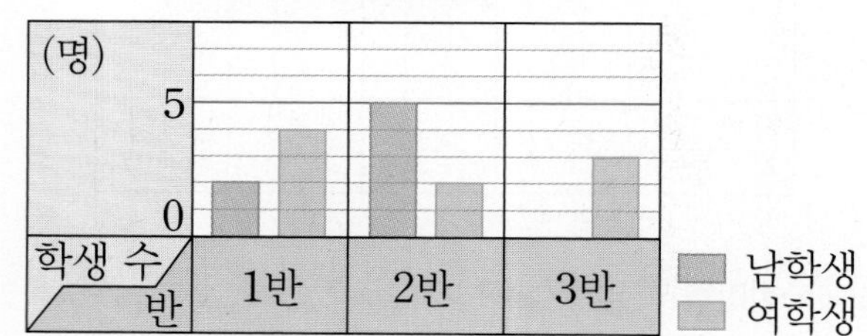

실행 문제 따라 풀기

❶

❷

답 ____________

4 찢어진 그래프에서 항목 수 구하기

선행 문제 해결 전략

예 가와 나의 합이 8이고 나가 가의 3배일 때 나의 값 구하기

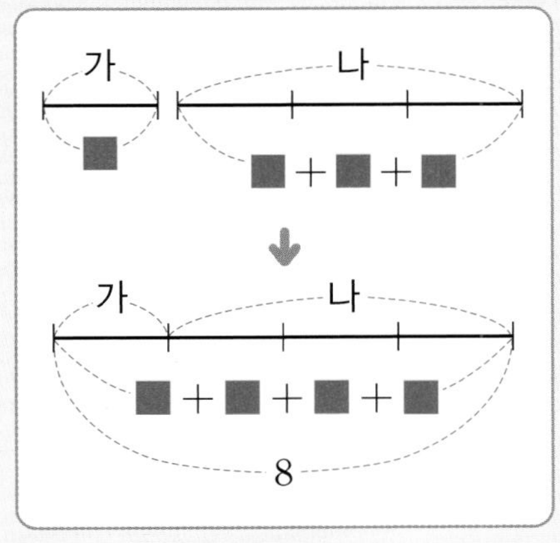

■+■+■+■=8

→ ■×4=8, ■=8÷4=2

따라서 가=2, 나=2×3=6이다.

선행 문제 4

나는 가의 2배입니다. 가와 나의 합이 9일 때 가와 나의 수를 각각 구해 보세요.

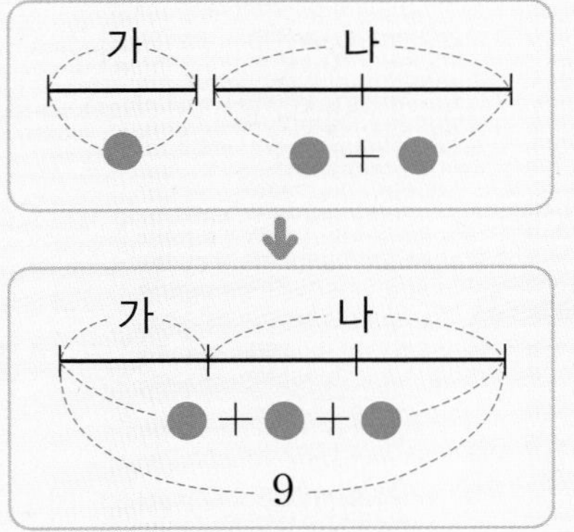

풀이 ●=(가와 나의 합)÷3=9÷3=□

→ 가: □

나: □×2=□

실행 문제 4

진우네 반 학생들이 좋아하는 분식을 조사하여 나타낸 막대그래프의 일부분이 찢어졌습니다./ 조사한 학생 수가 22명,/ 쫄면을 좋아하는 학생 수가 냉면을 좋아하는 학생 수의 2배일 때/ 냉면을 좋아하는 학생 수를 구해 보세요.

좋아하는 분식별 학생 수

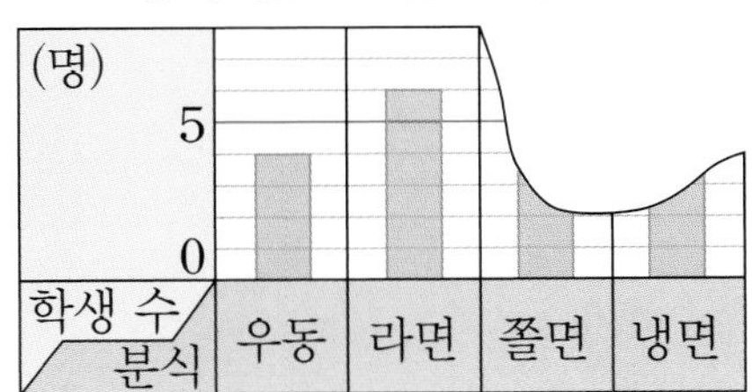

전략 쫄면과 냉면의 합을 구하자.

❶ 우동: □명, 라면: □명, (쫄면과 냉면의 합)=22−□−□=□(명)

전략 쫄면이 냉면의 2배이다.

❷ 냉면: ■명이면 쫄면: ■+■(명)이다.

쫄면과 냉면의 합: ■+■+■=■×□(명)

전략 ❶과 ❷를 이용하여 ■의 값을 구하자.

❸ ■×3=□에서 ■=12÷3=□

냉면을 좋아하는 학생 수: □명

답 ____________

STEP 2

수학 사고력 키우기

세로 눈금 한 칸의 크기를 구하여 항목 수 구하기

연계학습 110쪽

대표 문제 1

민우네 학교 학생들이 좋아하는 동물을 조사하여 나타낸 막대그래프입니다./ 원숭이를 좋아하는 학생이 8명이라고 할 때/ 고래를 좋아하는 학생은 몇 명인가요?

좋아하는 동물별 학생 수

(명) 0				
학생 수/동물	고래	코끼리	호랑이	원숭이

구하려는 것은? ☐를 좋아하는 학생 수

주어진 것은?
- 원숭이를 좋아하는 학생 수: ☐명

해결해 볼까?

❶ 세로 눈금 한 칸이 나타내는 것은 몇 명?

전략 (원숭이를 좋아하는 학생 수)÷(나타낸 칸 수)

답 ____________

❷ 고래는 세로 눈금 몇 칸?

답 ____________

❸ 고래를 좋아하는 학생은 몇 명?

답 ____________

5

막대그래프

쌍둥이 문제 1-1

정아네 학교 학생들이 체험하고 싶은 장소를 조사하여 나타낸 막대그래프입니다./ 동물원을 체험하고 싶은 학생이 12명이라고 할 때/ 과학관을 체험하고 싶은 학생은 몇 명인가요?

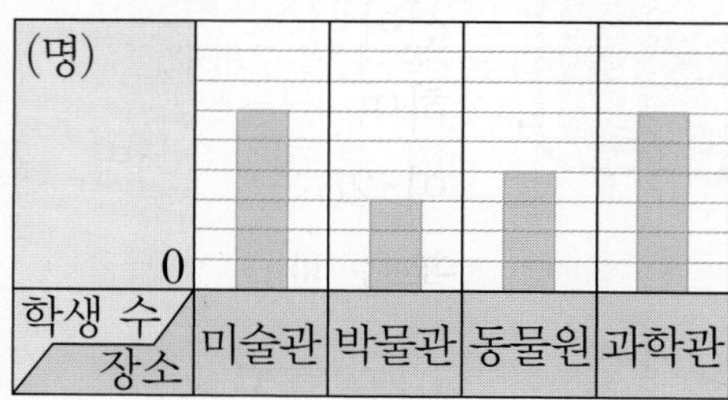

대표 문제 따라 풀기

❶

❷

❸

답 ____________

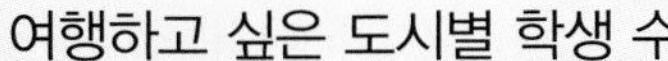

그래프에 주어지지 않은 항목 수 구하기

연계학습 111쪽

대표 문제 2

윤서네 반 학생들이 여행하고 싶은 도시를 조사하여 나타낸 막대그래프입니다./ 조사한 학생이 28명일 때/ 강릉을 여행하고 싶은 학생은 부산을 여행하고 싶은 학생보다 몇 명 더 많나요?

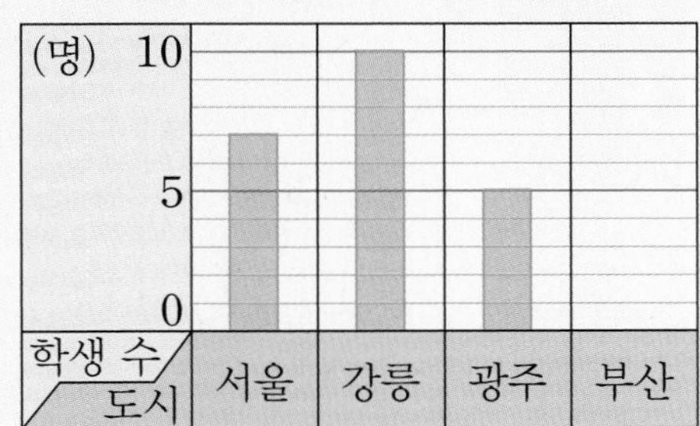

구하려는 것은? 강릉을 여행하고 싶은 학생은 부산보다 몇 명 더 많은지 구하기

어떻게 풀까?
1 막대가 그려진 항목의 수를 구한 다음
2 부산을 여행하고 싶은 학생 수를 구하여 강릉을 여행하고 싶은 학생 수와의 차를 구하자.

해결해 볼까?

❶ 각 항목은 몇 명?

전략 세로 눈금 한 칸은 5÷5=1(명)이다.

답 서울: ________, 강릉: ________, 광주: ________

❷ 부산을 여행하고 싶은 학생은 몇 명?

전략 (조사한 학생)−(서울, 강릉, 광주를 여행하고 싶은 학생) 답 ________

❸ 강릉을 여행하고 싶은 학생과 부산을 여행하고 싶은 학생의 차는 몇 명?

답 ________

쌍둥이 문제 2-1

선아네 반 학생들이 배우고 싶은 국악기를 조사하여 나타낸 막대그래프입니다./ 조사한 학생이 26명일 때/ 가야금을 배우고 싶은 학생과 북을 배우고 싶은 학생 수의 합을 구해 보세요.

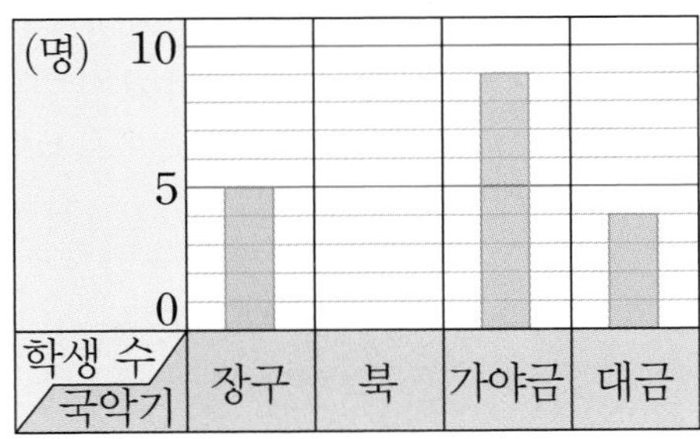

대표 문제 따라 풀기

❶

❷

❸

답 ________

5 막대그래프

두 막대가 그려진 막대그래프 알아보기

연계학습 112쪽

대표 문제 3 지훈이네 학교 4학년 학생들이 좋아하는 계절을 조사하여 나타낸 막대그래프입니다./ 전체 남학생 수와 여학생 수가 같을 때/ 겨울을 좋아하는 남학생은 몇 명인가요?

좋아하는 계절별 학생 수

(명) 10
0
학생 수/계절
봄 여름 가을 겨울
남학생 여학생

구하려는 것은? 겨울을 좋아하는 ☐ 수

어떻게 풀까?

1 막대를 보고 남학생 수와 여학생 수를 구하여 각각 합을 구한 다음

2 (여학생 수의 합)−(남학생 수의 합)을 계산하여 겨울을 좋아하는 남학생 수를 구하자.

해결해 볼까?

❶ 조사한 여학생은 몇 명?

전략 계절별로 여학생 막대가 나타내는 수를 더하자.

답 ____________

❷ 그래프에 그려진 남학생은 몇 명?

전략 계절별로 남학생 막대가 나타내는 수를 더하자.

답 ____________

❸ 겨울을 좋아하는 남학생은 몇 명?

답 ____________

쌍둥이 문제 3-1

현수네 반 학생들의 혈액형을 조사하여 나타낸 막대그래프입니다./ 전체 남학생 수와 여학생 수가 같을 때/ A형인 남학생은 몇 명인가요?

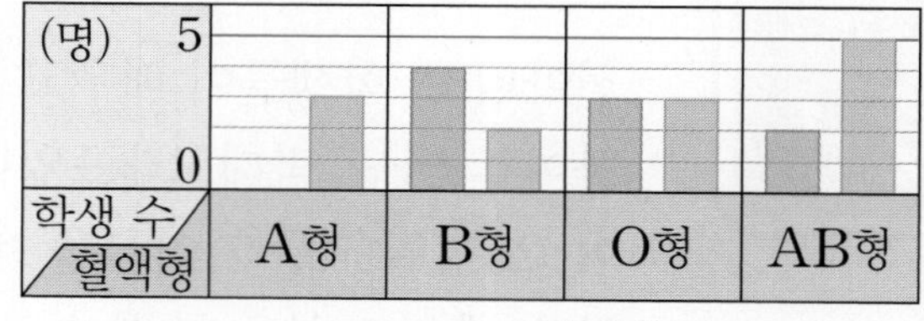

대표 문제 따라 풀기

❶

❷

❸

답 ____________

찢어진 그래프에서 항목 수 구하기

연계학습 113쪽

대표 문제 4

현아네 반 학생들이 좋아하는 과일을 조사하여 나타낸 막대그래프로 일부분이 찢어졌습니다./ 조사한 학생 수가 27명, 바나나를 좋아하는 학생 수가 키위를 좋아하는 학생 수의 3배일 때/ 바나나를 좋아하는 학생은 몇 명인가요?

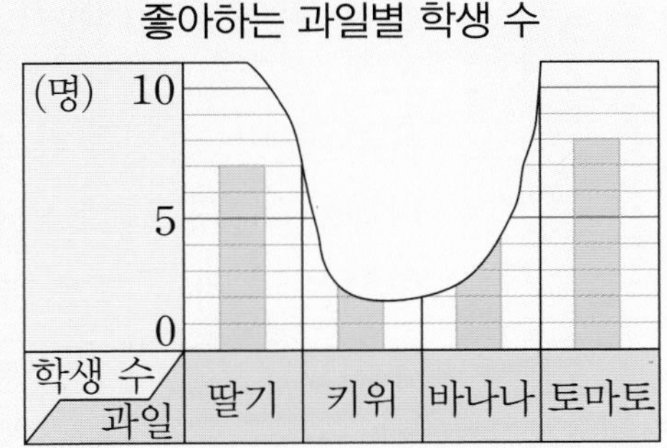

구하려는 것은?

[   ]를 좋아하는 학생 수

주어진 것은?

- 조사한 학생 수: 27명
- 바나나를 좋아하는 학생은 키위를 좋아하는 학생의 [ ]배

해결해 볼까?

❶ 딸기와 토마토를 좋아하는 학생은 몇 명?

전략 세로 눈금 한 칸은 5÷5=1(명)이다.

답 딸기: ______________, 토마토: ______________

❷ 키위와 바나나를 좋아하는 학생 수의 합은 몇 명?

전략 (조사한 학생)−(딸기와 토마토를 좋아하는 학생)

답 ______________

❸ 바나나를 좋아하는 학생은 몇 명?

전략 (❷의 학생 수)÷4를 이용하자.

답 ______________

쌍둥이 문제 4-1

막대그래프의 일부분이 찢어졌습니다./ 조사한 학생 수가 22명, 감자를 좋아하는 학생 수가 버섯을 좋아하는 학생 수의 2배일 때/ 감자를 좋아하는 학생 수를 구해 보세요.

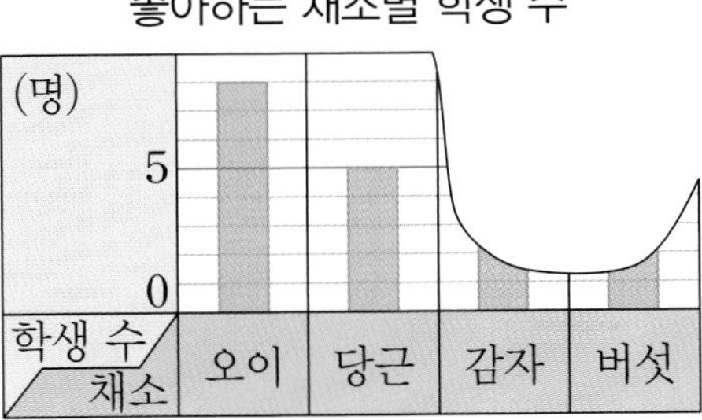

대표 문제 따라 풀기

❶

❷

❸

답 ______________

5

막대그래프

STEP 3

수학 독해력 완성하기

전체 학생 수 구하기

독해 문제 1

윤수네 반 학생들이 좋아하는 악기를 조사하여 나타낸 막대그래프입니다./ 피아노를 좋아하는 학생은 기타를 좋아하는 학생보다 2명 더 많다면/ 조사한 전체 학생은 몇 명인가요?

해결해 볼까?

❶ 기타를 좋아하는 학생은 몇 명?

답 ______________

❷ 피아노를 좋아하는 학생은 몇 명?

전략 (기타를 좋아하는 학생 수)+2

답 ______________

❸ 조사한 전체 학생은 몇 명?

답 ______________

몇 배인지 구하기

독해 문제 2

진호네 반 학생들이 좋아하는 운동을 조사하여 나타낸 막대그래프입니다./ 조사한 학생 수가 25명일 때/ 피구를 좋아하는 학생 수는 줄넘기를 좋아하는 학생 수의 몇 배인가요?

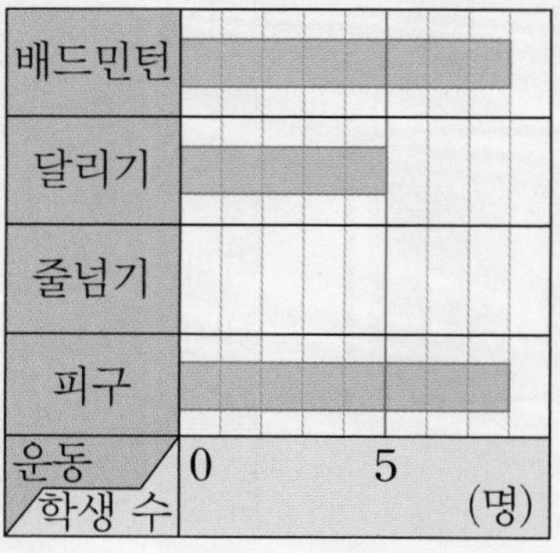

해결해 볼까?

❶ 줄넘기를 좋아하는 학생은 몇 명?

답 ______________

❷ 피구를 좋아하는 학생 수는 줄넘기를 좋아하는 학생 수의 몇 배?

답 ______________

두 막대가 그려진 막대그래프에서 항목 수 비교하기

독해 문제 3

정우네 학교 4학년의 반별 학생 수를 조사하여 나타낸 막대그래프입니다./ 학생 수가 가장 많은 반은 몇 반이고/ 몇 명인가요?

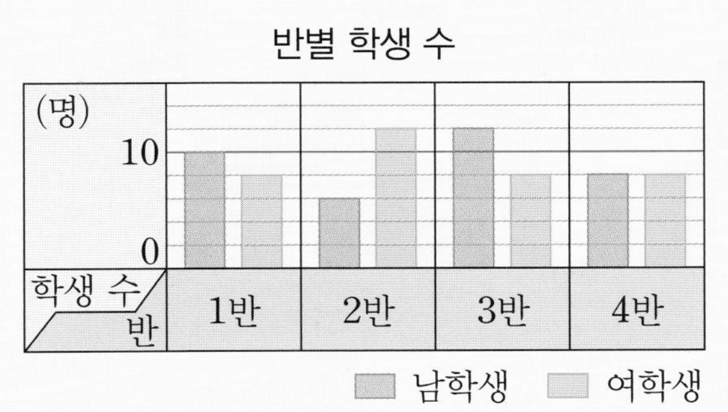

해결해 볼까?

❶ 각 반의 학생 수는 몇 명?

답 1반: ________, 2반: ________

3반: ________, 4반: ________

❷ 학생 수가 가장 많은 반은 몇 반이고 몇 명?

답 ________, ________

막대그래프의 활용

독해 문제 4

해리네 반 모둠별 학생 수를 조사하여 나타낸 막대그래프입니다./ 한 사람당 색종이를 5장씩 나누어주려면 몇 장이 필요한가요?

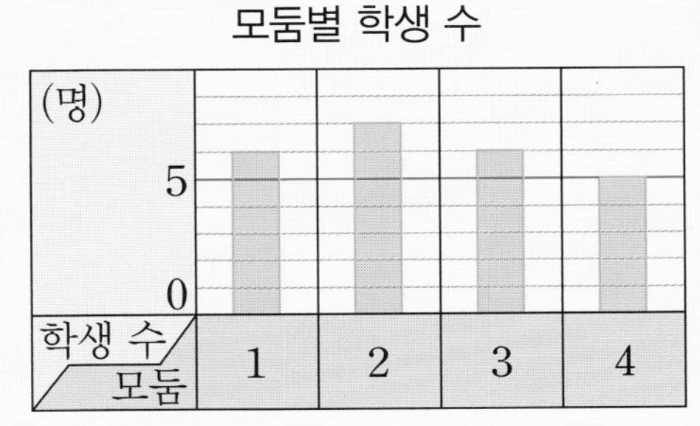

해결해 볼까?

❶ 반 전체 학생 수는 몇 명?

답 ________

❷ 필요한 색종이는 몇 장?

답 ________

5 막대그래프

수학 독해력 완성하기

두 막대가 그려진 막대그래프 알아보기

연계학습 116쪽

독해 문제 5

준영이네 학교 4학년의 한 달 동안 지각한 반별 학생 수를 조사하여 나타낸 막대그래프입니다./ 남학생 수와 여학생 수의 차가 가장 큰 반을 찾고,/ 몇 명 차이 나는지 구해 보세요.

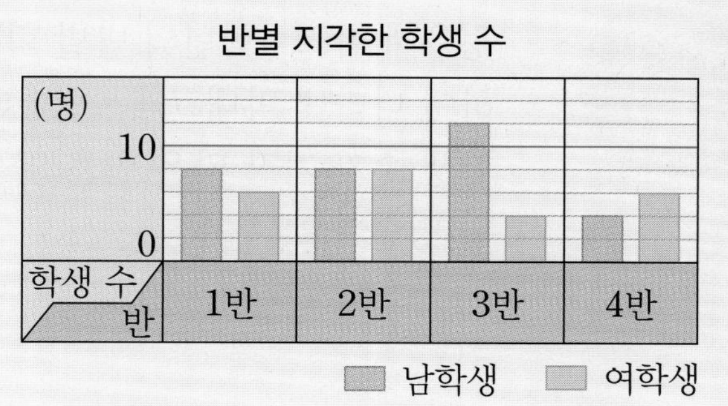

구하려는 것은?
- 남학생 수와 여학생 수의 차가 가장 큰 반
- 차이 나는 학생 수

어떻게 풀까?
1 남학생과 여학생의 차이 나는 칸 수가 가장 많은 반을 찾은 다음
2 몇 명 차이 나는지 구하자.

해결해 볼까?

❶ 각 반별 남학생 칸 수와 여학생 칸 수가 가장 많이 차이 나는 반은 몇 반?

답 ____________

❷ 세로 눈금 한 칸은 몇 명을 나타내나요?

답 ____________

❸ 남학생 수와 여학생 수의 차가 가장 큰 반을 쓰고, 몇 명 차이 나는지 구하면?

답 ____________, ____________

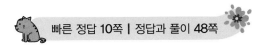

찢어진 그래프에서 항목 수 구하기

연계학습 117쪽

지호네 반 학생들이 좋아하는 음료수를 조사하여 나타낸 막대그래프로 일부분이 찢어졌습니다./ 조사한 학생 수가 26명일 때/ 주스를 좋아하는 학생이 물을 좋아하는 학생보다 4명 더 많다고 합니다. 주스를 좋아하는 학생은 몇 명인가요?

좋아하는 음료수별 학생 수

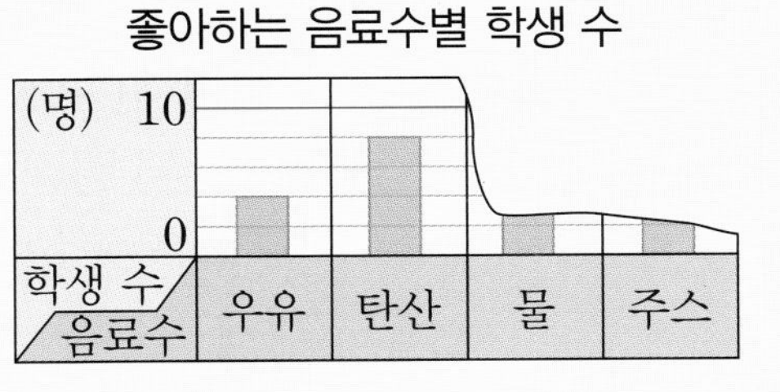

구하려는 것은? ☐를 좋아하는 학생 수

주어진 것은?
- 조사한 학생 수: ☐명
- 주스를 좋아하는 학생이 물을 좋아하는 학생보다 ☐명 더 많다.

어떻게 풀까?
1 우유와 탄산을 좋아하는 학생 수를 구하여 전체 학생 수에서 뺀 다음
2 물과 주스를 좋아하는 학생 수의 차를 이용하여 주스를 좋아하는 학생 수를 구하자.

해결해 볼까?

❶ 우유와 탄산을 좋아하는 학생은 각각 몇 명?

답 우유: ____________, 탄산: ____________

❷ 물과 주스를 좋아하는 학생 수의 합은 몇 명?

❸ 주스를 좋아하는 학생은 몇 명?

5

막대그래프

STEP 4

창의·융합·코딩 체험하기

창의 1 도서관에서 학생별 빌린 책의 수를 나타낸 막대그래프입니다./ 가장 많이 빌린 친구에게 독서왕 상장을 준다고 합니다./ 독서왕인 친구는 누구이고/ 몇 권을 빌렸는지 상장의 빈 곳을 채워 보세요.

6월달 도서관에서 학생별 빌린 책의 수

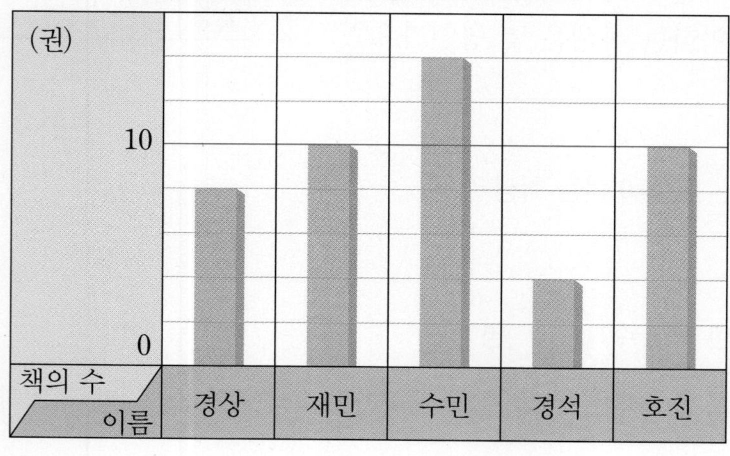

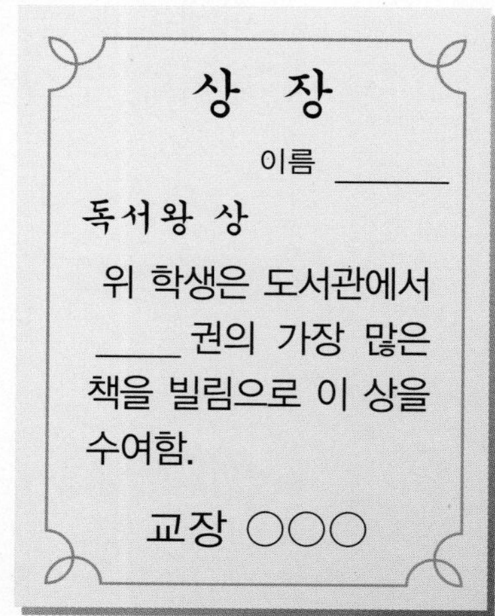

상 장
이름 ______
독서왕 상
위 학생은 도서관에서 ____ 권의 가장 많은 책을 빌림으로 이 상을 수여함.
교장 ○○○

융합 2 체육시간에 팔굽혀펴기를 한 횟수입니다./ 팔굽혀펴기 횟수가 적은 쪽부터 2명은/ 2주간 체력 보충 프로그램을 운영하여 실력을 향상시키려고 합니다./ 누가 보충 프로그램이 필요한지 모두 써 보세요.

학생별 팔굽혀펴기 횟수

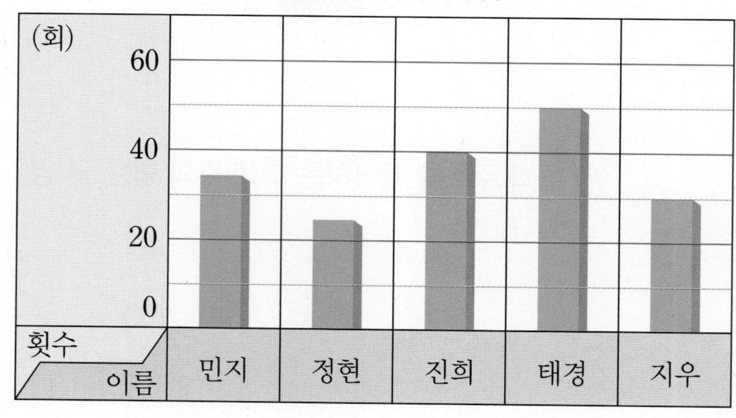

답 ______________________

융합 3 준호네 학교 4학년 학생들 중 스케이트를 탈 수 있는 학생을 조사하여 나타낸 막대그래프입니다./ 3반 학생 수가 22명이라고 할 때/ 3반의 스케이트를 탈 수 없는 학생은 몇 명인가요?

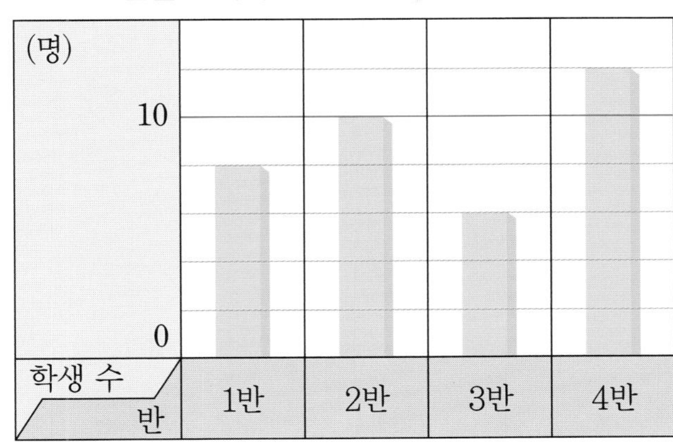

답 ____________________

융합 4 현장체험학습으로 가고 싶은 곳을 친구들이 투표해서 나타낸 막대그래프입니다./ 그래프를 보고 학생들이 가장 많이 가고 싶은 곳과/ 가장 적게 가고 싶은 곳의 차는 몇 명인지 구해 보세요.

가고 싶은 체험학습 장소별 학생 수

전쟁기념관
강변유람선
과학관
놀이동산
VR체험관
장소 / 학생 수
0
5
10
(명)

답 ____________________

5
막대그래프

창의·융합·코딩 체험하기

융합 5 어느 아파트 동에서 일주일 동안 나오는 쓰레기의 양을 나타낸 막대그래프입니다./
쓰레기 줄이기 캠페인을 한 후,/
다시 일주일 동안 쓰레기의 양을 살펴보았더니 다음과 같았습니다./
가장 많이 줄어든 쓰레기를 찾아 써 보세요.

일주일 동안 배출된 쓰레기의 양(캠페인 이전)

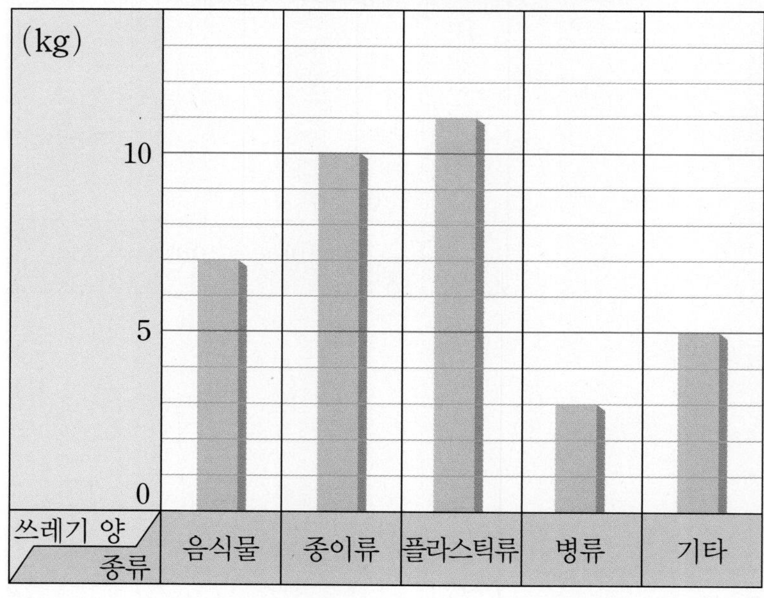

일주일 동안 배출된 쓰레기의 양(캠페인 이후)

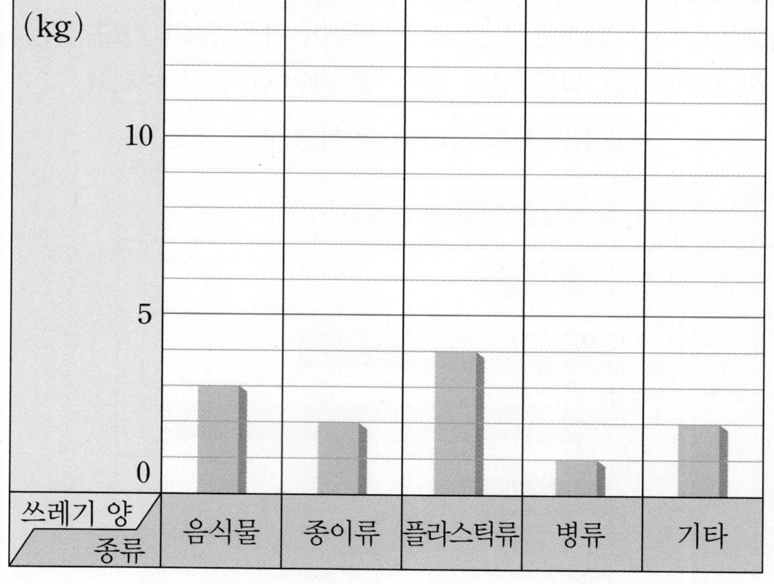

예를 들어 캠페인 이전 음식물 쓰레기의 양을 알아보고 캠페인 이후의 음식물 쓰레기의 양을 알아보아서 양이 늘었는지 줄었는지 살펴봐~

현재까지 어느 호텔의 월별 방 예약 수입니다./ 호텔에서는 예약률이 저조한 달을 골라/ 할인 행사를 실시하여 수입을 올리려고 합니다./
목표 예약 수인 90개에 도달하지 못한 월에는/ 지금부터 예약받는 방마다/
90개가 채워질 때까지 2만 원씩 할인해준다고 합니다./
할인을 해주는 총 금액은 얼마가 되는지 구해 보세요.

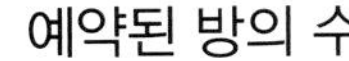

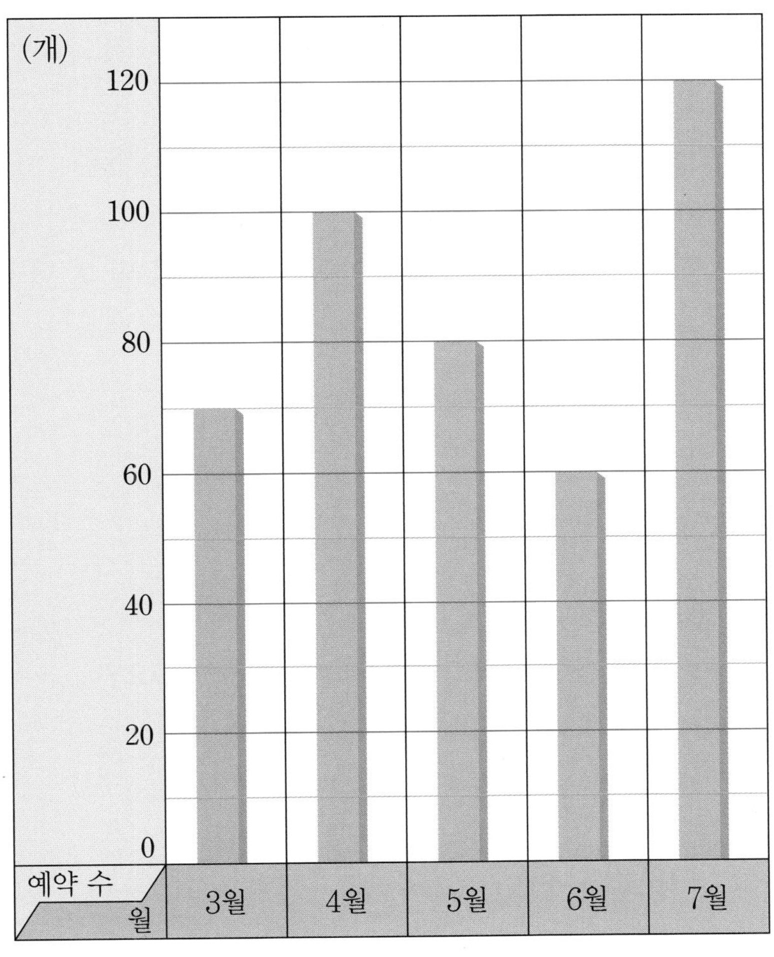

각 달의 예약 수를 알아보고 (목표량)−(예약 수)로 할인할 방의 수를 먼저 구해 봐~~

실전 마무리 하기

맞힌 문제 수
개 / 10개

[1~2] 유주네 반 학생들이 좋아하는 급식 메뉴를 조사하여 나타낸 막대그래프입니다. 물음에 답하세요.

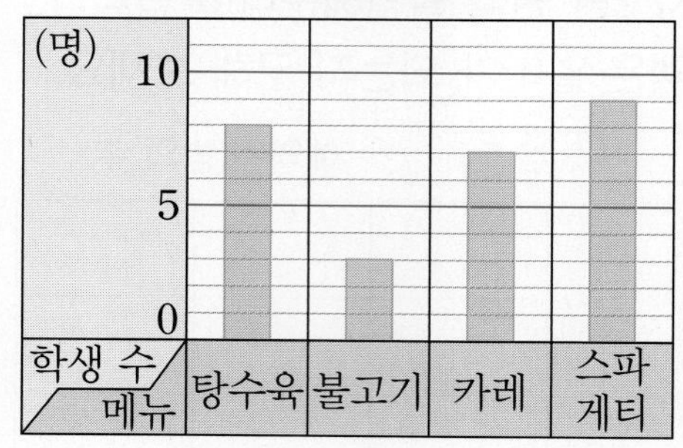

항목 수의 차 구하기

1 탕수육을 좋아하는 학생은 카레를 좋아하는 학생보다 몇 명 더 많나요?

풀이

답

몇 배인 항목 찾기

2 불고기를 좋아하는 학생 수의 3배인 메뉴는 무엇인가요?

풀이

답

항목 수의 합 구하기

3 오른쪽은 연수네 모둠 학생들이 두 달 동안 읽은 책의 수를 조사하여 나타낸 막대그래프입니다. 연수와 민정이가 읽은 책의 수의 합은 몇 권인가요?

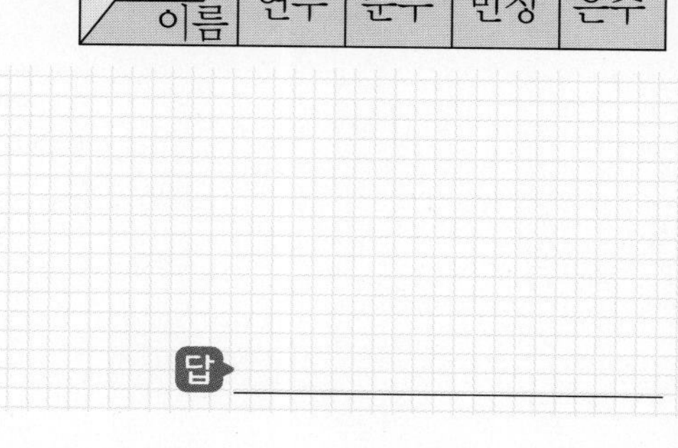

풀이

답

세로 눈금 한 칸의 크기를 구하여 항목 수 구하기 114쪽

4 아파트 동별 자동차 수를 조사하여 나타낸 막대그래프입니다. 4동의 자동차 수가 24대라면 2동의 자동차 수는 몇 대인가요?

아파트 동별 자동차 수

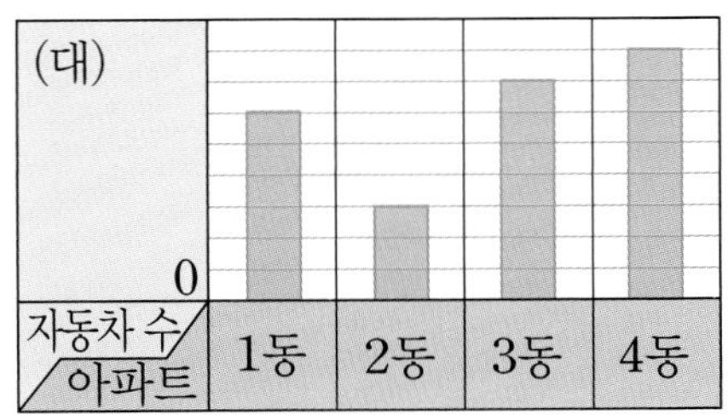

그래프에 주어지지 않은 항목 수 구하기 115쪽

5 경훈이네 동네 중국집별 팔린 짜장면 수를 조사하여 나타낸 막대그래프입니다. 전체 팔린 짜장면 수가 88그릇일 때 라 가게의 팔린 그릇 수는 나 가게의 팔린 그릇 수보다 몇 그릇 더 많나요?

중국집별 팔린 짜장면 수

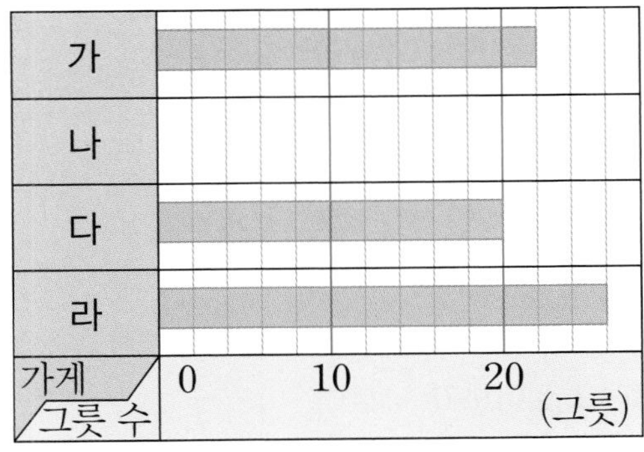

전체 학생 수 구하기 118쪽

6 재희네 반 학생들이 받고 싶은 선물을 조사하여 나타낸 막대그래프입니다. 팽이를 받고 싶은 학생이 보드 게임을 받고 싶은 학생보다 5명 더 적을 때 조사한 전체 학생은 모두 몇 명인가요?

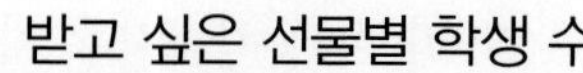

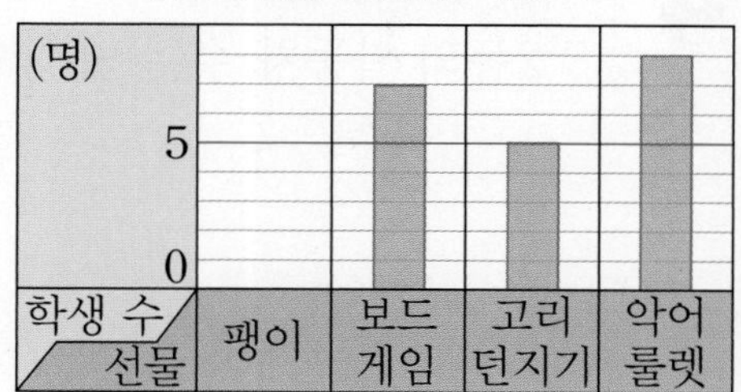

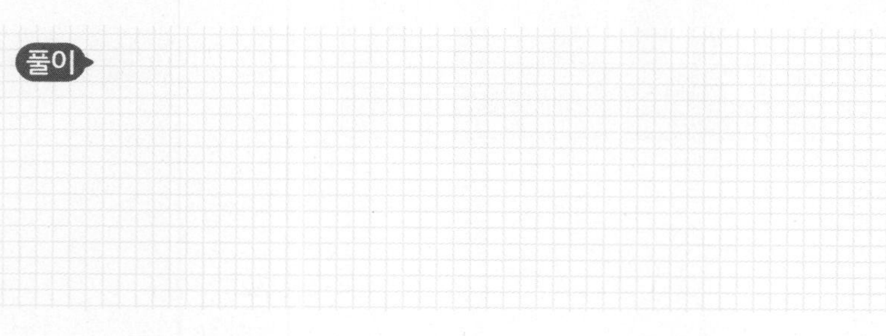

[7~8] 진우네 학교 학생들이 가보고 싶은 나라를 조사하여 나타낸 막대그래프입니다. 물음에 답하세요.

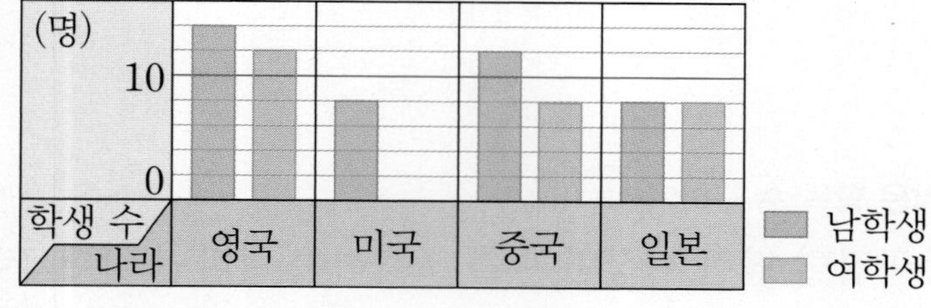

두 막대가 그려진 막대그래프 알아보기 116쪽

7 조사한 전체 남학생 수와 여학생 수가 같을 때 미국에 가보고 싶은 여학생은 몇 명인가요?

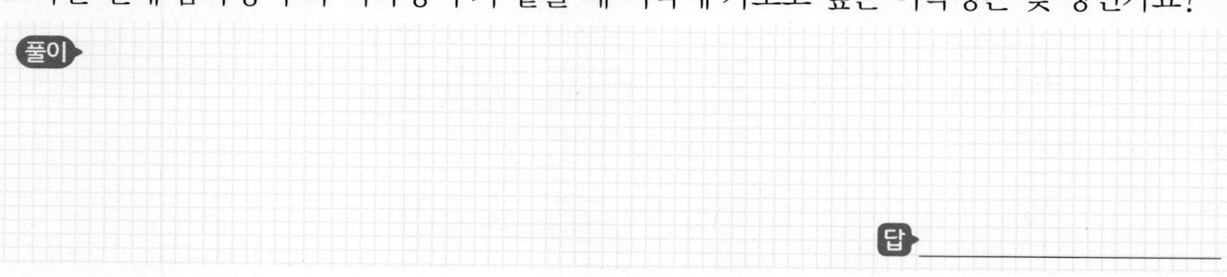

두 막대가 그려진 막대그래프 알아보기 120쪽

8 남학생과 여학생의 수가 가장 많이 차이 나는 나라를 찾고, 몇 명 차이 나는지 써 보세요.

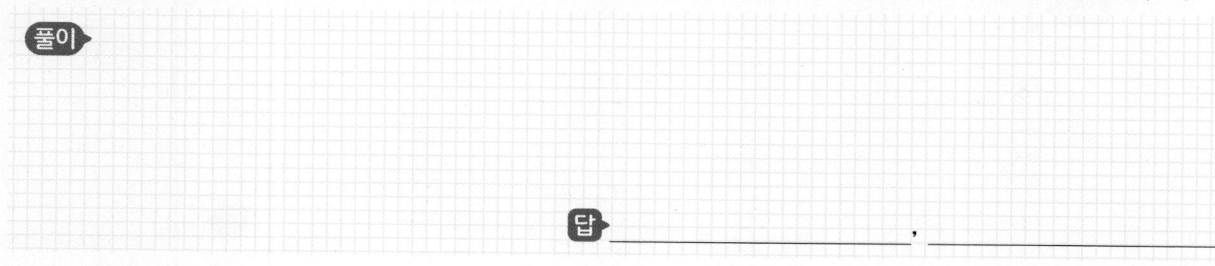

막대그래프의 활용 119쪽

9 민호네 학교 4학년의 반별 학생 수를 조사하여 나타낸 막대그래프입니다. 4학년 학생들에게 공책을 2권씩 나누어 주려면 공책을 사는 데 필요한 금액은 얼마인가요? (단, 공책 한 권의 값은 500원입니다.)

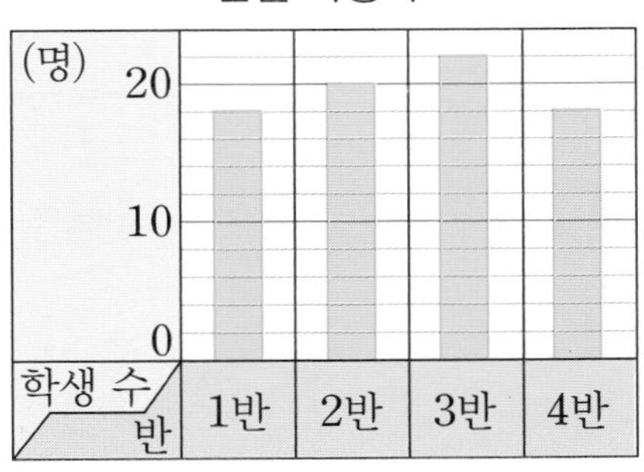

풀이

답

찢어진 그래프에서 항목 수 구하기 117쪽

10 현준이네 학교 4학년 학생들이 좋아하는 운동을 조사하여 나타낸 막대그래프로 일부분이 찢어졌습니다. 조사한 학생 수가 32명, 농구를 좋아하는 학생 수는 수영을 좋아하는 학생 수의 2배일 때 농구를 좋아하는 학생은 몇 명인가요?

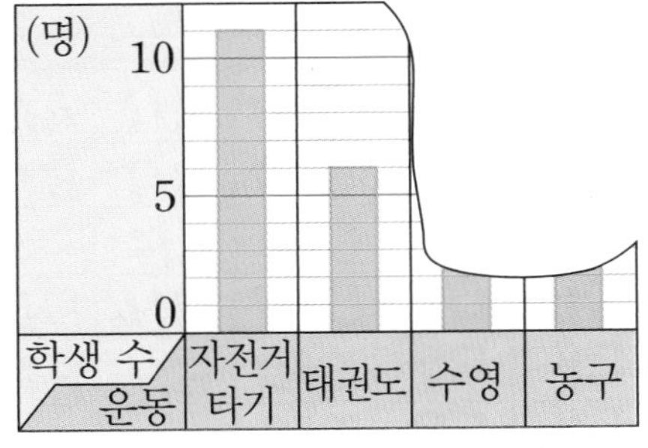

풀이

답

6 규칙 찾기

FUN 한 이야기

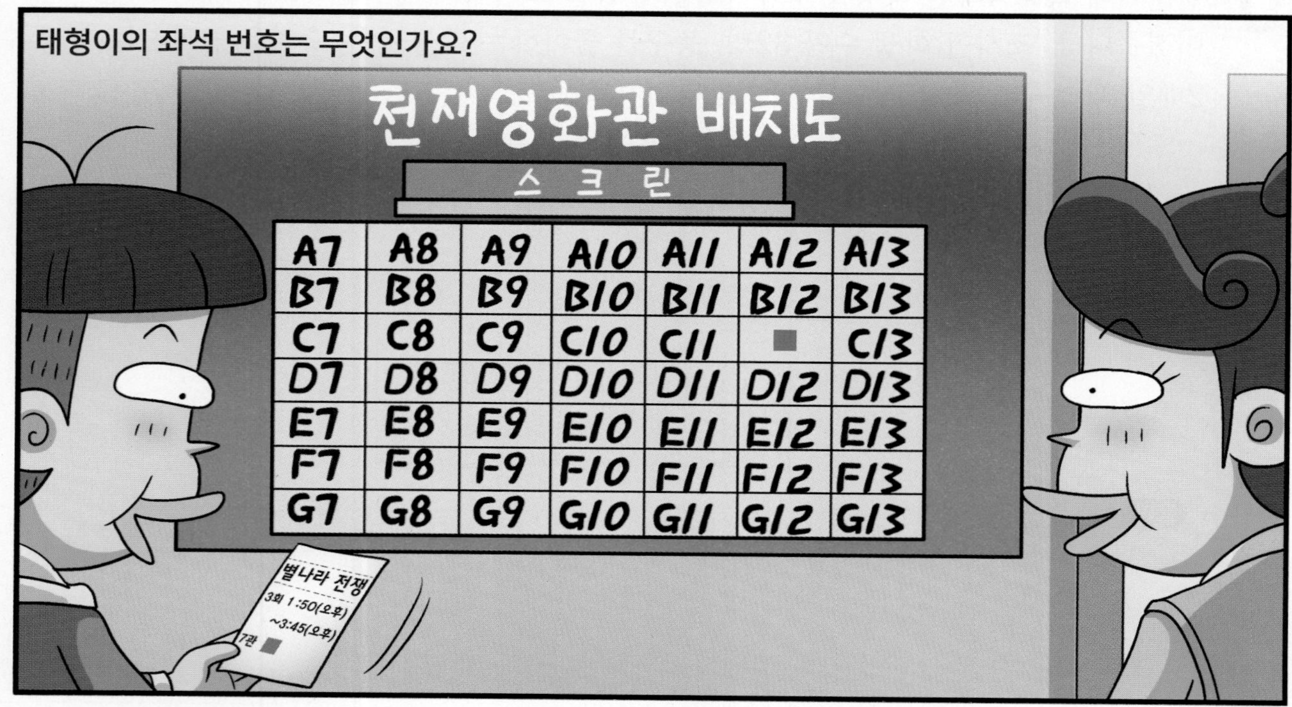

태형이와 친구가 영화관에 갔어요./

영화표에 적힌 좌석이 어디인지 알기 위해 좌석배치도를 봤어요./

태형이의 좌석 번호를 알아보세요.

별나라 전쟁

3회 1:50(오후)

~3:45(오후)

7관 ■

천재영화관 배치도

스 크 린

A7	A8	A9	A10	A11	A12	A13
B7	B8	B9	B10	B11	B12	B13
C7	C8	C9	C10	C11	■	C13
D7	D8	D9	D10	D11	D12	D13
E7	E8	E9	E10	E11	E12	E13
F7	F8	F9	F10	F11	F12	F13
G7	G8	G9	G10	G11	G12	G13

배치도에서 수가 오른쪽으로,
아래쪽으로 각각 어떻게 달라지는지 알아보자.

STEP 1

{ 문제 해결력 기르기 }

1 수의 배열에서 규칙에 맞는 수 구하기

선행 문제 해결 전략

• 수 배열의 규칙 알아보기

예

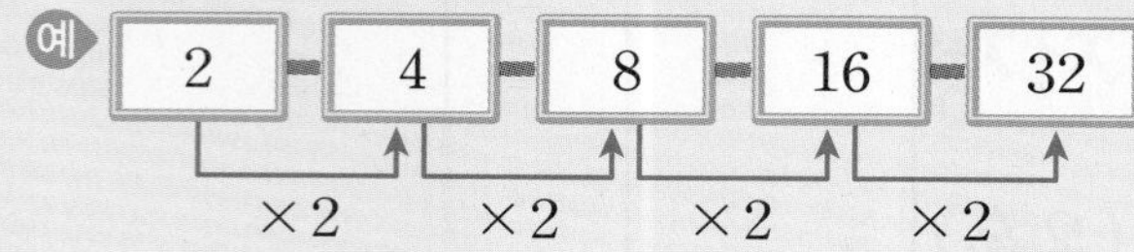

수가 점점 커지므로 더하거나 곱하는 규칙이다. ➜ 2씩 곱하는 규칙이다.

선행 문제 1

수 배열의 규칙을 알아보세요.

풀이 수가 점점 (커지므로 , 작아지므로) 더하거나 곱하는 규칙이다.

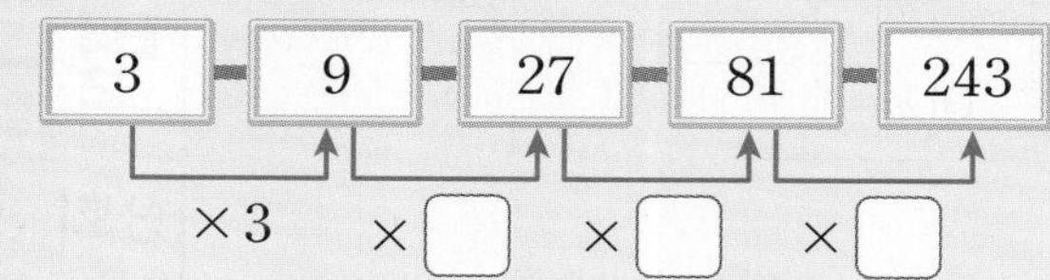

➜ ☐씩 (더하는 , 곱하는) 규칙이다.

실행 문제 1

규칙적인 수의 배열에서/
■에 알맞은 수를 구해 보세요.

전략 수가 커지는지, 작아지는지를 보고 수의 규칙을 찾자.

❶ 4부터 시작하여 수가 점점 커지므로 (더하거나 곱하는 , 빼거나 나누는) 규칙이다.

❷

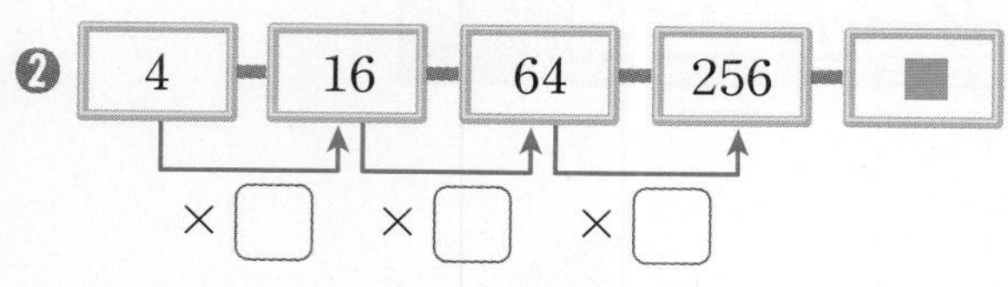

➜ ☐씩 (더하는 , 곱하는) 규칙이다.

❸ ■ $=256\times$ ☐ $=$ ☐

답 ______________

쌍둥이 문제 1-1

규칙적인 수의 배열에서/
●에 알맞은 수를 구해 보세요.

실행 문제 따라 풀기

❶

❷

❸

답 ______________

6 규칙 찾기

② 규칙적인 계산식 구하기

선행 문제 해결 전략

계산식에서 **수의 규칙을 찾아** 계산식을 구하자.

예 다섯째 계산식 구하기

순서	계산식
첫째	10 + 10 = 20
둘째	10 + 20 = 30
셋째	10 + 30 = 40
넷째	10 + 40 = 50

10씩 커짐 10씩 커짐

10에 10씩 커지는 수를 더하면 계산 결과는 10씩 커진다.

➔ 다섯째 계산식: 10+50=60

선행 문제 2

규칙적인 계산식을 보고 다섯째 계산식을 써 보세요.

순서	계산식
첫째	3200 − 900 = 2300
둘째	4300 − 800 = 3500
셋째	5400 − 700 = 4700
넷째	6500 − 600 = 5900

풀이 ☐씩 커지는 수(⬇)에서 100씩 (커지는 , 작아지는) 수(⬇)를 빼면 계산 결과는 ☐씩 커진다.

➔ 다섯째 계산식: ☐

실행 문제 2

규칙에 따라 계산 결과가 1000이 되는 계산식을 써 보세요.

순서	계산식
첫째	200 + 400 − 100 = 500
둘째	300 + 500 − 200 = 600
셋째	400 + 600 − 300 = 700
넷째	500 + 700 − 400 = 800

전략 ⬇, ⬇, ⬇, ⬇를 따라 수의 규칙을 찾자.

❶ 100씩 커지는 수에 ☐씩 커지는 수를 더하고 100씩 커지는 수를 빼면 계산 결과는 ☐씩 커진다.

전략 1000은 넷째 계산 결과인 800보다 200 큰 수이다.

❷ 계산 결과가 1000이 되는 계산식:

☐+☐−☐=1000

식 ______

쌍둥이 문제 2-1

규칙에 따라 계산 결과가 900이 되는 계산식을 써 보세요.

순서	계산식
첫째	1500 − 100 + 200 = 1600
둘째	1400 − 200 + 300 = 1500
셋째	1300 − 300 + 400 = 1400
넷째	1200 − 400 + 500 = 1300

실행 문제 따라 풀기

❶ 100씩 작아지는 수에서

❷

식 ______

③ 규칙을 찾아 필요한 바둑돌(모형)의 개수 구하기

선행 문제 해결 전략

예 바둑돌의 배열을 보고 규칙 찾기

바둑돌의 배열이
어떻게 변하는지 살펴보고
규칙을 찾아보자.

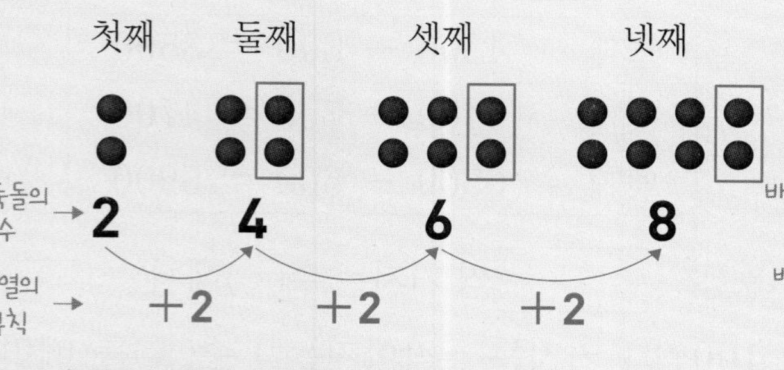

➔ 바둑돌이 2개씩 늘어난다.

선행 문제 3

바둑돌의 배열을 보고 규칙을 찾아보세요.

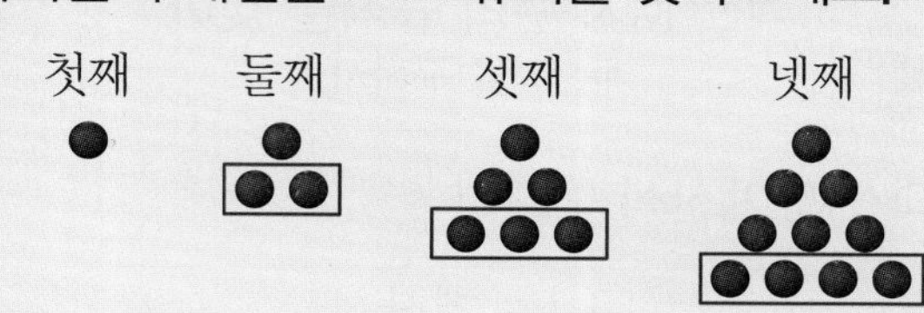

풀이

	첫째	둘째	셋째	넷째
바둑돌의 수	1	3	6	10
배열의 규칙	1	1+2	3+☐	6+☐

➔ 바둑돌이 2개, 3개, ☐개……씩 늘어난다.

실행 문제 3

바둑돌의 배열을 보고 규칙을 찾아/
일곱째 모양에서 바둑돌의 수를 구해 보세요.

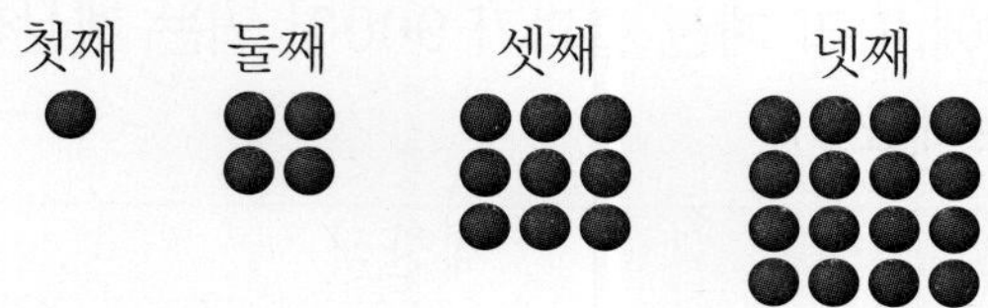

전략 가로와 세로로 각각 1개씩 늘어나며 사각형으로 배열된 바둑돌 수의 규칙을 알아보자.

❶ 바둑돌의 수와 배열의 규칙 찾기

	첫째	둘째	셋째	넷째
바둑돌의 수	1	4	9	16
배열의 규칙	1×1	2×2	☐	☐

전략 ■째 모양의 바둑돌의 수는 (■×■)개이다.

❷ (일곱째 모양의 바둑돌의 수)
=☐×☐=☐(개)

답 ____________

쌍둥이 문제 3-1

모형의 배열을 보고 규칙을 찾아/
여덟째 모양에서 모형의 수를 구해 보세요.

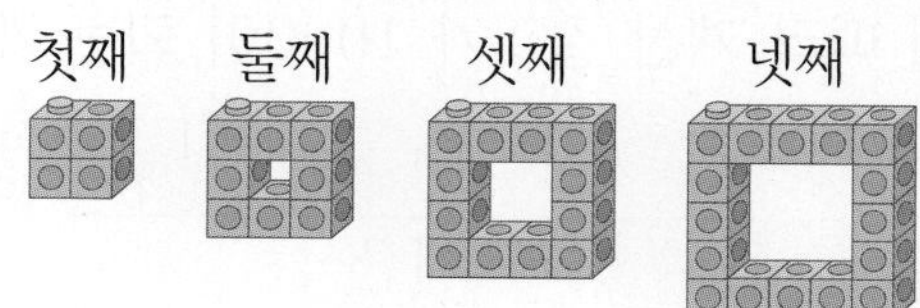

실행 문제 따라 풀기

❶

❷

답 ____________

4 도형의 배열에서 규칙에 맞는 도형(수) 구하기

선행 문제 해결 전략

예 도형의 배열에서 11째에 올 도형 구하기

□ ○ □ ○ □ ……

① 배열에서 반복되는 부분 찾기

□ ○/□ ○/□ ……

2개의 도형이 반복된다.

② 11째에 올 도형 구하기

11÷2=5…1이므로

11째 도형은 1째 도형과 같은 □이다.

선행 문제 4

도형의 배열을 보고 16째에 올 도형을 구해 보세요.

○ ⬡ △ ○ ⬡ △ ○ ……

풀이 ○, ⬡, △의 □개의 도형이 반복된다.

16÷□=5…□이므로

16째 도형은 (○, ⬡, △)이다.

실행 문제 4

도형의 배열을 보고/
규칙에 따라 14째에 올 도형을 알맞게 그리고/
색칠해 보세요.

● ■ ⬟ ● ■ ⬟ ● ……

전략 반복되는 도형의 규칙을 찾자.

❶ 도형의 규칙:

원, □, □의 □개의 도형이 반복된다.

➔ 14÷□=4…□이므로 14째 도형은 □이다.

전략 반복되는 색깔의 규칙을 찾자.

❷ 색깔의 규칙:

□색, □색의 □개의 색깔이 반복된다.

➔ 14÷2=7이므로 14째 색깔은 □색이다.

답 ____________

쌍둥이 문제 4-1

도형의 배열을 보고/
규칙에 따라 17째에 올 도형을 알맞게 그리고/
색칠해 보세요.

⬢ ▲ ⬟ ▲ ⬢ ▲ ⬟ ▲ ⬢ ……

실행 문제 따라 풀기

❶

❷

답 ____________

STEP 2

수학 사고력 키우기

수의 배열에서 규칙에 맞는 수 구하기

연계학습 132쪽

대표 문제 1 규칙적인 수의 배열에서/ ◆에 알맞은 수를 구해 보세요.

1600 — 800 — 400 — [ ] — ◆

구하려는 것은? ◆에 알맞은 수

어떻게 풀까?

1 수의 배열에서 규칙을 찾고,

2 1에서 찾은 규칙으로 ◆에 알맞은 수를 구하자.

해결해 볼까?

❶ 알맞은 말에 ○표 하기

수가 점점 (커지므로 , 작아지므로)
(더하거나 곱하는 , 빼거나 나누는) 규칙이다.

❷ 수의 배열 규칙은?

1600 — 800 — 400 — [ ] — ◆ → [ ]로 나누는 규칙

÷[ ]　÷[ ]

❸ ◆에 알맞은 수는?

전략 ❷에서 찾은 규칙으로 ◆에 알맞은 수를 구하자.

답 ______________

쌍둥이 문제 1-1

규칙적인 수의 배열에서/ ▲에 알맞은 수를 구해 보세요.

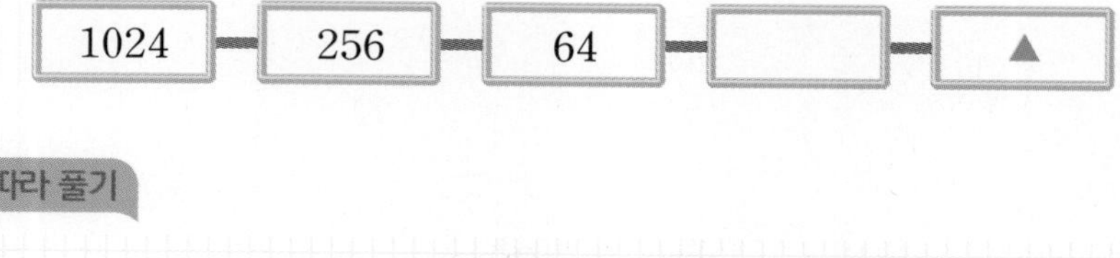

대표 문제 따라 풀기

❶

❷

❸

답 ______________

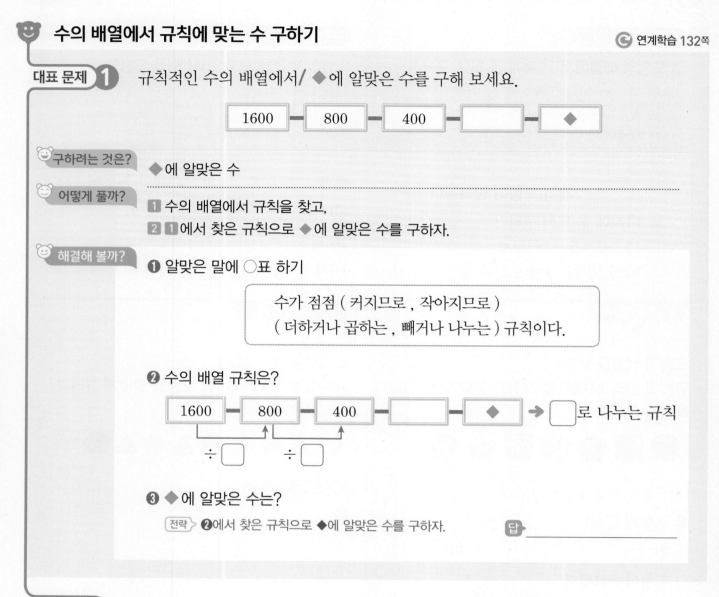

규칙적인 계산식 구하기

연계학습 133쪽

대표 문제 2

오른쪽 계산식을 보고/
규칙에 따라 계산 결과가 49999995가 되는 계산식을 구해 보세요.

순서	계산식
첫째	$1\times45=45$
둘째	$11\times45=495$
셋째	$111\times45=4995$
넷째	$1111\times45=49995$

구하려는 것은? 계산 결과가 49999995가 되는 계산식

해결해 볼까?

❶ 계산식의 규칙은?

전략 곱해지는 수와 곱하는 수, 계산 결과가 각각 변하는 규칙을 찾자.

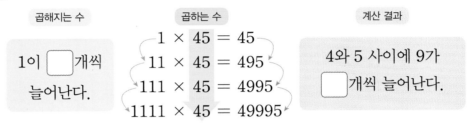

곱해지는 수: 1이 □개씩 늘어난다.

곱하는 수:

$1\times45=45$
$11\times45=495$
$111\times45=4995$
$1111\times45=49995$

계산 결과: 4와 5 사이에 9가 □개씩 늘어난다.

❷ 계산 결과가 49999995가 되는 계산식은?

전략 ❶에서 찾은 1과 9의 개수 사이의 규칙으로 계산 결과가 49999995가 되는 계산식을 구하자.

 ______________________

쌍둥이 문제 2-1

오른쪽 계산식을 보고/
규칙에 따라 계산 결과가 70707이 되는 계산식을 구해 보세요.

순서	계산식
첫째	$111111\div11=10101$
둘째	$222222\div11=20202$
셋째	$333333\div11=30303$
넷째	$444444\div11=40404$

❶

❷

식 ______________________

6 규칙 찾기

STEP 2 { 수학 사고력 키우기 }

규칙을 찾아 필요한 바둑돌(모형)의 개수 구하기

연계학습 134쪽

대표 문제 3 바둑돌의 배열을 보고 규칙을 찾아/
첫째부터 다섯째까지 사용된 바둑돌은 모두 몇 개인지 구해 보세요.

첫째 둘째 셋째 넷째

구하려는 것은? 첫째부터 다섯째까지 사용된 바둑돌의 개수

해결해 볼까?

❶ 바둑돌의 배열 규칙은?

	첫째	둘째	셋째	넷째
바둑돌의 수	1	4	9	16
배열의 규칙	1	1+3	4+□	9+□

❷ 다섯째 모양의 바둑돌의 수는?

전략 ❶의 규칙으로 구하자.

답 ______

❸ 첫째부터 다섯째까지 사용된 바둑돌은 모두 몇 개?

답 ______

6 규칙 찾기

쌍둥이 문제 3-1

모형의 배열을 보고 규칙을 찾아/
첫째부터 일곱째까지 사용된 모형은
모두 몇 개인지 구해 보세요.

첫째 둘째 셋째 넷째

대표 문제 따라 풀기

❶

❷

❸

답 ______

도형의 배열에서 규칙에 맞는 도형(수) 구하기

연계학습 135쪽

대표 문제 4 도형의 배열을 보고/
규칙에 따라 16째에 올 도형을 그리고 수를 써넣으세요.

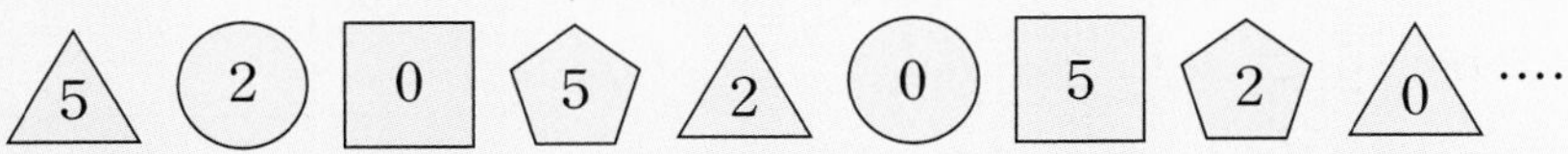

구하려는 것은? 16째에 올 도형의 모양과 수

어떻게 풀까?
1 도형의 규칙과 수의 규칙을 알아보고,
2 16째에 올 도형의 모양과 수를 구하자.

해결해 볼까?

❶ 16째에 올 도형은?
전략 반복되는 도형의 규칙을 찾자.
답 ____________

❷ 16째에 올 수는?
전략 반복되는 수의 규칙을 찾자.
답 ____________

❸ 16째에 올 도형을 그리고 수를 써넣기
답 ____________

쌍둥이 문제 4-1 도형의 배열을 보고/
규칙에 따라 23째에 올 도형을 그리고 수를 써넣으세요.

대표 문제 따라 풀기

❶

❷

❸

답 ____________

6 규칙 찾기

STEP 3

수학 독해력 완성하기

달력에서 규칙적인 계산식 구하기

독해 문제 1

오른쪽 달력에서 같은 색으로 색칠된 ↘ 방향의 규칙을 찾아/ ▢ 안에 알맞은 계산식을 찾아 쓰세요.

일	월	화	수	목	금	토
					1	2
3	4	5	6	7	8	9
10	11	12	13	14	15	16
17	18	19	20	21	22	23
24	25	26	27	28	29	30

규칙 $3+19=11\times2$

$4+20=12\times2$

▢

해결해 볼까? ❶ 달력에서 같은 색으로 색칠된 부분의 규칙은?

가장 작은 수와 가장 큰 수의 합이 가운데 수의 ▢배이다.

❷ ▢ 안에 알맞은 계산식은?

식 ____________________

수의 배열에서 규칙을 찾아 수 구하기

독해 문제 2

규칙적인 수의 배열에서/ ●, ■에 알맞은 수를 구해 보세요.

1029	2139	●	4359	
	4339	5449	6559	■

해결해 볼까? ❶ 수의 배열 규칙은?

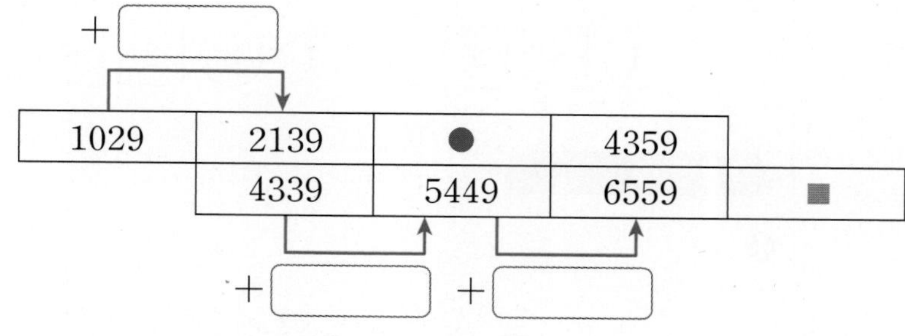

규칙 오른쪽으로 ▢씩 커진다.

❷ ●, ■에 각각 알맞은 수는?

답 ●: ____________________, ■: ____________________

수 배열표의 규칙을 찾아 수 구하기

독해 문제 3

수 배열표의 일부가 찢어졌습니다./ 규칙에 맞게/ ㉠에 알맞은 수를 구해 보세요.

㉠				
	3174	3175	3176	3177
	4174	4175	4176	4177
	5174	5175	5176	5177
	6174	6175	6176	6177

해결해 볼까?

❶ 파란색으로 색칠한 칸의 수의 규칙은?

6177부터 시작하여 ↖ 방향으로 ☐씩 작아진다.

❷ ㉠에 알맞은 수는?

답 ____________

도형의 배열에서 사각형의 개수 구하기

독해 문제 4

규칙에 따라 여섯째 도형에서/ 노란색과 연두색 사각형 수의 차를 구해 보세요.

첫째 둘째 셋째 넷째

해결해 볼까?

❶ 도형의 규칙은?

순서	첫째	둘째	셋째	넷째
노란색 사각형의 수	•	1 1	4 1+3	☐ 4+☐
연두색 사각형의 수	1 1	3 1+☐	☐ 3+☐	☐ 5+☐

노란색 사각형의 수
배열의 규칙
연두색 사각형의 수
배열의 규칙

❷ 여섯째 도형에서 노란색과 연두색 사각형은 각각 몇 개?

답 노란색: ____________, 연두색: ____________

❸ ❷에서 구한 두 사각형 수의 차는 몇 개?

답 ____________

6 규칙 찾기

규칙적인 계산식에서 □ 안에 알맞은 수 구하기

독해 문제 5

계산식에서 규칙을 찾아/ □ 안에 알맞은 수를 구해 보세요.

$$11 \times 1 = 11$$
$$101 \times 11 = 1111$$
$$1001 \times 111 = 111111$$
$$10001 \times 1111 = 11111111$$
$$\vdots$$
$$10000001 \times 1111111 = \square$$

구하려는 것은? □ 안에 알맞은 수

주어진 것은? 규칙적인 계산식

어떻게 풀까? 1 계산식에서 곱해지는 수와 곱하는 수, 계산 결과의 규칙을 각각 찾아,
2 □ 안에 알맞은 수를 구하자.

해결해 볼까?

❶ 계산식의 규칙은?

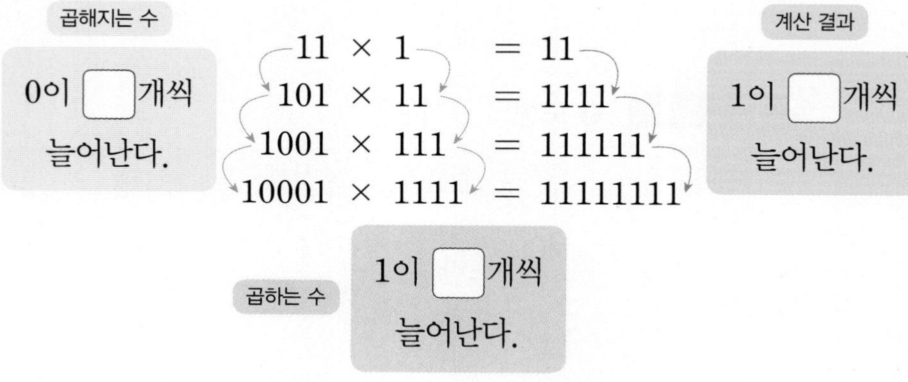

11, 101, 1001……과 같이 가운데 0이 1개씩 늘어나는 수에
1, 11, 111……과 같이 1이 1개씩 늘어나는 수를 곱하면
계산 결과의 1의 개수는 곱하는 수의 1의 개수의 □배가 된다.

❷ 위의 계산식에서 □ 안에 알맞은 수는?

답 ____________

규칙을 찾아 도형의 개수 구하기

독해 문제 6

규칙에 따라 성냥개비를 늘어놓아/ 삼각형 모양을 계속 이어 만들려고 합니다./ 성냥개비 17개로 만들 수 있는 삼각형은 몇 개인가요?

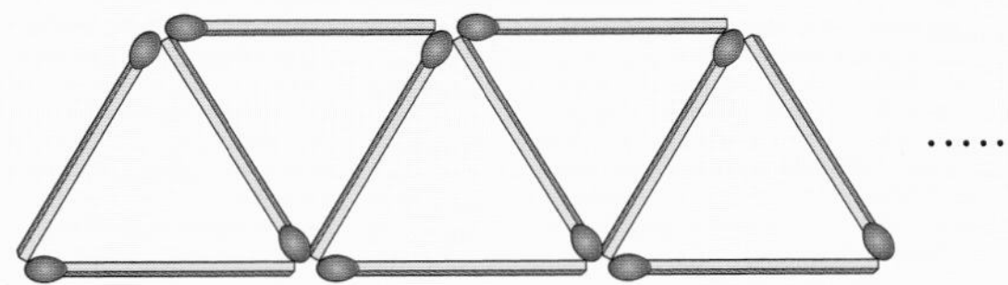

구하려는 것은? 성냥개비 17개로 만들 수 있는 삼각형의 개수

주어진 것은? 규칙에 따라 성냥개비로 만든 삼각형

어떻게 풀까? 1 성냥개비로 삼각형을 만들어 나갈 때, 삼각형 1개를 더 만들 때마다 성냥개비가 몇 개씩 더 필요한지 규칙을 찾은 다음,
2 만들 수 있는 삼각형의 개수를 구하자.

해결해 볼까?

❶ 다음 표를 완성해 보기

삼각형의 수	1	2	3	4	5
성냥개비의 수	3 3	5 3+2	☐ 5+2	☐ ☐	☐ ☐

← 성냥개비의 수
← 배열의 규칙

❷ 성냥개비 수의 배열 규칙은?

삼각형을 처음 1개 만들 때 성냥개비는 3개 필요하고 삼각형을 1개 더 만들 때마다 성냥개비는 ☐개씩 더 필요하다.

❸ 성냥개비 17개로 만들 수 있는 삼각형은 몇 개?

답 ____

6 규칙 찾기

창의·융합·코딩 체험하기

융합 1 엘리베이터를 탔더니 엘리베이터에 다음과 같은 버튼이 있었습니다./
□ 안의 버튼의 수 배열에서 다음과 같은 규칙의 계산식을 찾아 ▢ 안에 써넣으세요.

5	12	19
4	11	18
3	10	17
2	9	16
1	8	15
B1	7	14
B2	6	13

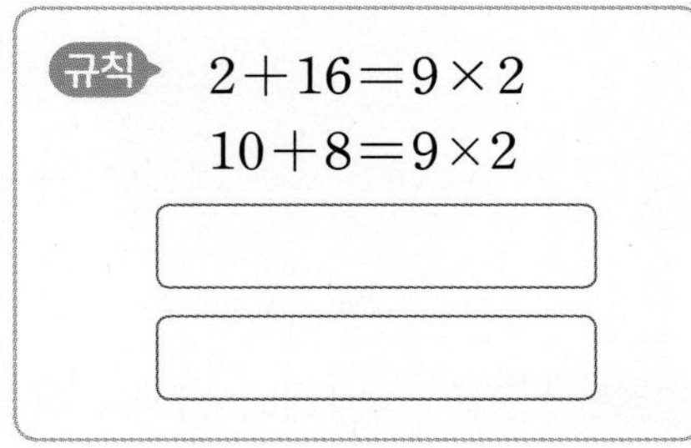

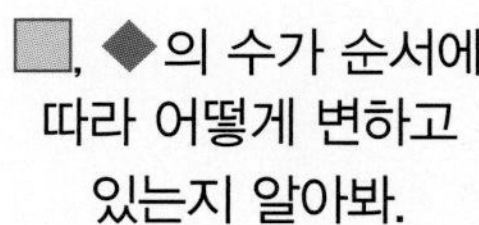

■, ◆의 수가 순서에
따라 어떻게 변하고
있는지 알아봐.

남준이는 ■, ◆를 규칙을 정해 그리고 있습니다./
■, ◆ 중에서 여덟째에 올 도형의 모양과 그 개수를 구해 보세요.

첫째	둘째	셋째	넷째	다섯째	여섯째
■	◆◆	■■■	◆◆◆◆	■■■■■	◆◆◆◆◆◆

답 ______________, ______________

[창의 ③~④] 어떤 수와 9로 된 수의 곱을 구한 것입니다./
규칙을 찾아 곱셈을 하려고 합니다. 물음에 답해 보세요.

$2 \times 9 = 18$
$15 \times 99 = 1485$
$256 \times 999 = 255744$

창의 3 곱을 다음과 같이 두 부분으로 나누어/ 곱의 규칙을 찾아보세요.

곱해지는 수 ← → 곱하는 수

$2 \times 9 =$ | 1 | 8 | → $1 + 8 = \square$

$15 \times 99 =$ | 14 | 85 | → $14 + 85 = \square$

$256 \times 999 =$ | 255 | 744 | → $255 + 744 = \square$

규칙 곱에서 색칠한 수는 곱해지는 수보다 $\square$만큼 더 작고 곱을 두 부분으로 나누어 합을 구하면 (곱해지는 수 , 곱하는 수)가 됩니다.

6

규칙 찾기

창의 4 곱셈을 해 보세요.

창의 3 에서 찾은 규칙으로 곱셈을 해 봐~

$313 \times 999 = \square$

$437 \times 999 = \square$

창의·융합·코딩 체험하기

코딩 **5** 화살표의 방향으로 이동하면서/ 규칙에 따라 수를 써 보세요.

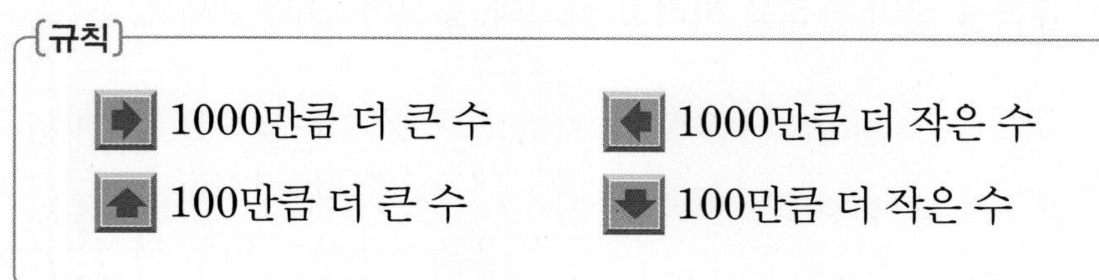

규칙
➡ 1000만큼 더 큰 수
⬅ 1000만큼 더 작은 수
⬆ 100만큼 더 큰 수
⬇ 100만큼 더 작은 수

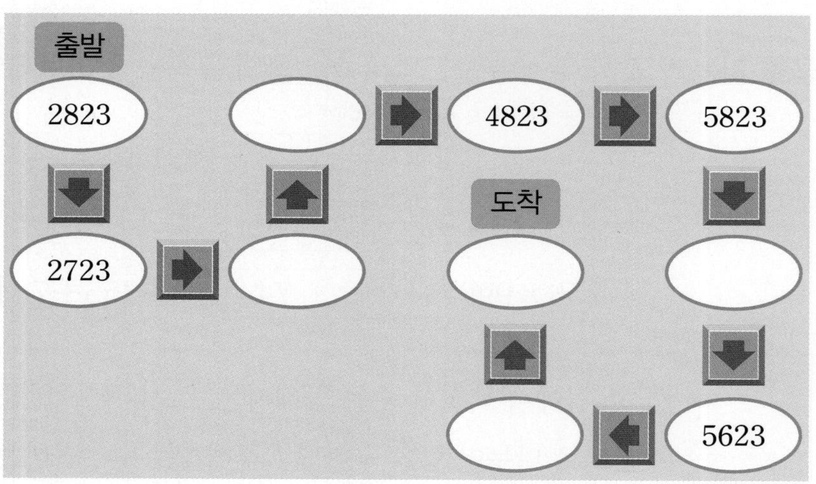

생물체 중에서 가장 작은 세균은 몸이 2개로 되는 방법으로 수를 늘려갑니다. 어느 세균 한 마리당 20분마다 2배가 된다고 할 때 세균 한 마리가 16마리가 되기까지 몇 분이 걸리나요?

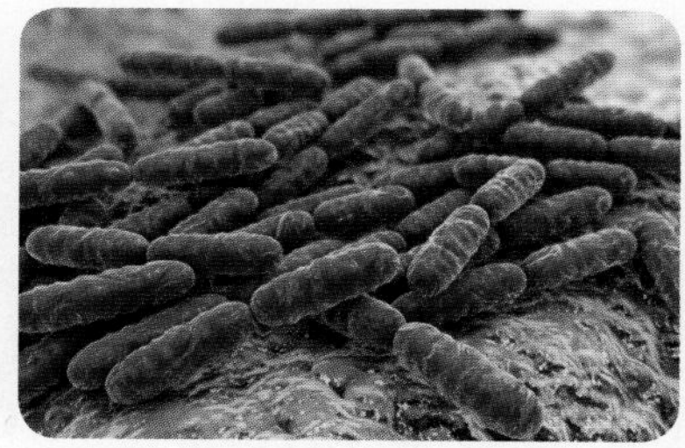
▲©Kateryna Kon/shutterstock

답 ____________________

승연이는 다음과 같은 수 배열표를 보고/ 코딩을 실행하려고 합니다.

2145	2150	2155	2160	2165
3145	3150	3155	3160	3165
4145	4150	4155	4160	4165
5145	5150	5155	5160	5165
6145	6150	6155	6160	6165

수 배열표의 규칙을 찾아 다음과 같이 각각 실행했을 때 두 수의 합을 구해 보세요.

㉠
시작하기 버튼을 클릭했을 때
숫자 ▾ 를 2145 (으)로 정하기
3 번 반복하기
가로의 규칙으로 움직이기
㉡
시작하기 버튼을 클릭했을 때
숫자 ▾ 를 2155 (으)로 정하기
2 번 반복하기
세로의 규칙으로 움직이기

답 __________

사각형의 수가 다음과 같은 모양으로 늘어나고 있습니다./
다섯째 도형의 노란색 사각형과 초록색 사각형의 수를 각각 써 보세요.

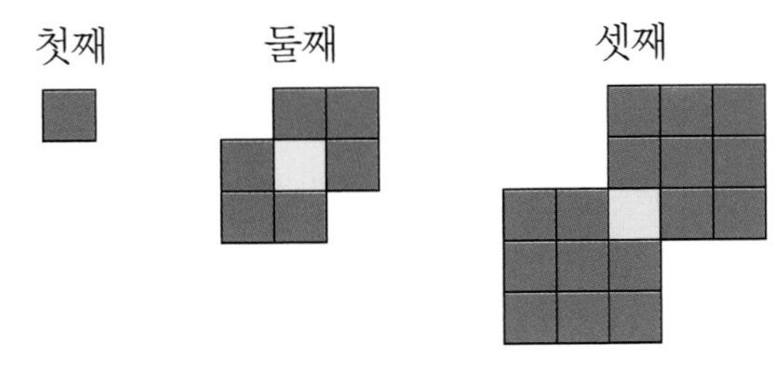
첫째
둘째
셋째

답 노란색: __________, 초록색: __________

맞힌 문제 수 개 /10개

수의 배열에서 규칙에 맞는 수 구하기 136쪽

1 규칙적인 수의 배열에서 ●에 알맞은 수를 구해 보세요.

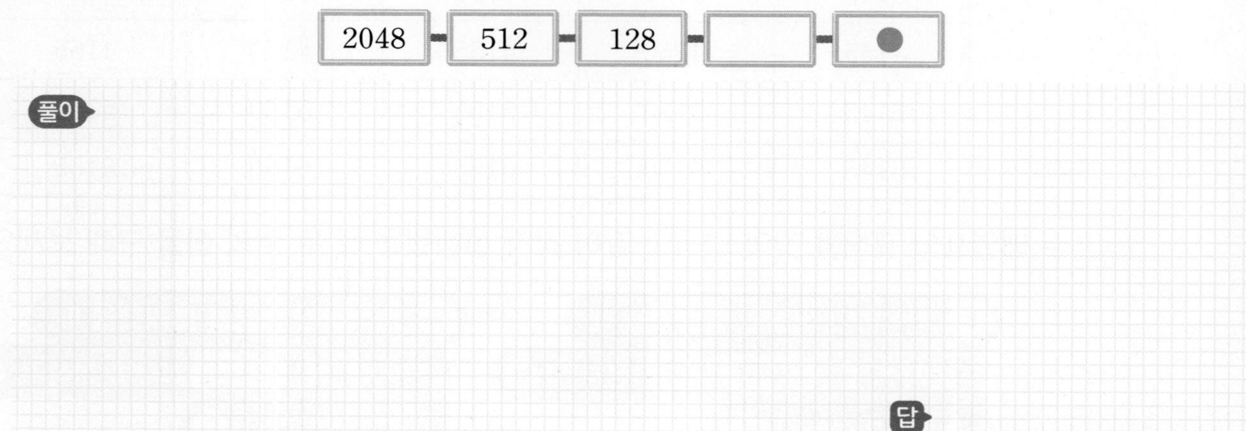

풀이

답

규칙적인 계산식 구하기 137쪽

2 오른쪽 계산식을 보고 규칙에 따라 계산 결과가 68888889가 되는 계산식을 구해 보세요.

순서	계산식
첫째	$21\times9=189$
둘째	$321\times9=2889$
셋째	$4321\times9=38889$
넷째	$54321\times9=488889$

풀이

식

도형의 배열에서 규칙에 맞는 도형(수) 구하기 139쪽

3 도형의 배열을 보고 규칙에 따라 26째에 올 도형을 그리고 수를 써넣으세요.

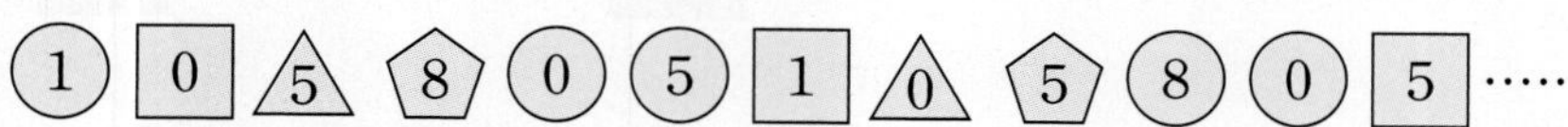

풀이

답

규칙에 따라 필요한 바둑돌(모형)의 개수 구하기 138쪽

4 바둑돌의 배열을 보고 규칙을 찾아 첫째부터 여섯째까지 사용된 바둑돌은 모두 몇 개인지 구해 보세요.

풀이

답

달력에서 규칙적인 계산식 구하기 140쪽

5 오른쪽 달력의 □ 안에서 다음과 같은 규칙의 계산식을 모두 찾아 써 보세요.

일	월	화	수	목	금	토
1	2	3	4	5	6	7
8	9	10	11	12	13	14
15	16	17	18	19	20	21
22	23	24	25	26	27	28

규칙
$1+9+17=9\times3$
$8+9+10=9\times3$
□

풀이

식

수 배열표의 규칙을 찾아 수 구하기 141쪽

6 수 배열표의 일부가 찢어졌습니다. 규칙에 맞게 ㉠에 알맞은 수를 구해 보세요.

				㉠
1125	2145	3165	4185	
2325	3345	4365	5385	
3525	4545	5565	6585	
4725	5745	6765	7785	

풀이

답

6 규칙 찾기

도형의 배열에서 사각형의 개수 구하기 141쪽

7 규칙에 따라 일곱째 도형에서 노란색과 주황색 사각형 수의 차를 구해 보세요.

첫째 둘째 셋째 넷째

풀이

답

규칙적인 계산식에서 ▢ 안에 알맞은 수 구하기 142쪽

8 계산식에서 규칙을 찾아 ▢ 안에 알맞은 수를 구해 보세요.

$$106 \times 6 = 636$$
$$1006 \times 6 = 6036$$
$$10006 \times 6 = 60036$$
$$100006 \times 6 = 600036$$
$$\vdots$$
$$100000006 \times 6 = \square$$

풀이

답

규칙적인 점의 배열에서 점의 개수 구하기

9 규칙에 따라 점을 배열하려고 합니다. 오각수는 그림과 같이 점의 수를 늘려가면서 오각형 모양의 배열을 계속해서 만들어 가는 것입니다. 여섯째에 놓이는 점의 수를 구해 보세요.

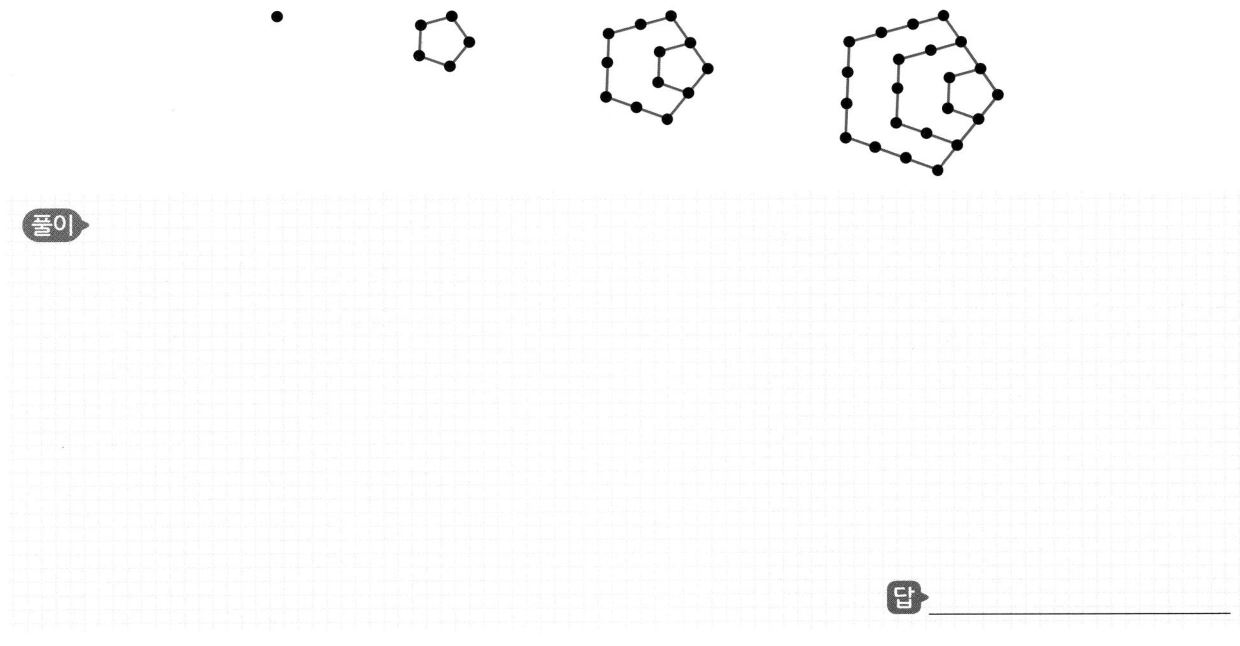

규칙을 찾아 도형의 개수 구하기 143쪽

10 규칙에 따라 성냥개비를 늘어놓아 사각형 모양을 계속 이어 만들려고 합니다. 성냥개비 25개로 만들 수 있는 사각형은 몇 개인가요?

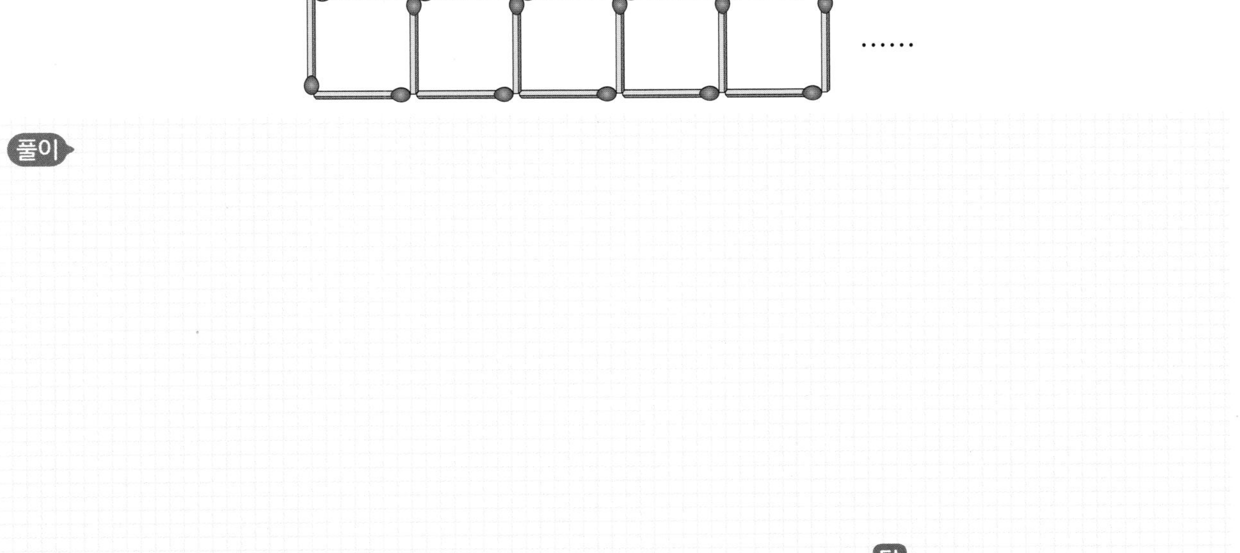

MEMO
www.chunjae.co.kr

수학도
독해가
힘이다

초등 수학 4-1

천재교육

정답과 풀이
포인트 3가지

▶ 혼자서도 이해할 수 있는 친절한 문제 풀이

▶ 문제 해결에 꼭 필요한 핵심 전략 제시

▶ 문제 분석과 쌍둥이 문제로 수학 독해력 완성

정답과 자세한 풀이

CONTENTS

빠른 정답 ········ 2쪽

1 큰 수 ········ 12쪽

2 각도 ········ 19쪽

3 곱셈과 나눗셈 ········ 28쪽

4 평면도형의 이동 ········ 36쪽

5 막대그래프 ········ 43쪽

6 규칙 찾기 ········ 50쪽

빠른 정답

1 큰 수

STEP 1 문제 해결력 기르기 6~11쪽

선행 문제 1
(1) 2, 100
(2) 3, 1000

실행 문제 1
❶ 70000000, 70000
❷ 3, 1000
답 1000배

초간단 풀이
❶ 3
❷ 1000
답 1000배

선행 문제 2
(1) 28
(2) 7
(3) 6

실행 문제 2
❶ 75
❷ 75
답 75장

쌍둥이 문제 2-1
129장

선행 문제 3
(1) (위에서부터) 2000, 300, 2300
(2) 000

실행 문제 3
❶ 50000, 6000, 1400, 30
❷ 57430
답 57430원

쌍둥이 문제 3-1
33750원

선행 문제 4
(1) 9, 7, 5, 3, 2
(2) 1, 4, 5, 6, 8

실행 문제 4
❶ 5
❷ 8, 6, 2, 1
❸ 8, 6, 2, 1
답 58621

쌍둥이 문제 4-1
94732

선행 문제 5
(1) 6400만, 6500만
(2) 340억, 350억

실행 문제 5
❶ 20억, 작아지도록에 ○표, 5
❷ 7180억, 7160억, 7140억
❸ 7140억
답 7140억

초간단 풀이
❶ 100, 100
❷ 100, 7140
답 7140억

선행 문제 6
43101, 43199 / 4, 3, 1

실행 문제 6
❶ 25001, 25199
❷ 2, 5, 1
❸ 2, 5, 1, 3, 4
답 25134

쌍둥이 문제 6-1
73456

STEP 2 수학 사고력 키우기 12~17쪽

대표 문제 1
❶ 8000000 / 40000
❷ 200배

쌍둥이 문제 1-1
2000배

대표 문제 2
주 6758000, 10만
❶ 67개
❷ 67장

쌍둥이 문제 2-1
14장

대표 문제 3
주 23, 31
❶ 230000원, 2000원, 3100원, 50원
❷ 235150원

쌍둥이 문제 3-1
177590원

대표 문제 4
구 작은
❶ 8 □ □ 1 □ □
❷ 3, 4, 5, 9
❸ 834159

쌍둥이 문제 4-1
274536

대표 문제 5
주 5
❶ 5449억, 5249억, 5049억, 4849억, 4649억
❷ 4649억

쌍둥이 문제 | 5-1

1562억

대표 문제 6

주 5, 6, 36400 / >

❶ 3 6 2 □ □

❷ 36245

쌍둥이 문제 | 6-1

54231

STEP 3 수학 독해력 완성하기 18～21쪽

독해 문제 | 1

❶ 7번 ❷ 7개월

독해 문제 | 2

❶ 없다 ❷ 6, 7, 8, 9

독해 문제 | 3

❶ 20조 ❷ 2조

❸ 240조

독해 문제 | 4

❶ >, 0 ❷ >, 9

❸ >

독해 문제 | 5

주 100만, 10만 / 적게에 ○표

❶ 100만 원짜리에 ○표

❷ 28장

❸ 4장

❹ 32장

독해 문제 | 6

주 7, 2 / 7, 2, 5 / 2

❶ □ 7 □ 2 □ □

❷ 7, 5, 2

❸ 775252

STEP 4 창의·융합·코딩 체험하기 22～25쪽

창의 1

100000원

코딩 2

7, 2000, 20000, 6000

코딩 3

26541

융합 4

1, 5, 0, 0 / 10000, 500, 0

창의 5

8, 8, 6, 4, 6, 5, 5, 4, 2, 2, 0, 0

코딩 6

5조 5억

융합 7

1억 8천만 회

융합 8

약 155조 원

종합 평가 실전 마무리하기 26～29쪽

1 12

2 ㉡

3 5개월

4 100배

5 36장

6 185980원

7 967432

8 8, 9

9 544조

10 25314

2 각도

STEP 1 문제 해결력 기르기 32～37쪽

선행 문제 1

(1) 120°, 60°

(2) 180° / 180°, 130°

실행 문제 1

❶ 180°

❷ 180°, 90°, 35°

답 35°

쌍둥이 문제 1-1

60°

선행 문제 2

(1) 45°, 180°

(2) 90°, 80°, 360°

실행 문제 2

❶ 180°

❷ 180°, 50°, 70°

답 70°

쌍둥이 문제 2-1

70°

선행 문제 3

(1) 180° / 180°, 120°

(2) 180° / 180°, 110°

실행 문제 3

❶ 180°, 50°, 60°

❷ 180°, 180°, 60°, 120°

답 120°

쌍둥이 문제 3-1

100°

선행 문제 4

(1) 60° / 30°, 60°

(2) 75° / 45°, 75°

실행 문제 4

❶ 45°, 30°
❷ 45°, 30°, 75°
답 75°

쌍둥이 문제 4-1

105°

선행 문제 5

(1) ②, ③ / 3
(2) ②, ③ / 2
(3) ②, ③ / 1

실행 문제 5

❶ ②, ③ / ①, ②
❷ ①, ② / ②, ③ / ①+②
❸ 3
답 3개

쌍둥이 문제 5-1

3개

선행 문제 6

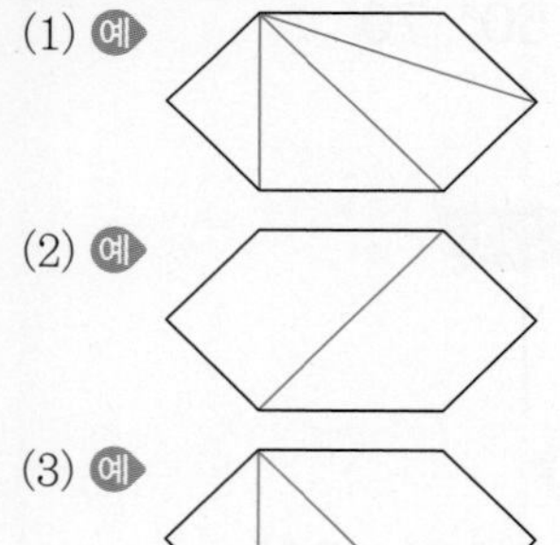

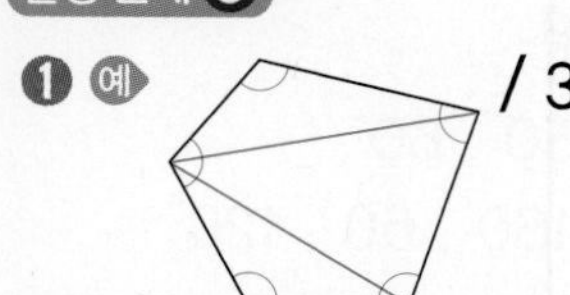

실행 문제 6

❶ 예 / 3
❷ 3, 540°
답 540°

다르게 풀기

❶ 예 / 1, 1

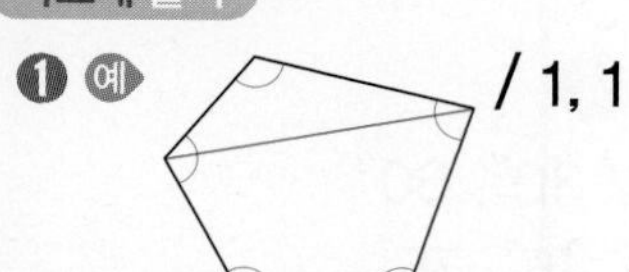

❷ 360°, 540°
답 540°

대표 문제 1

구 ㉠
주 55°
❶ 180°
❷ 35°
❸ 55°

쌍둥이 문제 1-1

40°

대표 문제 2

구 합
주 110°, 80°, 100°
❶ 90°
❷ 70°
❸ 160°

쌍둥이 문제 2-1

85°

대표 문제 3

구 합
주 130°
❶ 50°
❷ 130°

쌍둥이 문제 3-1

140°

대표 문제 4

구 ㉠
주 직각 / 45°, 60°
❶ 30°
❷ 60°

쌍둥이 문제 4-1

135°

대표 문제 5

구 둔각
❶ 0개, 2개, 2개
❷ 4개

쌍둥이 문제 5-1

5개

대표 문제 6

구 6
❶ 예

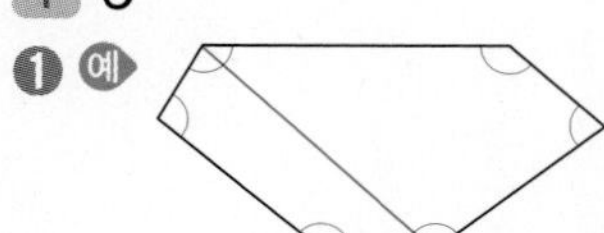

❷ 720°

쌍둥이 문제 6-1

900°

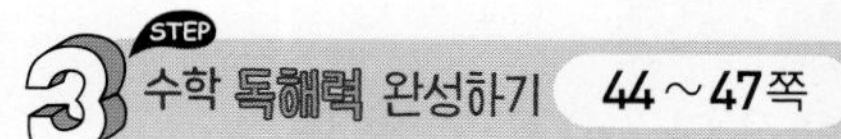

독해 문제 1

❶ 75°, 95°
❷ ㉡

독해 문제 2

❶

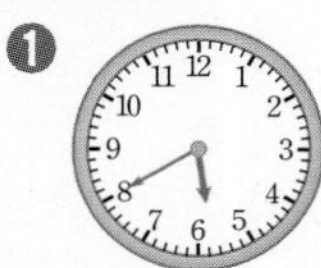

❷

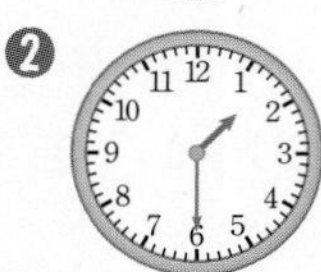

❸ ㉡

독해 문제 3

❶ 180°, 180°, 190°
❷ ㉢

독해 문제 4

❶ 105°
❷ 75°
❸ 30°

독해 문제 | 5

구 ㄱㅇㄴ
주 6
❶ 180°
❷ 30°
❸ 60°

독해 문제 | 6

구 ㉠
주 90°, 120°, 70° / 30°
❶ 80°
❷ 180°
❸ 70°

4 STEP 창의·융합·코딩 체험하기 48～51쪽

코딩 1
90°

창의 2
6°

융합 3
약 5°

코딩 4
직각, 예각, 둔각

창의 5
86°

코딩 6
60°, 5°

창의 7
27°

창의 8
118°

종합 평가 실전 마무리하기 52～55쪽

1 2개, 3개
2 140°
3 75°
4 155°
5 ㉡
6 70°
7 5개
8 1080°
9 105°
10 75°, 85°

3 곱셈과 나눗셈

1 STEP 문제 해결력 기르기 58～63쪽

선행 문제 1
(1) 2400
(2) 130, 5460

실행 문제 1
❶ 80, 9600
❷ 9600, 8000, 1600
답 1600개

쌍둥이 문제 1-1
500장

선행 문제 2
(1) 10, 9
(2) 180, 188

실행 문제 2
❶ 커야에 ○표
❷ 20, 19, 19
❸ 160, 160, 19, 179
답 179

쌍둥이 문제 2-1
419

선행 문제 3
24, 2, 24, 2

실행 문제 3
❶ 17, 9, 17, 9
❷ 28, 9, 19
답 19권

쌍둥이 문제 3-1
5개

선행 문제 4
(1) 34, 26
(2) 336, 16

실행 문제 4
❶ 30, 7
❷ 7
❸ 8
답 8

쌍둥이 문제 4-1
36

선행 문제 5
210, 14

실행 문제 5
❶ 18, 19
❷ 19, 20
답 20개

쌍둥이 문제 5-1
22그루

선행 문제 6
7, 2, 1 / 5, 4, 1, 7, 2

실행 문제 6
❶ 8, 7, 6, 4, 2
❷ ㉣
❸ 7, 6, 2, 8, 4, 64008
답 64008

쌍둥이 문제 6-1

81795

STEP 2 수학 사고력 키우기 64 ~ 69쪽

대표 문제 1

주 10000, 320
❶ 31일
❷ 9920장
❸ 80장

쌍둥이 문제 1-1

3950개

대표 문제 2

주 19
❶ 42
❷ 8●■÷43=19···42
❸ 5, 9

쌍둥이 문제 2-1

4, 1

대표 문제 3

주 32, 21
❶ 384자루
❷ 6자루
❸ 15자루

쌍둥이 문제 3-1

15개

대표 문제 4

❶ 12
❷ 12
❸ 11

쌍둥이 문제 4-1

23

대표 문제 5

주 324, 27
❶ 12군데
❷ 13개
❸ 26개

쌍둥이 문제 5-1

58개

대표 문제 6

❶ 2, 3, 5, 8, 9
❷ ㉣
❸ 3, 8, 9, 2, 5, 9725

쌍둥이 문제 6-1

7648

STEP 3 수학 독해력 완성하기 70 ~ 73쪽

독해 문제 1

❶ 7대, 12명
❷ 8대

독해 문제 2

❶ 큰에 ○표, 작은에 ○표
❷ 864, 13
❸ 66, 6

독해 문제 3

❶ 25
❷ 530
❸ 45

독해 문제 4

❶ 680 m
❷ 17초

독해 문제 5

구 작은에 ○표
주 452
❶ 452, 36
❷ 12
❸ 13

독해 문제 6

주 6
❶ 0, 52
❷ 318, 370
❸ 6

STEP 4 창의·융합·코딩 체험하기 74 ~ 77쪽

창의 1

1633번

코딩 2

마무리합니다.

코딩 3

5개

창의 4

21 L

융합 5

23개

융합 6

수첩

창의 7

4745개

융합 8

22 L 100 mL

종합 평가 실전 마무리 하기 78 ~ 81쪽

1 2280장
2 5, 1
3 20자루
4 12
5 66그루
6 3906
7 10대
8 66
9 21초
10 7

4 평면도형의 이동

1 STEP 문제 해결력 기르기 84~89쪽

선행 문제 1

(1)  , 같다에 ○표

(2) 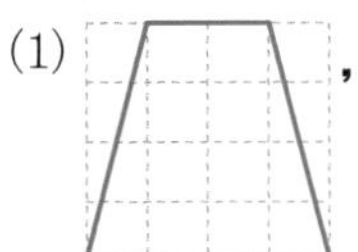 , 같다에 ○표

실행 문제 1

❶ A, Ɔ, I, ㄴ

❷ A, I, 2

답 2개

초간단 풀이

❶ A, I

❷ 2

답 2개

선행 문제 2

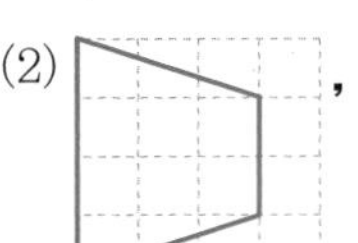 / 1번에 ○표

실행 문제 2

❶ 처음

❷ 1

답 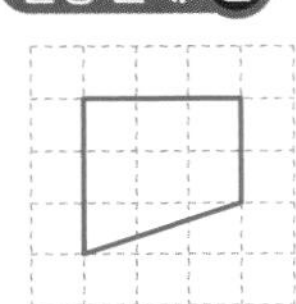

쌍둥이 문제 2-1

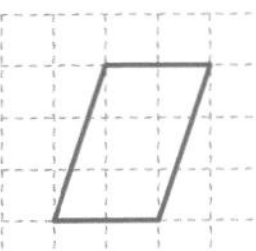

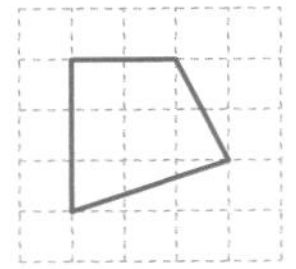

선행 문제 3

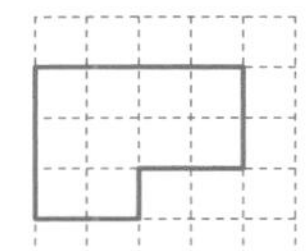 / 반대

실행 문제 3

❶ 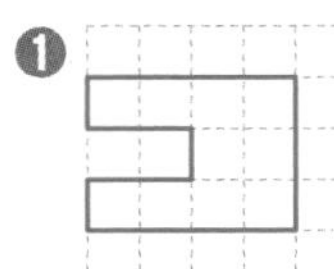

❷ 답 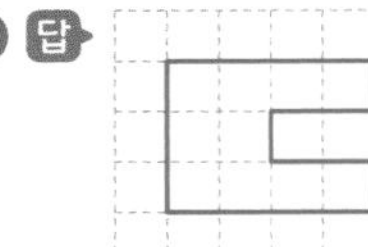

쌍둥이 문제 3-1

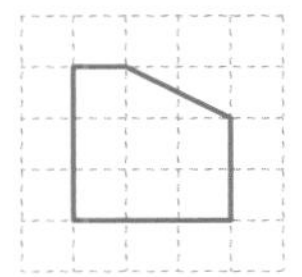

선행 문제 4

돌리기

실행 문제 4

❶ 다

❷ 다, 90(또는 270)

쌍둥이 문제 4-1

방법 예 다 조각을 위쪽(아래쪽)으로 뒤집기 한다.

선행 문제 5

(1) 12, 12

(2) 82, 82

실행 문제 5

❶ 515 / 515

❷ 515, 212, 727

답 727

쌍둥이 문제 5-1

3

선행 문제 6

위(또는 아래), 2, 몽

실행 문제 6

❶ 180

❷ 2, 2, 1

❸ 4

답 4

쌍둥이 문제 6-1

2 STEP 수학 사고력 키우기 90~95쪽

대표 문제 1

❶ O, Ⅎ, M, S

❷ 2개

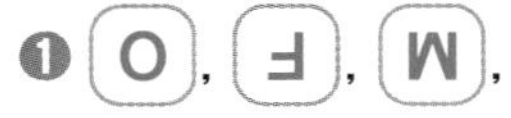

쌍둥이 문제 1-1

2개

대표 문제 2

❶ 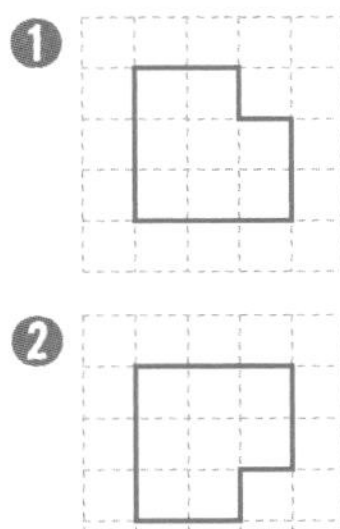

❷

쌍둥이 문제 2-1

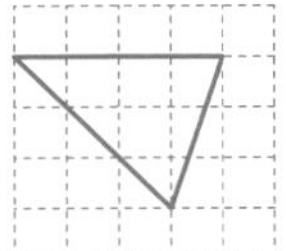

대표 문제 3

❶

❷ 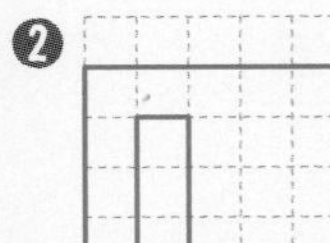

쌍둥이 문제 3-1

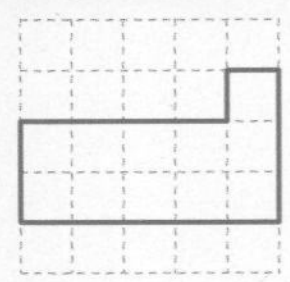

대표 문제 4

❶ ㉢

❷ ㉢, 90, 오른(또는 왼)

쌍둥이 문제 4-1

방법 예 ㉡ 조각을 시계 반대 방향으로 90°만큼 돌리고 아래쪽(위쪽)으로 뒤집기 한다.

대표 문제 5

❶ 985

❷ 1571

쌍둥이 문제 5-1

393

대표 문제 6

❶ 오른(또는 왼), 2

❷ 10개

쌍둥이 문제 6-1

6개

STEP 3 수학 독해력 완성하기 96~99쪽

독해 문제 1

❶ 왼쪽, 아래쪽

❷ ㉡, ㉣

독해 문제 2

❶ 오후 5시 10분

❷ 1시간 10분

독해 문제 3

❶ 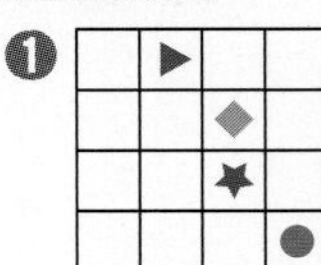

❷ 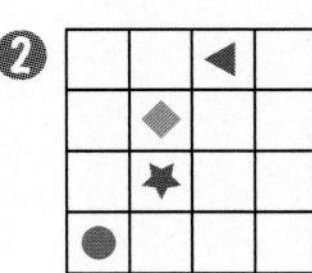

❸ ㉡

독해 문제 4

❶ S, S, S, S

❷ 10개

독해 문제 5

❶ ㄴ, ㄷ, ㅁ, ㅇ, ㅈ, ㅍ

❷ ㄴ, ㄷ, ㅁ, ㅇ, ㅈ, ㅍ

❸ 4개

독해 문제 6

❶ 102

❷ 201

❸ 303

STEP 4 창의·융합·코딩 체험하기 100~103쪽

창의 1

㉠, ㉣, ㉥, ㉦

코딩 2

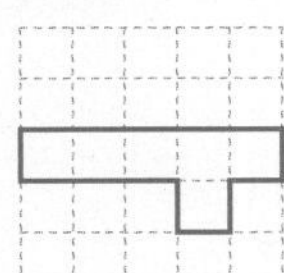

융합 3

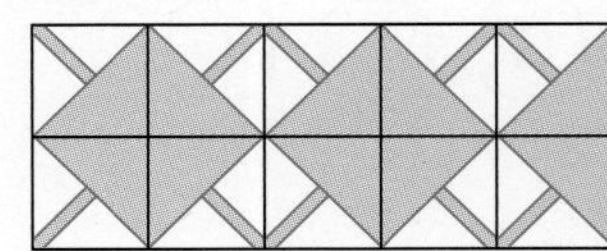

창의 4

창의 5

지민

창의 6

HOW

코딩 7

코딩 8

㉢

종합 평가 실전 마무리하기 104~107쪽

1 를

2 ㉡

3 방법 ㉢ 조각을 시계 방향으로 90°만큼 돌리기 하거나 시계 반대 방향으로 270°만큼 돌리기 한다.

4

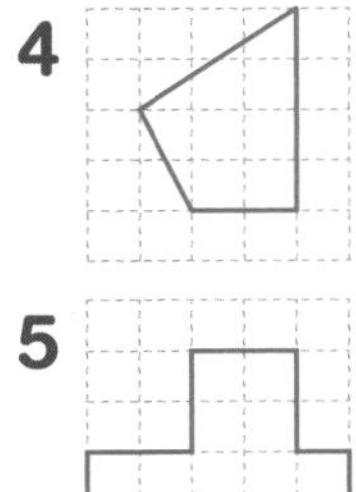

5

6 1160

7 4개

8 1시간 30분

9 ㉣

10 11개

5 막대그래프

STEP 1 문제 해결력 기르기 110~113쪽

선행 문제 1

(1) 10, 2

(2) 6, 3

실행 문제 1

❶ 은하

❷ 5, 5 / 5, 40

답 40상자

쌍둥이 문제 1-1

16명

선행 문제 2

4, 5 / 4, 5, 6

실행 문제 2

❶ 5, 7, 6

❷ 5, 7, 6, 6

❸ 운동

답 운동

쌍둥이 문제 2-1

다 가게

선행 문제 3

(1) 3, 5 / 8

(2) 5, 4 / 9

실행 문제 3

❶ 5, 6 / 11

❷ 7 / 11, 7, 4

답 4명

쌍둥이 문제 3-1

4명

선행 문제 4

3 / 3 / 3, 6

실행 문제 4

❶ 4, 6 / 4, 6, 12

❷ 3

❸ 12, 4 / 4

답 4명

STEP 2 수학 사고력 키우기 114~117쪽

대표 문제 1

구 고래

주 8

❶ 2명

❷ 6칸

❸ 12명

쌍둥이 문제 1-1

18명

대표 문제 2

❶ 7명, 10명, 5명

❷ 6명

❸ 4명

쌍둥이 문제 2-1

17명

대표 문제 3

구 남학생

❶ 30명

❷ 24명

❸ 6명

쌍둥이 문제 3-1

4명

대표 문제 4

구 바나나

주 3

❶ 7명, 8명

❷ 12명

❸ 9명

쌍둥이 문제 4-1

6명

STEP 3 수학 독해력 완성하기 118~121쪽

독해 문제 1

❶ 4명

❷ 6명

❸ 24명

독해 문제 2

❶ 4명

❷ 2배

독해 문제 3

❶ 18명, 18명, 20명, 16명

❷ 3반, 20명

독해 문제 4

❶ 24명

❷ 120장

독해 문제 5

❶ 3반

❷ 2명

❸ 3반, 8명

독해 문제 6

구 주스

주 26 / 4

❶ 4명, 8명

❷ 14명

❸ 9명

STEP 4 창의·융합·코딩 체험하기 122 ~ 125쪽

창의 1

수민, 14

융합 2

정현, 지우

융합 3

16명

융합 4

7명

융합 5

종이류

창의 6

120만 원

종합 평가 실전 마무리 하기 126 ~ 129쪽

1 1명

2 스파게티

3 16권

4 9대

5 6그릇

6 22명

7 14명

8 미국, 6명

9 78000원

10 10명

6 규칙 찾기

STEP 1 문제 해결력 기르기 132 ~ 135쪽

선행 문제 1

커지므로에 ○표 / 3, 3, 3 / 3, 곱하는에 ○표

실행 문제 1

❶ 더하거나 곱하는에 ○표

❷ 4, 4, 4 / 4, 곱하는에 ○표

❸ 4, 1024

답 1024

쌍둥이 문제 1-1

1215

선행 문제 2

1100, 작아지는에 ○표, 1200, 7600−500=7100

실행 문제 2

❶ 100, 100

❷ 700, 900, 600

식 700+900−600=1000

쌍둥이 문제 2-1

800−800+900=900

선행 문제 3

3, 4 / 4

실행 문제 3

❶ 3×3, 4×4

❷ 7, 7, 49

답 49개

쌍둥이 문제 3-1

32개

선행 문제 4

3, 3, 1, ◯에 ○표

실행 문제 4

❶ 사각형, 오각형, 3 / 3, 2, 사각형

❷ 초록, 주황, 2 / 주황

답

쌍둥이 문제 4-1

STEP 2 수학 사고력 키우기 136~139쪽

대표 문제 1

❶ 작아지므로에 ○표,
빼거나 나누는에 ○표

❷ 2, 2 / 2

❸ 100

쌍둥이 문제 1-1

4

대표 문제 2

❶ 1, 1

❷ 1111111×45=49999995

쌍둥이 문제 2-1

777777÷11=70707

대표 문제 3

❶ 5, 7

❷ 25개

❸ 55개

쌍둥이 문제 3-1

49개

대표 문제 4

❶ 오각형

❷ 5

❸ 

쌍둥이 문제 4-1

[2]

STEP 3 수학 독해력 완성하기 140~143쪽

독해 문제 1

❶ 2

❷ 5+21=13×2

독해 문제 2

❶ (위에서부터) 1110, 1110, 1110 / 1110

❷ 3249, 7669

독해 문제 3

❶ 1001

❷ 2173

독해 문제 4

❶ (위에서부터) 9 / 5 / 5, 7 / 2, 2, 2

❷ 25개, 11개

❸ 14개

독해 문제 5

❶ (위에서부터) 1, 2, 1 / 2

❷ 11111111111111

독해 문제 6

❶ (위에서부터) 7, 9, 11 / 7+2, 9+2

❷ 2

❸ 8개

STEP 4 창의·융합·코딩 체험하기 144~147쪽

융합 1

3+15=9×2, 1+17=9×2

창의 2

◆, 8개

창의 3

9, 99, 999 /
1, 곱하는 수에 ○표

창의 4

312687, 436563

코딩 5

(화살표 방향대로) 3723, 3823, 5723, 4623, 4723

융합 6

80분

코딩 7

6315

창의 8

1개, 48개

종합 평가 실전 마무리하기 148~151쪽

1 8

2 7654321×9=68888889

3 (0)

4 51개

5 3+9+15=9×3,
2+9+16=9×3

6 4005

7 17개

8 600000036

9 51개

10 8개

정답과 자세한 풀이

1 큰 수

FUN 한 이야기 4~5쪽

1150000 / 895000, <, 1150000 / 텔레비전

STEP 1 문제 해결력 기르기 6~11쪽

선행 문제 1

(1) 2, 100
(2) 3, 1000

실행 문제 1

❶ 70000000, 70000
❷ 3, 1000 답 1000배

초간단 풀이

❶ 3
❷ 1000 답 1000배

선행 문제 2

(1) 28
(2) 7
(3) 6

실행 문제 2

❶ 75
❷ 75 답 75장

쌍둥이 문제 2-1

❶ 전략 1290000은 만이 몇 개인지 구하자.
1290000 → 만이 129개
(9: 만의 자리)
❷ 전략 (만의 개수)=(만 원짜리 지폐의 수)
바꿀 수 있는 만 원짜리 지폐 : 129장

답 129장

선행 문제 3

(1) (위에서부터) 2000, 300, 2300
(2) 000

실행 문제 3

❶ 50000, 6000, 1400, 30
❷ 57430 답 57430원

쌍둥이 문제 3-1

❶ 전략 각각 얼마인지 구하자.
10000원짜리 2장 : 20000원
1000원짜리 13장 : 13000원
100원짜리 7개 : 700원
10원짜리 5개 : 50원
❷ 전략 위에서 구한 금액을 모두 합하자.
준서가 가지고 있는 돈 : 33750원

답 33750원

선행 문제 4

(1) 9, 7, 5, 3, 2
(2) 1, 4, 5, 6, 8

실행 문제 4

❶ 5
❷ 8, 6, 2, 1
❸ 8, 6, 2, 1 답 58621

쌍둥이 문제 4-1

❶ 전략 □를 5개 그리고 천의 자리에 4를 써넣자.
천의 자리 숫자가 4인 다섯 자리 수 :
□ 4 □ □ □
❷ 전략 나머지 수의 크기를 비교해 보자.
나머지 수의 크기 비교 : 9>7>3>2
❸ 전략 빈 자리에 나머지 수들을 큰 수부터 써 보자.
천의 자리 숫자가 4인 가장 큰 수 :
9 4 7 3 2

답 94732

선행 문제 5

(1) 6400만, 6500만
(2) 340억, 350억

실행 문제 5

❶ 20억, 작아지도록에 ○표, 5
❷ 7180억, 7160억, 7140억
❸ 7140억 답 7140억

초간단 풀이

❶ 100, 100
❷ 100, 7140 답 7140억

선행 문제 6

43101, 43199 /
4, 3, 1

실행 문제 6

❶ 25001, 25199
❷ 2, 5, 1
❸ 2, 5, 1, 3, 4 답 25134

쌍둥이 문제 6-1

❶ 조건2 는 73401부터 73499까지의 자연수이다.
❷ 만, 천, 백의 자리 숫자 쓰기:

만	천	백	십	일
7	3	4		

❸ 전략 남는 수 중 일의 자리에 짝수를 써넣고, 남는 수를 십의 자리에 써넣자.
일의 자리 수가 짝수이므로 조건을 모두 만족하는 수 : 7 3 4 5 6
답 73456

STEP 2 수학 사고력 키우기 12~17쪽

대표 문제 1

해 ❶ ㉠ 278541040 → 8000000
㉡ 278541040 → 40000
답 ㉠ 8000000, ㉡ 40000
❷ 8은 4의 2배이고 8000000은 40000보다 0이 2개 더 많으므로 200배이다. 답 200배

쌍둥이 문제 1-1

❶ 전략 예를 들어 천의 자리에 있는 3은 3000을 나타낸다.
㉠이 나타내는 값: 600000
㉡이 나타내는 값: 300
❷ 전략 자리의 숫자끼리는 몇 배이고, 나타내는 수는 0이 몇 개 더 많은지 알아보자.
6은 3의 2배이고 600000은 300보다 0이 3개 더 많으므로 2000배이다. 답 2000배

대표 문제 2

주 6758000, 10만
해 ❶ 6758000이므로 10만이 67개이다. 답 67개
❷ 답 67장

쌍둥이 문제 2-1

❶ 전략 백만의 자리 오른쪽 옆에 점선을 긋자.
14765000의 백만의 자리 오른쪽에 점선을 그으면 14765000은 100만이 14개이다.
❷ 전략 (100만의 개수)=(100만 원짜리 수표의 수)
바꿀 수 있는 100만 원짜리 수표: 14장 답 14장

대표 문제 3

주 23, 31
해 ❶ 답 230000원, 2000원, 3100원, 50원
❷ 답 235150원

쌍둥이 문제 3-1

❶ 전략 예를 들어 10000이 10개이면 100000임을 이용하자.
10000원짜리 17장 : 170000원
1000원짜리 5장 : 5000원
100원짜리 25개 : 2500원
10원짜리 9개 : 90원
❷ 전략 ❶에서 구한 각각의 금액을 모두 합하자.
아버지께서 가지고 있는 돈 : 177590원
답 177590원

대표 문제 4

구 작은
해 ❶ 답 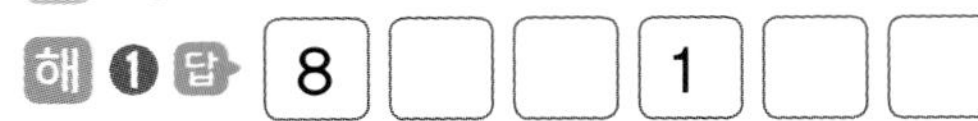
❷ 3<4<5<9 답 3, 4, 5, 9
❸ 8, 1을 쓰고 남은 자리에 작은 수부터 3, 4, 5, 9를 쓴다. 답 834159

정답과 풀이

쌍둥이 문제 4-1

❶ 전략 만의 자리 숫자, 십의 자리 숫자를 자리에 알맞게 써넣자.

만의 자리와 십의 자리에 수를 알맞게 써넣으면

	7			3	

❷ 나머지 수 카드의 수를 작은 수부터 차례로 쓰면

➔ 2<4<5<6

❸ 전략 ❶의 빈 자리에 남은 수를 작은 수부터 차례로 써넣자.

만의 자리 숫자가 7, 십의 자리 숫자가 3인 가장 작은 수 : 274536

답 274536

참고 수 카드로 여섯 자리 수 만들기
① 먼저 □를 여섯 개 그린다.
② 자리가 정해진 숫자를 □에 써넣는다.
③ 구하는 수가 가장 큰 수인지 가장 작은 수인지 알아보고 남은 수를 큰 수부터 또는 작은 수부터 차례로 써넣는다.

대표 문제 5

주 5

해 ❶ 답 5449억, 5249억, 5049억, 4849억, 4649억

❷ 5649억에서 200억씩 5번 작아지도록 뛰어 센 수가 4649억이므로 어떤 수는 4649억이다.

답 4649억

다르게 풀기

200억씩 5번 뛰어 센 수는 1000억 뛰어 센 수와 같다.
5649억보다 1000억 작은 수 : 4649억

쌍둥이 문제 5-1

❶ 전략 주어진 수에서 작아지도록 뛰어 세자.

3562억부터 500억씩 작아지도록 4번 뛰어 세면

3562억 – 3062억 – 2562억 – 2062억 – 1562억

❷ 어떤 수 : 1562억

답 1562억

다르게 풀기

500억씩 4번 뛰어 센 수는 2000억 뛰어 센 수와 같다.
3562억보다 2000억 작은 수 : 1562억

대표 문제 6

주 5, 6, 36400 / >

해 ❶ 자연수로 36201부터 36399까지의 수이다.

➔ 백의 자리는 2 또는 3이므로 2이다.

답

3	6	2		

❷ 남는 수는 4, 5이고 4<5

➔ 십의 자리 수 : 4, 일의 자리 수 : 5

답 36245

쌍둥이 문제 6-1

❶ 전략 범위에 맞는 자연수의 처음 수와 끝수를 구하자.

만, 천, 백의 자리에 수를 알맞게 써넣으면

5	4	2		

참고 자연수로 54201부터 54299까지의 수이다.
➔ 만의 자리는 5, 천의 자리는 4, 백의 자리는 2이다.

❷ 전략 남는 수 중 큰 수 ➔ 십의 자리, 작은 수 ➔ 일의 자리

십의 자리 수가 일의 자리 수보다 크므로 조건을 모두 만족하는 수 :

5	4	2	3	1

답 54231

참고 남는 수 1, 3에서 1<3
➔ 십의 자리 수 : 3, 일의 자리 수 : 1

STEP 3 수학 독해력 완성하기 18~21쪽

독해 문제 1

구 돈을 몇 개월 동안 모아야 하는지

주 필요한 돈: 210만 원, 매달 30만 원씩 모으기

어 1 30만씩 뛰어 센 다음

2 몇 번을 뛰어 셌는지 알아보자.

해 ❶ 0 – 30만 – 60만 – 90만 – 120만 – 150만 – 180만 – 210만으로 7번 뛰어 세었다.

답 7번

❷ 7번 뛰어 세었으므로 7개월 동안 모아야 한다.

답 7개월

독해 문제 2

구 ▢ 안에 들어갈 수 있는 수

주 0부터 9까지의 수를 넣을 수 있다.
32584 < 32▢19

어 1 ▢가 백의 자리이므로 만의 자리, 천의 자리 수를 비교하고, 십의 자리 수를 비교한 다음
2 32584에서 백의 자리 수가 5이므로 ▢ 안에 5가 들어갈 수 있는지 없는지 알아보고 ▢ 안에 들어갈 수 있는 수를 모두 구하자.

해 ❶ 32584 > 32519이므로 ▢ 안에 5가 들어갈 수 없다. 답 없다
❷ 만, 천의 자리 수가 같고 십의 자리 수가 8>1이므로 백의 자리 ▢ 안에는 5보다 큰 수가 들어 가야 한다. 답 6, 7, 8, 9

참고 부등호가 있는 식에서 ▢ 안에 들어갈 수 있는 수 찾기
① ▢가 있는 자리보다 높은 수들을 비교해 보면 같다.
② ▢에 같은 자리 수인 5를 넣었을 때 부등호를 만족하는지 알아본다.
③ 만족하면 5와 같거나 5보다 큰 수가 들어갈 수 있고, 만족하지 않으면 5보다 큰 수가 들어갈 수 있다.

독해 문제 2-1 정답에서 제공하는 쌍둥이 문제

0부터 9까지의 수 중에서 ▢ 안에 들어갈 수 있는 수를 모두 구해 보세요.

58743 < 58▢26

구 ▢ 안에 들어갈 수 있는 수

주 0부터 9까지의 수를 넣을 수 있다.
58743 < 58▢26

어 1 ▢가 백의 자리이므로 만의 자리, 천의 자리 수를 비교하고, 십의 자리 수를 비교한 다음
2 58743에서 백의 자리 수가 7이므로 ▢ 안에 7이 들어갈 수 있는지 없는지 알아보고 ▢ 안에 들어갈 수 있는 수를 모두 구하자.

해 ❶ ▢ 안에 7을 넣으면 58743 > 58726이므로 ▢ 안에 7이 들어갈 수 없다.
❷ 만, 천의 자리 수가 같고 십의 자리 수가 4>2이므로 백의 자리 ▢ 안에는 7보다 큰 수가 들어가야 한다. 답 8, 9

독해 문제 3

구 ㉠이 나타내는 수

주 234조와 254조 사이가 10칸으로 나뉘어져 있다.

어 1 234조와 254조 사이 간격이 얼마인지 254조−234조를 계산한 다음
2 작은 눈금 한 칸의 크기를 구하고
3 234조부터 2의 크기만큼씩 3번 뛰어 세어 ㉠이 나타내는 수를 구하자.

해 ❶ 254조−234조=20조 답 20조
❷ 20조÷10=2조 답 2조
❸ 234조에서 2조씩 3번 뛰어 세면
234조−236조−238조−240조이다.
답 240조

참고 수직선에서 화살표가 가리키는 수 구하기
① 주어진 두 수 사이의 크기를 구한다.
➔ (큰 수)−(작은 수)
② 두 수 사이에 나누어져 있는 칸 수를 센다.
③ 작은 눈금 한 칸의 크기를 구한다.
➔ (①의 크기)÷(②의 칸 수)
④ 왼쪽 수부터 화살표가 가리키는 수는 ●칸인지 세어 왼쪽 수부터 작은 눈금 한 칸의 크기만큼씩 ●번 뛰어 센다.

독해 문제 3-1 정답에서 제공하는 쌍둥이 문제

수직선에서 ㉠이 나타내는 수를 구해 보세요.

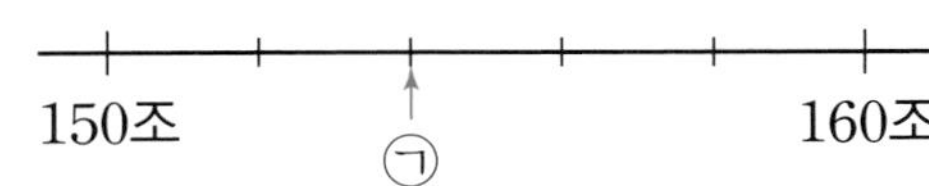

구 ㉠이 나타내는 수

주 150조와 160조 사이가 5칸으로 나뉘어져 있다.

어 1 150조와 160조 사이 간격이 얼마인지 160조−150조를 계산한 다음
2 작은 눈금 한 칸의 크기를 구하고
3 150조부터 2의 크기만큼씩 2번 뛰어 세어 ㉠이 나타내는 수를 구하자.

해 ❶ 160조−150조=10조
❷ 작은 눈금 한 칸의 크기를 구하면
10조÷5=2조
❷ 150조에서 2조씩 2번 뛰어 세면
150조−152조−154조이다.
답 154조

독해 문제 4

구 두 수의 크기 비교
주 0부터 9까지 어느 수를 넣을 수 있다.
7893459 ○ 78□2356
어 1 □ 안에 0을 넣어 두 수의 크기를 비교하고
2 □ 안에 9를 넣어 두 수의 크기를 비교한 다음
3 두 수의 크기를 비교하여
7893459○78□2356에서 ○ 안에 >, =, <를 알맞게 써넣자.
해 ❶ □ 안에 0을 넣었을 때 : 7893459>7802356
답 >, 0
❷ □ 안에 9를 넣었을 때 : 7893459>7892356
답 >, 9
❸ ❶, ❷에서 □ 안에 0부터 9까지 어느 수를 넣어도 모두 왼쪽 수가 크다. 답 >

참고
□가 있는 두 수의 크기 비교
① □ 안에 0을 넣고 두 수의 크기를 비교한다.
② □ 안에 9를 넣고 두 수의 크기를 비교한다.
③ ①, ②의 결과를 보고 두 수의 크기를 비교한다.

독해 문제 4-1 정답에서 제공하는 쌍둥이 문제

□ 안에는 0부터 9까지 어느 수를 넣어도 됩니다. 두 수의 크기를 비교하여 ○ 안에 >, =, <를 알맞게 써넣으세요.

2497450 ○ 24□5618

구 두 수의 크기 비교
주 •0부터 9까지 어느 수를 넣을 수 있다.
•2497450 ○ 24□5618
어 1 □ 안에 0을 넣어 두 수의 크기를 비교하고
2 □ 안에 9를 넣어 두 수의 크기를 비교한 다음
3 두 수의 크기를 비교하여
2497450○24□5618에서 ○ 안에 >, =, <를 알맞게 써넣자.
해 ❶ □ 안에 0을 넣었을 때:
2497450>2405618
❷ □ 안에 9를 넣었을 때:
2497450>2495618
❸ ❶, ❷에서 □ 안에 0부터 9까지 어느 수를 넣어도 모두 왼쪽 수가 크다. 답 >

독해 문제 5

주 **100만, 10만 / 적게**에 ○표
해 ❶ 수표의 수를 가장 적게 하려면 큰 단위의 수표를 최대한 많이 바꿔야 한다.
답 **100만 원짜리**에 ○표
❷ 28400000 ➔ 28장 답 28장
❸ 400000 ➔ 4장 답 4장
❹ 28+4=32(장) 답 32장

독해 문제 5-1 정답에서 제공하는 쌍둥이 문제

31200000원을 100만 원짜리 수표와 10만 원짜리 수표로 모두 바꾸려고 합니다. 수표의 수를 가장 적게 하여 바꾼다고 할 때 수표는 모두 몇 장까지 바꿀 수 있나요?

100만 원 수표 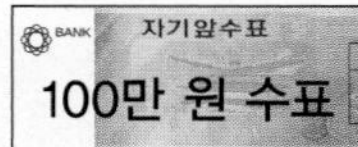

구 가장 적게 바꿀 때 수표의 수
주 •주어진 금액: 31200000원
•바꾸려는 수표: 100만 원짜리와 10만 원짜리
•수표의 수를 가장 적게 하여 바꾸기
어 1 바꾸려는 수표의 수를 가장 적게 하려면 큰 단위의 수표를 최대한 많이 바꿔야 한다.
2 바꿀 수 있는 100만 원짜리 수표는 몇 장인지
3 2에서 바꾸고 남은 수에서 바꿀 수 있는 10만 원짜리 수표는 몇 장인지 구하여
4 전체 수표의 수를 구하자.
해 ❶ 수표의 수를 가장 적게 하려면 큰 단위의 수표를 최대한 많이 바꿔야 한다.
❷ 31200000 ➔ 31장
❸ 200000 ➔ 2장
❹ 31+2=33(장) 답 33장

독해 문제 6

주 7, 2 / 7, 2, 5 / 2
해 ❶ □ 7 □ 2 □ □
❷ 7>5>2 답 7, 5, 2
❸ 7, 2를 한 번씩 사용하였으므로 7, 5, 5, 2를 남은 자리에 왼쪽부터 써넣으면 된다.
7 7 5 2 5 2 답 775252

독해 문제 6-1 정답에서 제공하는 **쌍둥이 문제**

수 카드를 모두 두 번씩 사용하여 만의 자리 숫자가 5, 백의 자리 숫자가 3인 가장 큰 수를 구해 보세요.

3  

구 만의 자리 숫자가 5, 백의 자리 숫자가 3인 가장 큰 수

주 •만의 자리 숫자 : 5, 백의 자리 숫자 : 3
•수 카드의 수 : 3, 9, 5
•수 카드를 사용할 수 있는 횟수 : 2번

어 1 □로 여섯 자리를 만들고, 만의 자리에 5, 백의 자리에 3을 써넣은 다음
2 수의 크기를 비교하여 남은 자리에 큰 수부터 차례로 써넣자.

해 ❶ 만의 자리와 백의 자리에 수를 써넣으면

	5		3		

❷ 수 카드의 수를 큰 수부터 차례로 쓰면
9>5>3

❸ 5, 3을 한 번씩 사용하였으므로 9, 9, 5, 3을 남은 자리에 왼쪽부터 써넣으면 된다.

9	5	9	3	5	3

답 959353

STEP 4 창의·융합·코딩 체험하기 22~25쪽

창의 1

1000원 할인쿠폰 10장 :
1000원이 10개이므로 10000원
10일 동안 나눠준 전체 금액 :
10000원이 10개이므로 100000원

답 100000원

코딩 2

마트에서 2000원짜리 아이스크림을 7명이 1개씩 꺼냈다면 2000원짜리 아이스크림 꺼내기를 7번 반복해야 한다. 그런 다음 계산대에 2만 원을 낸 다음 20000−14000=6000(원)을 거스름돈으로 받으면 된다.

답 7, 2000, 20000, 6000

코딩 3

반복을 3번 하므로 23541에서 1000씩 3번 뛰어 세는 코딩이다.

➔ 23541 — 24541 — 25541 — 26541
(+1000, +1000, +1000)

답 26541

융합 4

빵집에서 빵을 산 금액은 16650원이다. 여기에 할인받은 1850원을 더하면 할인받기 전 빵의 가격은 18500원이다.
이 수의 자릿수에 맞게 빈칸을 채운다.

답 (위에서부터) 1, 5, 0, 0 / 10000, 500, 0

창의 5

먼저 억의 자리에 4를 넣은 다음 큰 수부터 차례로 넣어 보면 다음과 같은 수이다.

8	8	6	4	6	5	5	4	2	2	0	0

답 886465542200

코딩 6

순서도에 따라 두 수의 자릿수를 세어 보면
5조 5억 : 5000500000000 ➔ 13자리 수
720000000000 ➔ 12자리 수
두 수 중 자릿수가 더 많은 수를 출력하면 5조 5억이 출력된다.

답 5조 5억

융합 7

4시간 만에 조회 수가 1000만 회가 되었으므로 같은 속도로 사람들이 시청한다면
하루 24시간이 지나면 6000만 회가 되고
3일 후에는 6000만×3=1억 8천만 (회)가 된다.

답 1억 8천만 회

융합 8

7위와 8위가 가진 재산을 합하면
74조+74조=148조이다.
4위와 9위의 재산을 합하면
90조+66조=156조이다.
148조보다 크고 156조보다 작으면서 조의 자리 숫자가 5인 수는 155조이다.

답 약 155조 원

종합평가 실전 마무리 하기 26~29쪽

1 ❶ 591436700000
　천만의 자리
　백억의 자리
❷ 9+3=12　　　　**답** 12

2 ❶ ㉠ 8조 2643억은 8264300000000 ➔ 0이 8개
❷ ㉡ 900억 50만은 90000500000 ➔ 0이 9개
❸ 8<9이므로 0의 개수가 더 많은 것: ㉡　　**답** ㉡

3 ❶ 0－70만－140만－210만－280만－350만
❷ 70만씩 5번 뛰어 세었다.
❸ 5번 뛰어 세었으므로 5개월 동안 모아야 한다.
답 5개월

4 ❶ ㉠이 나타내는 값: 4000000
❷ ㉡이 나타내는 값: 40000
❸ ㉠ 4000000은 ㉡ 40000보다 0이 2개 더 많으므로 100배이다.　　**답** 100배

다르게 풀기

34146920에서 백만의 자리 4는 만의 자리 4가 2자리 높아진 것이다.
자리의 숫자가 같으면 한 자리 높아질 때마다 10배로 커진다.
2자리 높아졌으므로 100배이다.

5 ❶ 3657000에서 10만이 36개이다.
❷ 따라서 10만 원짜리 수표 36장까지 바꿀 수 있다.
답 36장

참고
10만 원짜리 수표로 바꾸려면 10만이 몇 개인지 알아본다.
십만의 자리 오른쪽에 점선을 그으면 점선 왼쪽의 수가 10만의 개수이다.

6 ❶ 10000원짜리 17장: 170000원
1000원짜리 15장: 15000원
100원짜리 9개: 900원
10원짜리 8개: 80원
❷ 위에서 구한 금액을 모두 합하면 선생님께서 가지고 있는 돈은 185980원이다.
답 185980원

7 ❶ □를 6개 그리고 만의 자리에 6, 십의 자리에 3을 써넣으면

	6			3	

❷ 남은 수의 크기를 비교하면
9>7>4>2
❸ 빈 자리에 큰 수부터 차례로 쓰면 967432이다.
답 967432

참고
수 카드로 여섯 자리 수 만들기
① 먼저 □를 여섯 개 그린다.
② 자리가 정해진 숫자를 □에 써넣는다.
③ 구하는 수가 가장 큰 수인지 가장 작은 수인지 알아보고 남은 수를 큰 수부터 또는 작은 수부터 차례로 써넣는다.

8 ❶ 만, 천의 자리 수가 같고 십의 자리 수가 3<5이므로 □ 안에는 8과 같거나 8보다 큰 수가 들어가야 한다.
❷ □ 안에 들어갈 수 있는 수는 8, 9이다.　**답** 8, 9

참고
71839<71□52에서 만의 자리와 천의 자리 수가 같으므로 □ 안에 8을 넣으면 부등호가 성립한다.
따라서 □ 안에 알맞은 수는 8, 9이다.

9 ❶ 548조－538조=10조
❷ 작은 눈금 한 칸의 크기: 10조÷5=2조
❸ 538조에서 2조씩 3번 뛰어 세면
538조－540조－542조－544조이다.
답 544조

10 ❶ □를 5개 그리고 만, 천, 백의 자리에 수를 써넣으면

2	5	3		

❷ 남은 수 1, 4 중 일의 자리 수는 짝수이므로 4이고, 1은 십의 자리 수가 된다.

2	5	3	1	4

답 25314

참고
① 25300보다 크고 25400보다 작은 수를 자연수로 나타내면 25301부터 25399까지이다.
따라서 만의 자리 : 2, 천의 자리 : 5
백의 자리 : 3이다.
② 남은 수 중 짝수 4는 일의 자리 수가 되고 남은 수 1은 십의 자리 수가 된다.

2 각도

FUN한 기억 노트 30～31쪽

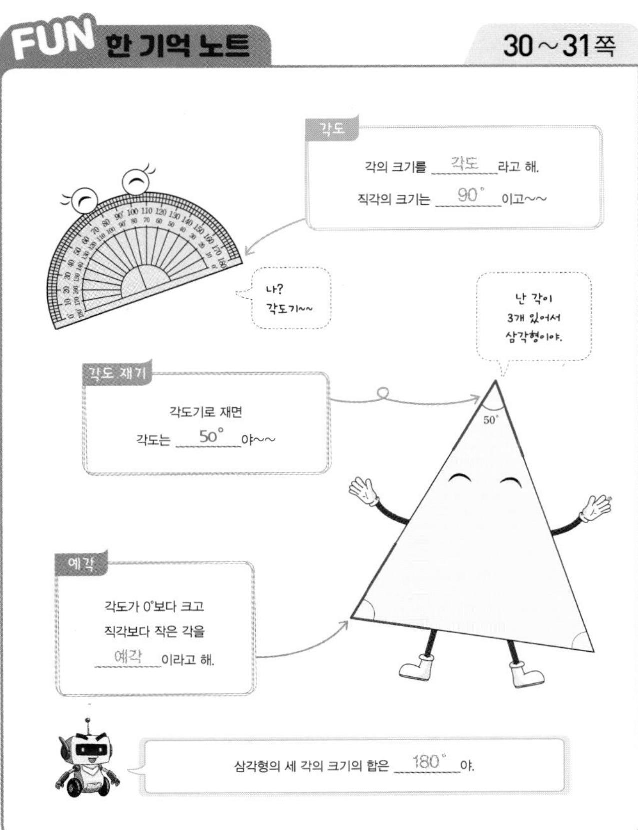

각도
각의 크기를 각도 라고 해.
직각의 크기는 90° 이고~~
나? 각도기~~
난 각이 3개 있어서 삼각형이야.
각도 재기
각도기로 재면 각도는 50° 야~~
50°
예각
각도가 0°보다 크고 직각보다 작은 각을 예각 이라고 해.
삼각형의 세 각의 크기의 합은 180° 야.

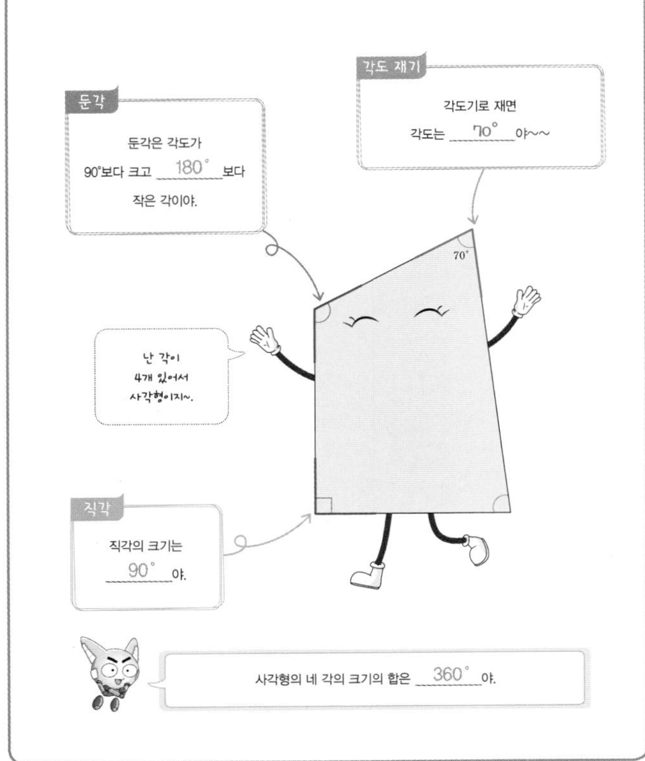

둔각
둔각은 각도가 90°보다 크고 180° 보다 작은 각이야.
각도 재기
각도기로 재면 각도는 70° 야~~
70°
난 각이 4개 있어서 사각형이지~.
직각
직각의 크기는 90° 야.
사각형의 네 각의 크기의 합은 360° 야.

1 STEP 문제 해결력 기르기 32～37쪽

선행 문제 1

(1) 120°, 60°
(2) 180° / 180°, 130°

실행 문제 1

❶ 180°
❷ 180°, 90°, 35°

답 35°

쌍둥이 문제 1-1

❶ 전략 직선이 이루는 각도를 알자.
직선이 이루는 각도 : 180°
❷ 전략 (직선이 이루는 각도)−(주어진 두 각도)
㉡$=180°-90°-30°$
$=60°$

답 60°

선행 문제 2

(1) 45°, 180°
(2) 90°, 80°, 360°

실행 문제 2

❶ 180°
❷ 180°, 50°, 70°

답 70°

참고 (삼각형 세 각의 크기의 합)=180°

쌍둥이 문제 2-1

❶ 사각형 네 각의 크기의 합 : 360°
❷ 전략 (사각형 네 각의 크기의 합)−(주어진 세 각도)
㉠$=360°-95°-85°-110°$
$=70°$

답 70°

참고 (사각형 네 각의 크기의 합)=360°

선행 문제 3

(1) 180° / 180°, 120°
(2) 180° / 180°, 110°

실행 문제 3

❶ 180°, 50°, 60°

❷ 180°, 180°, 60°, 120°

답 120°

쌍둥이 문제 3-1

❶ 전략 사각형 네 각의 크기의 합에서 주어진 각도를 차례로 빼자.

㉡$=360°-100°-60°-120°$

$=80°$

❷ 전략 ㉠=(직선이 이루는 각도)−㉡

㉠$=180°-$㉡

$=180°-80°$

$=100°$

답 100°

선행 문제 4

(1) 60°/ 30°, 60°

(2) 75°/ 45°, 75°

실행 문제 4

❶ 45°, 30°

❷ 45°, 30°, 75°

답 75°

참고 직각 삼각자 2종류의 세 각의 크기:
45°, 45°, 90°
30°, 60°, 90°

쌍둥이 문제 4-1

❶ 전략 ㉠, ㉡의 각도를 알아보자.

㉠$=60°$, ㉡$=45°$

❷ 전략 ●=㉠+㉡

●$=60°+45°=105°$

답 105°

선행 문제 5

(1) ②, ③ / 3

(2) ②, ③ / 2

(3) ②, ③ / 1

실행 문제 5

❶ ②, ③ / ①, ②

❷ ①, ② / ②, ③ / ①+②

❸ 3

답 3개

쌍둥이 문제 5-1

❶ 전략 작은 각 1개로 이루어진 각을 찾자.

작은 각 1개로 이루어진 각: ①, ②, ③

➜ 이 중에서 예각은 ②, ③이다.

❷ 전략 작은 각 2개로 이루어진 각을 찾자.

작은 각 2개로 이루어진 각: ①+②, ②+③

➜ 이 중에서 예각은 ②+③이다.

❸ 예각의 수: 3개

답 3개

선행 문제 6

(1) 예

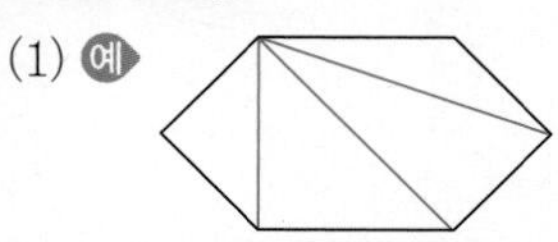

(2) 예

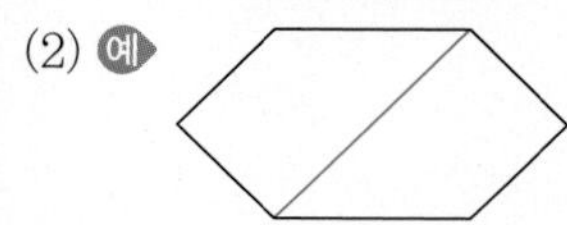

(3) 예

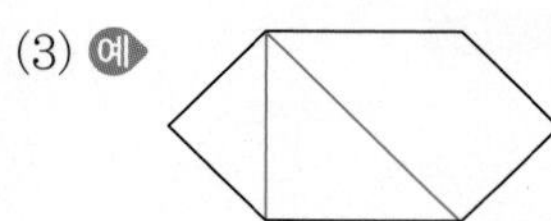

실행 문제 6

❶ 예

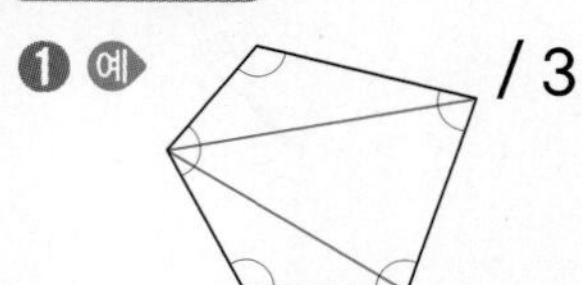

/ 3

❷ 3, 540°

답 540°

다르게 풀기

❶ 예

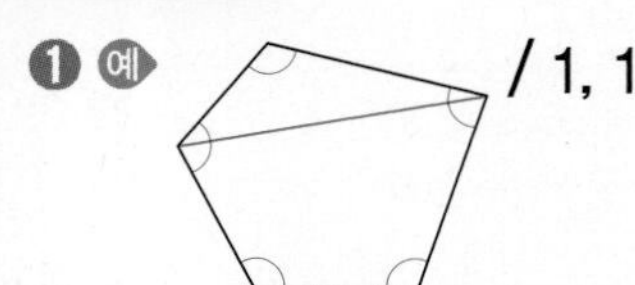

/ 1, 1

❷ 360°, 540°

답 540°

수학 사고력 키우기 38～43쪽

대표 문제 1

구 ㉠

주 55°

해 ❶ 답 180°

❷ $㉡=180°-90°-55°$
$=90°-55°$
$=35°$ 답 35°

❸ $㉠=90°-35°$
$=55°$ 답 55°

참고 모르는 각도 구하기
① 직각은 90°, 직선이 이루는 각은 180°임을 이용하여 직각과 직선을 찾고
② 주어진 각을 이용하여 모르는 각도를 구한다.

쌍둥이 문제 1-1

구 ㉠의 각도

주 주어진 각도 : 40°, 105°

어 1 직선이 이루는 각도가 180°임을 이용하여 ㉡의 각도를 구한 다음
2 직선이 이루는 각도가 180°임을 이용하여 ㉠의 각도를 구하자.

❶ 직선이 이루는 각도 : 180°

❷ 전략 (직선이 이루는 각도)−(주어진 두 각의 크기)
$㉡=180°-105°-40°$
$=35°$

❸ 전략 $㉠=180°-105°-㉡$
$㉠=180°-105°-35°$
$=40°$ 답 40°

대표 문제 2

구 합

주 110°, 80°, 100°

해 ❶ $㉠=180°-40°-50°$
$=90°$ 답 90°

❷ $㉡=360°-110°-80°-100°$
$=70°$ 답 70°

❸ $㉠+㉡=90°+70°$
$=160°$ 답 160°

쌍둥이 문제 2-1

구 ㉠과 ㉡의 각도의 차

주 • 왼쪽 삼각형의 각도 : 100°, 40°
• 오른쪽 삼각형의 각도 : 25°, 30°

어 삼각형 세 각의 크기의 합이 180°임을 이용하여 180°−(주어진 두 각의 크기)로 나머지 각의 크기를 구하자.

❶ 전략 180°−(주어진 두 각의 크기)
$㉠=180°-100°-40°$
$=40°$

❷ 전략 180°−(주어진 두 각의 크기)
$㉡=180°-25°-30°$
$=125°$

❸ ㉠과 ㉡의 각도의 차 :
$125°-40°=85°$

답 85°

대표 문제 3

구 합

주 130°

해 ❶ $㉢=180°-130°$
$=50°$ 답 50°

❷ $㉠+㉡=180°-㉢$
$=180°-50°$
$=130°$ 답 130°

쌍둥이 문제 3-1

구 ㉠과 ㉡의 각도의 합

주 삼각형 밖에 있는 각도 : 140°

어 1 직선이 이루는 각도가 180°임을 이용하여 ㉢의 각도를 구한 다음
2 삼각형 세 각의 크기의 합이 180°임을 이용하여 180°−㉢으로 ㉠과 ㉡의 각도의 합을 구하자.

❶ 전략 (직선이 이루는 각도)−140°
$㉢=180°-140°$
$=40°$

❷ 전략 (삼각형 세 각의 크기의 합)−㉢
$㉠+㉡=180°-㉢$
$=180°-40°$
$=140°$

답 140°

대표 문제 4

구 ㉠

주 **직각 / 45°, 60°**

해 ❶ 직각 삼각자의 세 각도는 30°, 60°, 90°이므로 ㉡=30°이다.

답 30°

❷ ㉠=90°−㉡
=90°−30°
=60°

답 60°

참고 직각 삼각자 2개를 이어 붙여서 생기는 각도는 각도의 합을 이용하여 구하고, 직각 삼각자 2개를 겹쳤을 때 생기는 각도는 각도의 차를 이용하여 구한다.

쌍둥이 문제 4-1

구 ㉠의 각도

주 • 두 직각 삼각자
• 주어진 각도: 60°, 45°

어 1 직각 삼각자의 세 각도가 45°, 45°, 90°이므로 ㉡의 각도는 45°임을 알고
2 직선이 이루는 각도가 180°임을 이용하여 180°−㉡으로 ㉠의 각도를 구하자.

❶ 전략 직각 삼각자의 한 각도이다.
㉡=45°

❷ 전략 ㉠+㉡=180°
㉠=180°−㉡
=180°−45°=135°

답 135°

참고 (직선이 이루는 각도)=180°

대표 문제 5

구 **둔각**

해 ❶ 작은 각 2개 :
①+②, ②+③ ➔ 2개
작은 각 3개 :
①+②+③, ②+③+④ ➔ 2개

답 0개, 2개, 2개

❷ 2+2=4(개)

답 4개

쌍둥이 문제 5-1

구 둔각의 개수

어 1 작은 각 1개짜리, 2개짜리, 3개짜리 각을 알아본 다음
2 둔각인 것을 찾자.

❶ 전략 90°<(둔각)<180°
작은 각 1개로 이루어진 둔각:
③ ➔ 1개
작은 각 2개로 이루어진 둔각:
②+③, ③+④ ➔ 2개
작은 각 3개로 이루어진 둔각:
①+②+③, ②+③+④ ➔ 2개

❷ 둔각의 수: 1+2+2=5(개)

답 5개

대표 문제 6

구 6

해 ❶ 예

❷ 사각형이 2개이므로
360°×2=720°

답 720°

쌍둥이 문제 6-1

구 7개 각의 크기의 합

어 1 도형을 삼각형 또는 사각형으로 나눈 다음
2 삼각형 세 각의 크기의 합, 사각형 네 각의 크기의 합을 이용하여 7개 각의 크기의 합을 구하자.

❶ 전략 삼각형 또는 사각형으로 나누자.
선을 그어 삼각형으로 나누면

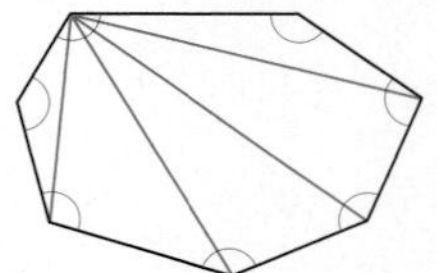

❷ 전략 삼각형 세 각의 크기의 합 또는 사각형 네 각의 크기의 합을 이용하자.
7개 각의 크기의 합:
180°×5=900°

답 900°

3 STEP 수학 독해력 완성하기 44~47쪽

독해 문제 1

구 나머지 한 각이 둔각인 것

주 ㉠ 25°, 80°
㉡ 45°, 40°

어 1 삼각형 세 각의 크기의 합이 180°임을 이용하여 180°−(주어진 두 각의 크기)로 나머지 한 각의 크기를 구한 다음
2 나머지 한 각이 둔각인 것을 찾자.

해 ❶ ㉠: 180°−25°−80°=75°
㉡: 180°−45°−40°=95°

답 75°, 95°

❷ 90°<(둔각)<180°이므로 둔각은 ㉡ 95°

답 ㉡

참고
예각: 0°보다 크고 직각보다 작은 각
(0°<(예각)<90°)
직각: 크기가 90°인 각
둔각: 직각보다 크고 180°보다 작은 각
(90°<(둔각)<180°)

독해 문제 1-1 정답에서 제공하는 쌍둥이 문제

다음은 삼각형의 세 각 중 두 각의 크기를 나타낸 것입니다. 나머지 한 각이 예각인 것을 찾아 기호를 써 보세요.

㉠ 75°, 60°　　㉡ 35°, 50°

구 나머지 한 각이 예각인 것

주 ㉠ 75°, 60°
㉡ 35°, 50°

어 1 삼각형 세 각의 크기의 합이 180°임을 이용하여 180°−(주어진 두 각의 크기)로 나머지 한 각의 크기를 구한 다음
2 나머지 한 각이 예각인 것을 찾자.

해 ❶ ㉠: 180°−75°−60°=45°
㉡: 180°−35°−50°=95°

❷ 0°<(예각)<90°이므로 예각은 ㉠ 45°

답 ㉠

독해 문제 2

구 시계의 긴바늘과 짧은바늘이 이루는 작은 쪽의 각이 둔각인 것

주 ㉠ 5시 40분
㉡ 1시 30분

어 1 ㉠과 ㉡의 시각을 시계에 그린 다음
2 둔각인 것을 찾자.

해 ❶ 5시 40분: 짧은바늘은 5와 6 사이, 긴바늘은 8을 가리키도록 그린다.

답 (시계)

❷ 1시 30분: 짧은바늘은 1과 2 사이, 긴바늘은 6을 가리키도록 그린다.

답 (시계)

❸ ㉠ 5시 40분 → 예각
㉡ 1시 30분 → 둔각

답 ㉡

독해 문제 2-1 정답에서 제공하는 쌍둥이 문제

시계의 긴바늘과 짧은바늘이 이루는 작은 쪽의 각이 둔각인 것을 찾아 기호를 써 보세요.

㉠ 7시 30분　　㉡ 4시 50분

구 시계의 긴바늘과 짧은바늘이 이루는 작은 쪽의 각이 둔각인 것

주 ㉠ 7시 30분
㉡ 4시 50분

어 1 ㉠과 ㉡의 시각을 시계에 그린 다음
2 둔각인 것을 찾자.

해 ❶

❷

❸ ㉠ 7시 30분 → 예각
㉡ 4시 50분 → 둔각

답 ㉡

독해 문제 | 3

구 삼각형의 세 각의 크기가 될 수 없는 것

주 ㉠ 70°, 45°, 65°
㉡ 25°, 95°, 60°
㉢ 30°, 40°, 120°

어 1 주어진 세 각의 크기의 합을 각각 구한 다음
2 세 각의 크기의 합이 180°가 아닌 것을 찾자.

해 ❶ ㉠ 70°+45°+65°=180°
㉡ 25°+95°+60°=180°
㉢ 30°+40°+120°=190°

답 180°, 180°, 190°

❷ ㉢ 세 각의 크기의 합이 190°이므로 삼각형의 세 각의 크기가 될 수 없다.

답 ㉢

참고 세 각의 크기가 주어졌을 때 삼각형의 세 각의 크기가 될 수 있는지 알아보기
① 먼저 주어진 세 각의 크기의 합을 구한다.
② (삼각형 세 각의 크기의 합)=180°이므로
①에서 구한 답이 180°이면 삼각형의 세 각이 될 수 있고, 180°가 아니면 삼각형의 세 각이 될 수 없다.

독해 문제 | 3-1 정답에서 제공하는 쌍둥이 문제

삼각형의 세 각의 크기가 될 수 없는 것을 찾아 기호를 써 보세요.

㉠ 90°, 35°, 55°
㉡ 75°, 25°, 80°
㉢ 40°, 80°, 70°

구 삼각형의 세 각의 크기가 될 수 없는 것

주 ㉠ 90°, 35°, 55°
㉡ 75°, 25°, 80°
㉢ 40°, 80°, 70°

어 1 주어진 세 각의 크기의 합을 각각 구한 다음
2 세 각의 크기의 합이 180°가 아닌 것을 찾자.

해 ❶ ㉠ 90°+35°+55°=180°
㉡ 75°+25°+80°=180°
㉢ 40°+80°+70°=190°

❷ ㉢ 세 각의 크기의 합이 190°이므로 삼각형의 세 각의 크기가 될 수 없다.

답 ㉢

독해 문제 | 4

구 ㉠, ㉡의 각도

주 •두 삼각형을 이어 붙인 모양의 도형
•주어진 각도: 75°, 35°, 40°

어 1 두 각의 크기가 주어진 삼각형에서 나머지 한 각의 크기를 구한 다음
2 직선이 이루는 각이 180°임을 이용하여 ㉡을 구하고
3 삼각형 세 각의 크기의 합이 180°임을 이용하여 ㉠을 구하자.

해 ❶ (나머지 한 각의 크기)=180°−35°−40°
=105°

답 105°

❷ ㉡=180°−105°=75°

답 75°

❸ ㉠=180°−75°−75°=30°

답 30°

독해 문제 | 4-1 정답에서 제공하는 쌍둥이 문제

도형에서 ㉠, ㉡의 각도를 각각 구해 보세요.

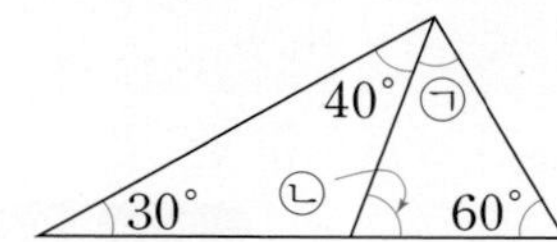

구 ㉠, ㉡의 각도

주 •두 삼각형을 이어 붙인 모양의 도형
•주어진 각도: 30°, 40°, 60°

어 1 두 각의 크기가 주어진 삼각형에서 나머지 한 각의 크기를 구한 다음
2 직선이 이루는 각이 180°임을 이용하여 ㉡을 구하고
3 삼각형 세 각의 크기의 합이 180°임을 이용하여 ㉠을 구하자.

해 ❶ 두 각이 30°, 40°인 삼각형에서
(나머지 한 각의 크기)=180°−30°−40°
=110°

❷ 직선이 이루는 각도가 180°이므로
㉡=180°−110°=70°

❸ ㉠=180°−㉡−60°
=180°−70°−60°
=50°

답 50°

독해 문제 | 5

구 ㄱㅇㄴ

주 6

해 ❶ 답 180°

❷ (한 각의 크기)=180°÷6
=30°

답 30°

❸ (각 ㄱㅇㄴ)=30°×2
=60°

답 60°

참고 직선을 크기가 같은 각으로 나눈 경우의 각도 구하기
① (직선이 이루는 각도)=180°임을 알아야 한다.
② 180°를 몇 개의 각으로 나누었는지 알아본다.
③ (한 각의 크기)=180°÷(똑같이 나눈 각의 개수)를 구한다.
④ 각 ㄱㅇㄴ이 똑같이 나눈 각 몇 개로 이루어져 있는지 알아보고 한 각의 크기를 곱하여 각 ㄱㅇㄴ의 크기를 구한다.

독해 문제 | 5-1 정답에서 제공하는 **쌍둥이 문제**

직선을 크기가 같은 각 9개로 나눈 것입니다.
각 ㄱㅇㄴ의 크기는 몇 도인가요?

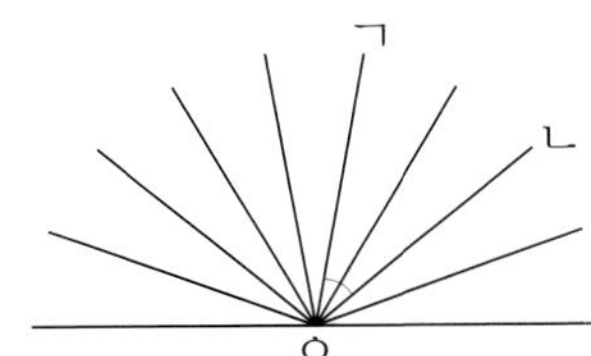

구 각 ㄱㅇㄴ의 크기

주 •직선이 이루는 각
•크기가 같은 각 9개로 나눔

어 1 직선이 이루는 각도는 180°임을 알고 크기가 같은 각의 개수로 나누어 한 각의 크기를 먼저 구한 다음
2 각 ㄱㅇㄴ의 크기를 구하자.

해 ❶ 직선이 이루는 각도: 180°
❷ (한 각의 크기)=180°÷9
=20°
❸ (각 ㄱㅇㄴ)=20°×2
=40°

답 40°

독해 문제 | 6

구 ㉠

주 90°, 120°, 70° / 30°

해 ❶ (사각형에서 나머지 한 각)
=360°−90°−120°−70°
=80°

답 80°

❷ 답 180°

❸ ㉠=180°−80°−30°
=70°

답 70°

참고 도형 밖에 주어진 모르는 각도 구하기
① (삼각형 세 각의 크기의 합)=180°
(사각형 네 각의 크기의 합)=360°
임을 알아야 한다.
② 주어진 도형의 나머지 한 각의 크기를 구한다.
③ (직선이 이루는 각도)=180°임을 알고 도형 밖에 주어진 모르는 각도를 구한다.

독해 문제 | 6-1 정답에서 제공하는 **쌍둥이 문제**

㉠의 각도를 구해 보세요.

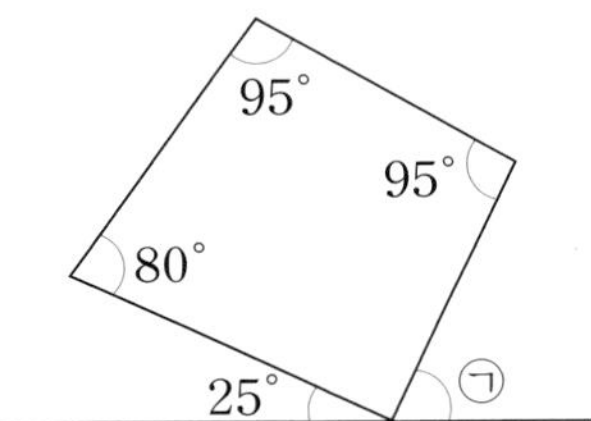

구 ㉠의 각도

주 •사각형 안의 세 각: 80°, 95°, 95°
•사각형 밖의 한 각: 25°

어 1 사각형의 네 각의 합이 360°임을 이용하여 나머지 한 각의 크기를 구한 다음
2 직선이 이루는 각이 180°임을 이용하여 ㉠의 각도를 구하자.

해 ❶ (사각형에서 나머지 한 각)
=360°−80°−95°−95°
=90°
❷ 직선이 이루는 각도: 180°
❸ ㉠=180°−25°−90°=65°

답 65°

STEP 4 창의·융합·코딩 체험하기 48~51쪽

코딩 1

90°인 각을 그리기 위해서는 앞으로 이동하며 직선을 긋고 제자리에서 오른쪽으로 90°만큼 돌기 한 후에 다시 앞으로 이동하며 직선을 그어야 한다.

답 90°

창의 2

15°−9°=6°이므로 한 각이 6°인 나무 조각이 더 필요하다.

답 6°

참고
- 각도의 합과 차 구하기
  각도의 합과 차도 자연수의 덧셈, 뺄셈과 같은 방법으로 계산한다.
  예 25°+30°=55° ← 25+30=55
  50°−35°=15° ← 50−35=15

융합 3

직각삼각형에서
180°−85°−90°=5°이다.

답 약 5°

코딩 4

0°<(예각)<90°
(직각)=90°
90°<(둔각)<180°

답 직각, 예각, 둔각

창의 5

사각형 네 각의 크기의 합은 360°이므로
㉠+㉡+125°+85°=360°이다.
그런데 ㉠의 각도가 ㉡의 2배이므로
㉠+㉡=150°에서
㉠=100°, ㉡=50°이다.
삼각형 세 각의 크기의 합은 180°이므로
(모르는 나머지 한 각)=180°−46°−90°
=44°이다.
50°+㉢+44°=180°,
㉢=180°−50°−44°
=86°

답 86°

코딩 6

시계가 한 바퀴 돌면 360°이므로 숫자 눈금 한 칸은 30°이다.
분침: 10분 동안 숫자 눈금 2칸을 움직이므로
30°×2=60°만큼 회전한다.
시침: 60분 동안 숫자 눈금 한 칸을 움직이므로 10분 동안에는 30°÷6=5°만큼 회전한다.

답 60°, 5°

창의 7

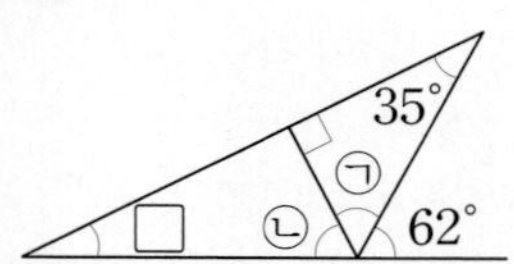

삼각형에서
35°+90°+㉠=180°,
㉠=180°−35°−90°
=55°
직선이 이루는 각도는 180°이므로
㉡=180°−55°−62°
=63°
삼각형에서
□=180°−90°−63°
=27°

답 27°

창의 8

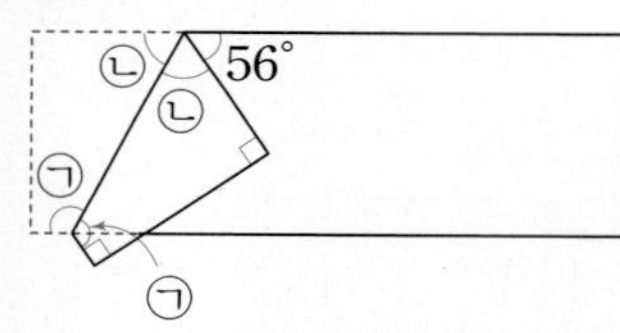

㉡+㉡+56°=180°에서
㉡+㉡=180°−56°=124°
㉡=124°÷2=62°
따라서 사각형 네 각의 크기의 합은 360°이므로
㉠=360°−62°−90°−90°=118°이다.

답 118°

참고 직사각형 모양의 종이를 접었을 때 접힌 부분과 접히기 전 부분의 각의 크기는 같다.
예를 들어 위의 그림에서 ㉡과 ㉡, ㉠과 ㉠은 크기가 같다.

종합평가 실전 마무리 하기 52~55쪽

1 ❶ 예각은 0°보다 크고 90°보다 작은 각으로 2개이다.
❷ 둔각은 90°보다 크고 180°보다 작은 각으로 3개이다.

답 2개, 3개

2 □$-75°=65°$에서
□$=65°+75°$
$=140°$

답 140°

참고 각도의 합과 차 계산은 자연수의 덧셈, 뺄셈과 같은 방법으로 계산한다.

3 ❶ 직선이 이루는 각도는 180°이므로
❷ ㉠$=180°-15°-90°$
$=75°$

답 75°

4 ❶ 사각형 네 각의 크기의 합은 360°이므로
❷ ㉠$+$㉡$+90°+115°=360°$
㉠$+$㉡$=360°-90°-115°$
$=155°$

답 155°

참고 (사각형 네 각의 크기의 합)$=360°$이므로
360°에서 주어진 두 각의 크기를 빼면 ㉠과 ㉡의 각도의 합이다.

5 ❶ ㉠ 10시 20분:

㉡ 6시 45분:

❷ 예각인 것은 ㉡이다.

답 ㉡

6 ❶ (삼각형에서 나머지 한 각)
$=180°-60°-50°=70°$
❷ 직선이 이루는 각도는 180°이므로
❸ ㉠$=180°-40°-70°=70°$

답 70°

7 ❶ 작은 각 1개짜리 예각:
①, ②, ③, ④ ➔ 4개
작은 각 2개짜리 예각:
③+④ ➔ 1개
❷ 찾을 수 있는 예각:
$4+1=5$(개)

답 5개

8 ❶ 선을 그어 사각형 3개로 나누면
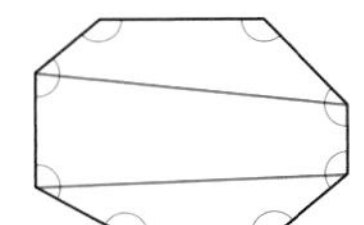

❷ (8개 각의 크기의 합)$=360°\times3=1080°$

답 1080°

9 ❶ 직각 삼각자에서
㉡$=45°$, ㉢$=30°$
❷ ㉠$=180°-$㉡$-$㉢
$=180°-45°-30°$
$=105°$

답 105°

10 ❶ 45°, 60°가 있는 큰 삼각형에서
㉠$=180°-45°-60°=75°$
❷ 사각형에서 나머지 한 각은
$360°-130°-60°-75°=95°$
❸ ㉡$=180°-95°=85°$

답 75°, 85°

참고 도형에서 ㉠과 ㉡의 각도 구하기
① 도형에서 삼각형은 두 각의 크기를, 사각형은 세 각의 크기를 알고 있어야 나머지 한 각의 크기를 구할 수 있으므로 두 각의 크기를 알 수 있는 삼각형을 찾으면 45°, 60°가 있는 큰 삼각형이다.
➔ ㉠을 구한다.
② ㉠을 구했으므로 사각형에서 모르는 나머지 한 각의 크기를 구한다.
③ ②에서 구한 각도와 (직선이 이루는 각도)$=180°$임을 이용하여 ㉡을 구한다.

3 곱셈과 나눗셈

FUN 한 이야기 56~57쪽

15 / 500×15=7500, 7500

1 STEP 문제 해결력 기르기 58~63쪽

선행 문제 1

(1) 2400
(2) 130, 5460

실행 문제 1

❶ 80, 9600
❷ 9600, 8000, 1600

답 1600개

쌍둥이 문제 1-1

❶ 전략 (산 마스크의 수)
=(한 상자에 들어 있는 마스크의 수)×(상자 수)

(산 마스크의 수)
$=50\times140$
$=140\times50$
$=7000$(장)

❷ 전략 (남은 마스크의 수)
=(산 마스크의 수)−(나누어 준 마스크의 수)

(남은 마스크의 수)
$=7000-6500$
$=500$(장)

답 500장

선행 문제 2

(1) 10, 9
(2) 180, 188

실행 문제 2

❶ **커야**에 ○표
❷ 20, 19, 19
❸ 160, 160, 19, 179

답 179

쌍둥이 문제 2-1

❶ ■가 가장 크게 되려면 나머지인 ▲가 가장 커야 한다.

❷ 전략 ■가 가장 큰 자연수가 되는 나눗셈식을 만들어 보자.

가장 큰 나머지: $35-1=34$
➔ 나눗셈식: ■$\div35=11\cdots34$

❸ 전략 ❷의 나눗셈식에서 (나누는 수)×(몫)에 (나머지)를 더하여 ■의 값을 구하자.

$35\times11=385$,
■$=385+34=419$

답 419

선행 문제 3

24, 2, 24, 2

실행 문제 3

❶ 17, 9, 17, 9

참고 (전체 공책의 수)÷(나누어 줄 학생 수)
=(한 명에게 줄 수 있는 공책의 수)…(남는 공책의 수)

❷ 28, 9, 19

답 19권

쌍둥이 문제 3-1

❶ 전략 427개를 나누어 줄 때의 몫과 나머지를 구하자.

(전체 인형의 수)÷(한 상자에 담는 인형의 수)
$=427\div16=26\cdots11$이므로
인형은 26상자가 되고 11개가 남는다.

❷ 전략 (더 필요한 최소 인형의 수)
=(한 상자에 담는 인형의 수)−(남는 인형의 수)

(더 필요한 최소 인형의 수)
$=16-11=5$(개)

답 5개

선행 문제 4

(1) 34, 26
(2) 336, 16

실행 문제 4

❶ 30, 7
❷ 7
❸ 8

참고 7보다 큰 자연수 중에서 가장 작은 수는 8이다.

답 8

쌍둥이 문제 4-1

❶ 전략 25×□>875에서 >를 =로 생각하여 □를 구하자.
25×□=875
➔ □=875÷25=35
❷ 전략 부등호(>, <)와 ❶에서 구한 값을 보고 □의 범위를 간단하게 나타내어 보자.
25×□>875에서 □>35
❸ □ 안에 들어갈 수 있는 가장 작은 자연수: 36

참고 35보다 큰 자연수 중에서 가장 작은 수는 36이다.

답 36

선행 문제 5

210, 14

실행 문제 5

❶ 18, 19
❷ 19, 20

답 20개

쌍둥이 문제 5-1

❶ 전략 (간격의 수)=(전체 길이)÷(간격)
(간격의 수)=504÷24
=21(군데)
❷ 전략 (나무의 수)=(간격의 수)+1
(나무의 수)=21+1
=22(그루)

답 22그루

선행 문제 6

7, 2, 1 / 5, 4, 1, 7, 2

실행 문제 6

❶ 8, 7, 6, 4, 2
❷ ㉣
❸ 7, 6, 2, 8, 4, 64008

답 64008

쌍둥이 문제 6-1

❶ 수 카드의 수의 크기 비교:
9>8>6>5>1
❷ 전략 가장 큰 수를 놓아야 할 자리는 곱하는 수의 십의 자리이다.
가장 큰 수를 놓아야 하는 자리: ㉣
❸ 곱이 가장 큰 곱셈식:

$$\begin{array}{r} 8\ 6\ 1 \\ \times\ \ \ 9\ 5 \\ \hline 8\ 1\ 7\ 9\ 5 \end{array}$$

답 81795

참고 수 5개가 ①>②>③>④>⑤일 때,
곱이 가장 큰 (세 자리 수)×(두 자리 수) 만들기

STEP 2 수학 사고력 키우기 64~69쪽

대표 문제 1

주 10000, 320

해 ❶ 답 31일
❷ 전략 (5월 한 달 동안 사용한 복사용지의 수)
=(하루에 사용한 복사용지의 수)×(날 수)
(5월 한 달 동안 사용한 복사용지의 수)
=320×31=9920(장)

답 9920장

❸ 전략 (남은 복사용지의 수)
=(산 복사용지의 수)
−(5월 한 달 동안 사용한 복사용지의 수)
(남은 복사용지의 수)
=10000−9920=80(장)

답 80장

쌍둥이 문제 1-1

❶ 4월 한 달은 30일이다.
❷ 전략 (4월 한 달 동안 만든 인형의 수)
=(하루에 만드는 인형의 수)×(날 수)
(4월 한 달 동안 만든 인형의 수)=893×30
=26790(개)
❸ 전략 (남은 인형의 수)
=(4월 한 달 동안 만든 인형의 수)−(판 인형의 수)
(남은 인형의 수)=26790−22840
=3950(개)

답 3950개

대표 문제 2

주 19

해 ❶ 답 42

❷ 식 8●■÷43=19⋯42

❸ 8●■÷43=19⋯42

➔ 43×19=817, 817+42=859

이므로 ●=5, ■=9이다. 답 5, 9

쌍둥이 문제 2-1

❶ 전략 (나누는 수)−1=(가장 큰 나머지)

4▲◆÷34의 나머지가 될 수 있는 가장 큰 수:

34−1=33

❷ 전략 4▲◆가 가장 큰 수가 되려면 나머지가 가장 커야 한다.

4▲◆가 가장 큰 수가 될 수 있는 나눗셈식:

4▲◆÷34=12⋯33

❸ 전략 나머지가 가장 큰 나눗셈식을 계산해 나누어지는 수를 구하자.

4▲◆÷34=12⋯33

➔ 34×12=408, 408+33=441

이므로 ▲=4, ◆=1이다. 답 4, 1

대표 문제 3

주 32, 21

해 ❶ (32타의 연필의 수)

=12×32=384(자루) 답 384자루

❷ 384÷21=18⋯6이므로

연필을 18자루씩 나누어 주고 6자루가 남는다.

답 6자루

❸ (더 필요한 최소 연필의 수)

=21−6=15(자루) 답 15자루

쌍둥이 문제 3-1

❶ 전략 (32판의 달걀의 수)=(한 판의 달걀의 수)×(판 수)

(32판의 달걀의 수)=30×32

=960(개)

❷ 전략 (32판의 달걀의 수)÷(한 상자에 담는 달걀의 수)의 몫과 나머지를 구하자.

960÷25=38⋯10이므로

달걀을 38상자에 담고 10개가 남는다.

❸ 전략 (더 필요한 최소 달걀의 수)

=(한 상자에 담는 달걀의 수)−(남는 달걀의 수)

(더 필요한 최소 달걀의 수)=25−10=15(개)

답 15개

쌍둥이 문제 3-2 정답에서 제공하는 쌍둥이 문제

어느 가게에서 마늘 5접을 한 봉지에 35개씩 담았더니 마늘 몇 개가 모자랐습니다./
남는 마늘이 없이 봉지에 모두 담는다면/
마늘은 적어도 몇 개 더 필요한가요?/
(단, 마늘 한 접은 100개입니다.)

❶ 전략 (5접의 마늘의 수)

=(한 접의 마늘의 수)×(접 수)

(5접의 마늘의 수)=100×5=500(개)

❷ 전략 (5접의 마늘의 수)÷(한 봉지에 담는 마늘의 수)의 몫과 나머지를 구하자.

500÷35=14⋯10이므로 마늘을 14봉지에 담고 10개가 남는다.

❸ 전략 (더 필요한 최소 마늘의 수)

=(한 봉지에 담는 마늘의 수)−(남는 마늘의 수)

(더 필요한 마늘의 수)=35−10=25(개)

답 25개

대표 문제 4

해 ❶ □×72=864

➔ □=864÷72=12 답 12

❷ □×72<864에서 □<12 답 12

❸ 12보다 작은 자연수 중에서 □ 안에 들어갈 수 있는 가장 큰 수는 11이다. 답 11

쌍둥이 문제 4-1

❶ 전략 곱셈과 나눗셈의 관계를 이용하여 18과 곱해서 432가 되는 수를 구하자.

18×□=432

➔ □=432÷18=24

❷ 전략 부등호(>, <)와 ❶에서 구한 값을 보고 □의 범위를 간단히 나타내 보자.

18×□<432에서 □<24

❸ 24보다 작은 자연수 중에서 □ 안에 들어갈 수 있는 가장 큰 수는 23이다. 답 23

대표 문제 5

주 324, 27

해 ❶ (간격의 수)$=324\div27$
$=12$(군데) 답 12군데

❷ (도로의 한쪽에 세울 수 있는 가로등의 수)
$=12+1=13$(개) 답 13개

❸ (도로의 양쪽에 세울 수 있는 가로등의 수)
$=13\times2=26$(개) 답 26개

쌍둥이 문제 5-1

❶ 전략 (간격의 수)=(전체 길이)÷(간격)
(도로의 한쪽에 놓으려는 의자 사이의 간격의 수)
$=364\div13=28$(군데)

❷ 전략 (도로의 한쪽에 놓으려는 의자의 수)
=(간격의 수)+1
(도로의 한쪽에 놓으려는 의자의 수)
$=28+1=29$(개)

❸ 전략 (도로의 양쪽에 놓으려는 의자의 수)
=(도로의 한쪽에 놓으려는 의자의 수)×2
(도로의 양쪽에 놓으려는 의자의 수)
$=29\times2=58$(개) 답 58개

쌍둥이 문제 5-2 정답에서 제공하는 쌍둥이 문제

길이가 288 m인 도로의 양쪽에/
처음부터 끝까지 12 m 간격으로 가로수를 심으려고 합니다./
가로수는 모두 몇 그루 심을 수 있나요?/
(단, 가로수의 두께는 생각하지 않습니다.)

❶ 전략 (간격의 수)=(전체 길이)÷(간격)
(도로의 한쪽에 심으려는 가로수 사이의 간격의 수)$=288\div12=24$(군데)

❷ 전략 (도로의 한쪽에 심으려는 가로수의 수)
=(간격의 수)+1
(도로의 한쪽에 심으려는 가로수의 수)
$=24+1=25$(그루)

❸ (도로의 양쪽에 심으려는 가로수의 수)
$=25\times2=50$(그루) 답 50그루

대표 문제 6

해 ❶ 답 2, 3, 5, 8, 9

❷ 답 ㉣

❸ 전략 ㉣ → ㉠ → ㉤ → ㉡ → ㉢의 순서로 가장 작은 수부터 놓아 곱이 가장 작은 곱셈식을 만든다.
답 3, 8, 9, 2, 5, 9725

쌍둥이 문제 6-1

❶ 수 카드의 수의 크기 비교: $1<4<6<7<8$

❷ 가장 작은 수를 놓아야 할 자리: ㉣

❸ 전략 ㉣ → ㉠ → ㉤ → ㉡ → ㉢의 순서로 가장 작은 수부터 놓아 곱이 가장 작은 곱셈식을 만든다.

곱이 가장 작은 곱셈식:

$$\begin{array}{r} 4\ 7\ 8 \\ \times\quad 1\ 6 \\ \hline 7\ 6\ 4\ 8 \end{array}$$

답 7648

참고 수 5개가 ①>②>③>④>⑤일 때,
곱이 가장 작은 (세 자리 수)×(두 자리 수) 만들기

두 번째 작은 수→④ ② ①
× ⑤ ③
가장 작은 수

STEP 3 수학 독해력 완성하기 70~73쪽

독해 문제 1

구 적어도 필요한 버스의 수

주 • 성재네 학교 4학년 학생 수: 327명
• 버스 한 대에 탈 수 있는 학생 수: 45명

어 1 (4학년 학생 수)÷(버스 한 대에 탈 수 있는 학생 수)를 계산하여 45명씩 탈 수 있는 버스 수와 남는 학생 수를 구한 다음,
2 적어도 필요한 버스의 수를 구하자.

해 ❶ $327\div45=7\cdots12$
➔ 45명씩 버스 7대까지 타고 12명이 남는다.
답 7대, 12명

❷ ❶에서 남은 12명도 버스를 타려면 1대 더 있어야 하므로 적어도 $7+1=8$(대) 필요하다.
답 8대

독해 문제 | 1-1 정답에서 제공하는 **쌍둥이 문제**

지원이네 학교 4학년 학생은 186명입니다./
이 학생들이 버스 한 대에 32명씩 타고 박물관을 가려고 합니다./
버스는 적어도 몇 대가 필요한가요?

구 적어도 필요한 버스의 수

주 • 지원이네 학교 4학년 학생 수: 186명
• 버스 한 대에 탈 수 있는 학생 수: 32명

어 **1** (4학년 학생 수)÷(버스 한 대에 탈 수 있는 학생 수)를 계산하여 32명씩 탈 수 있는 버스 수와 남는 학생 수를 구한 다음,
2 적어도 필요한 버스의 수를 구하자.

해 ❶ 186÷32=5⋯26
➔ 32명씩 버스 5대까지 타고 26명이 남는다.
❷ ❶에서 남은 26명도 버스를 타려면 1대 더 있어야 하므로 적어도 5+1=6(대) 필요하다.

답 **6대**

독해 문제 | 2

구 몫이 가장 큰 (세 자리 수)÷(두 자리 수)의 몫과 나머지

주 • 수 카드의 수: 1, 3, 4, 6, 8
• (세 자리 수)÷(두 자리 수)

어 **1** 몫이 가장 큰 나눗셈의 조건을 알아보고,
2 가장 큰 세 자리 수, 가장 작은 두 자리 수를 구한 다음,
3 몫이 가장 큰 (세 자리 수)÷(두 자리 수)의 몫과 나머지를 구하자.

해 ❶ 답 **큰**에 ○표, **작은**에 ○표
❷ 수 카드의 수의 크기 비교:
8>6>4>3>1

답 **864, 13**

❸ 864÷13=66⋯6

답 **66, 6**

독해 문제 | 2-1 정답에서 제공하는 **쌍둥이 문제**

수 카드 5장을 한 번씩만 사용하여/ 몫이 가장 큰 (세 자리 수)÷(두 자리 수)를 만들려고 합니다./
이 나눗셈식의 몫과 나머지를 구해 보세요.

2 6   

구 몫이 가장 큰 (세 자리 수)÷(두 자리 수)의 몫과 나머지

주 • 수 카드의 수: 2, 6, 5, 9, 8
• (세 자리 수)÷(두 자리 수)

어 **1** 몫이 가장 큰 나눗셈식의 조건을 알아보고,
2 가장 큰 세 자리 수와 가장 작은 두 자리 수를 구한 다음,
3 몫이 가장 큰 (세 자리 수)÷(두 자리 수)의 몫과 나머지를 구하자.

해 ❶ 몫이 가장 큰 나눗셈식을 만들려면 나누어지는 수는 가장 큰 세 자리 수, 나누는 수는 가장 작은 두 자리 수로 해야 한다.
❷ 가장 큰 세 자리 수: 986
가장 작은 두 자리 수: 25
❸ 986÷25=39⋯11

답 **몫: 39, 나머지: 11**

독해 문제 | 3

구 곱이 25000에 가장 가까운 수가 되도록 하는 □ 안에 알맞은 수

주 • 곱 25000 • 555×□

어 **1** 곱이 25000보다 작으면서 가장 큰 곱을 구해 25000과의 차를 구하고,
2 곱이 25000보다 크면서 가장 작은 곱을 구해 25000과의 차를 구한 다음,
3 **1**과 **2**에서 구한 차가 더 작은 곱셈식을 찾아 □ 안에 알맞은 수를 구하자.

해 ❶ 555×45=24975이므로
25000−24975=25 답 **25**
❷ 555×46=25530이므로
25530−25000=530 답 **530**
❸ 25<530이므로 25000과 가장 가까운 곱셈식은 555×45=24975로 □ 안에 알맞은 수는 45이다. 답 **45**

독해 문제 3-1 정답에서 제공하는 쌍둥이 문제

곱이 20000에 가장 가까운 수가 되도록/
□ 안에 알맞은 수를 구해 보세요.

450×□

구 곱이 20000에 가장 가까운 수가 되도록 하는 □ 안에 알맞은 수

주 •곱 20000 •450×□

어 1 곱이 20000보다 작으면서 가장 큰 곱을 구해 20000과의 차를 구하고,
2 곱이 20000보다 크면서 가장 작은 곱을 구해 20000과의 차를 구한 다음,
3 1과 2에서 구한 차가 더 작은 곱셈식을 찾아 □ 안에 알맞은 수를 구하자.

해 ❶ $450\times44=19800$이므로
$20000-19800=200$
❷ $450\times45=20250$이므로
$20250-20000=250$
❸ $200<250$이므로 20000과 가장 가까운 곱셈식은 $450\times44=19800$으로 □ 안에 알맞은 수는 44이다.

답 44

독해 문제 4

구 터널에 진입해서 완전히 빠져나가는 데 걸리는 시간

주 •기차의 길이: 154 m
•기차가 1초에 가는 거리: 40 m
•터널의 길이: 526 m

어 1 기차가 터널에 진입해서 완전히 빠져나가는 데까지 움직이는 거리를 구한 다음,
2 기차가 터널을 완전히 빠져나가는 데 걸리는 시간을 구하자.

해 ❶ 전략 (기차가 움직이는 거리)
=(터널의 길이)+(기차의 길이)
(기차가 움직이는 거리)
$=526+154=680$ (m)

답 680 m

❷ 전략 (걸리는 시간)
=(기차가 움직이는 거리)÷(1초에 가는 거리)
(걸리는 시간)$=680\div40=17$(초)

답 17초

독해 문제 4-1 정답에서 제공하는 쌍둥이 문제

길이가 145 m인 기차가/
1초에 42 m를 가는 일정한 빠르기로 달린다고 합니다./
이 기차가 길이가 443 m인 터널에 진입해서/
완전히 빠져나가는 데 걸리는 시간은 몇 초인가요?

구 터널에 진입해서 완전히 빠져나가는 데 걸리는 시간

주 •기차의 길이: 145 m
•기차가 1초에 가는 거리: 42 m
•터널의 길이: 443 m

어 1 기차가 터널에 진입해서 완전히 빠져나가는 데까지 움직이는 거리를 구한 다음,
2 기차가 터널을 완전히 빠져나가는 데 걸리는 시간을 구하자.

해 ❶ (기차가 움직이는 거리)
$=443+145=588$ (m)
❷ (걸리는 시간)
$=588\div42=14$(초)

답 14초

독해 문제 5

구 작은에 ○표

주 452

해 ❶ $\square\times36>452$
➔ $\square>452\div36$

답 452, 36

❷ $452\div36=12\cdots20$이므로 $\square>12$이다.

답 12

❸ □ 안에는 12보다 큰 자연수가 들어갈 수 있으므로 그중 가장 작은 자연수는 13이다.

답 13

독해 문제 5-1 정답에서 제공하는 쌍둥이 문제

□ 안에 들어갈 수 있는 자연수 중에서 가장 작은 수를 구해 보세요.

$\square\times48>395$

구 □ 안에 들어갈 수 있는 가장 작은 자연수

주 $\square\times48>395$

어 ❶ 곱셈과 나눗셈의 관계를 이용하여 □×48>395를 간단히 나타낸 다음,
❷ □ 안에 들어갈 수 있는 자연수의 범위를 알아보고,
❸ □ 안에 들어갈 수 있는 가장 작은 자연수를 구하자.

해 ❶ □×48>395 ➔ □>395÷48
❷ 395÷48=8···11이므로 □>8이다.
❸ □ 안에는 8보다 큰 자연수가 들어갈 수 있으므로 그중 가장 작은 자연수는 9이다.

답 9

독해 문제 | 6

주 6

해 ❶ 가장 작은 나머지는 나누어떨어질 때로 0이다. (가장 큰 나머지)=(나누는 수)−1이므로 나머지가 될 수 있는 가장 큰 수는 52이다.

답 0, 52

❷ 나머지가 가장 작을 때: 53×6=318,
나머지가 가장 클 때: 53×6+52=370

답 318, 370

❸ 318<3□7<370이므로 3□7이 될 수 있는 수는 327, 337, 347, 357, 367이고 □ 안에 들어갈 수 있는 가장 큰 수는 6이다.

답 6

독해 문제 | 6-1 정답에서 제공하는 **쌍둥이 문제**

나눗셈의 몫이 9일 때/ 0부터 9까지의 수 중에서/ □ 안에 들어갈 수 있는 가장 큰 수를 구해 보세요.

3□5÷37

구 □ 안에 들어갈 수 있는 가장 큰 수
주 • 몫: 9
• □ 안에 들어갈 수 있는 수: 0부터 9까지의 수
• 나눗셈식: 3□5÷37

어 ❶ 나눗셈의 몫이 9일 때 3□5÷37의 가장 작은 나머지와 가장 큰 나머지를 각각 구한 다음
❷ 3□5가 될 수 있는 수의 범위를 구하고,
❸ □ 안에 들어갈 수 있는 가장 큰 수를 구하자.

해 ❶ 나머지가 될 수 있는 가장 작은 수: 0
나머지가 될 수 있는 가장 큰 수: 36

참고 (가장 큰 나머지)=(나누는 수)−1

❷ 나머지가 가장 작을 때: 37×9=333
나머지가 가장 클 때: 37×9+36=369
❸ 333<3□5<369이므로 3□5가 될 수 있는 수는 335, 345, 355, 365이고 □ 안에 들어갈 수 있는 가장 큰 수는 6이다.

답 6

STEP 4 창의·융합·코딩 체험하기 74~77쪽

창의 1

(23분 동안 뛴 심장박동 수)
=(1분당 뛴 심장박동 수)×(시간)
=71×23=1633(번)

답 1633번

 2

405÷12=33···9에서
12개씩 담은 상자가 33개이므로
나오는 결과는 '마무리합니다.'이다.

답 마무리합니다.

코딩 3

7월은 31일까지 있으므로 155÷31=5
➔ 세경이네 가족이 매일 똑같이 마시는 우유는 5개이다.

답 5개

창의 4

(간장 1 mL를 깨끗하게 하는 데 필요한 물의 양)
$=630\div30=21$ (L)

답 21 L

융합 5

$215\div96=2\cdots23$에서 한 명에게 2개씩 나누어 주고 23개가 남는다.

답 23개

융합 6

(수첩의 수)$=164\times13=2132$(권)
➜ $2132>2000$이므로 수첩을 더 많이 준비했다.

답 수첩

창의 7

(하루에 발생하는 포장 쓰레기의 수)
$=$(종이상자, 비닐봉지, 보냉팩 수의 합)
$=2+8+3=13$(개)
1년은 365일이므로
(1년 동안 발생하는 포장 쓰레기의 수)
$=13\times365=365\times13$
$=4745$(개)

답 4745개

융합 8

(수업이 끝날 때마다 마시는 음료의 양의 합)
$=500+350=850$ (mL)
(26번 수업 동안 마신 음료의 양의 합)
$=850\times26=22100$ (mL) ➜ 22 L 100 mL

답 22 L 100 mL

종합평가 실전 마무리 하기 78~81쪽

1 ❶ 전략 (나누어 준 전단지의 수)
$=$(하루에 나누어 준 전단지의 수)$\times$(날 수)

(나누어 준 전단지의 수)
$=136\times20=2720$(장)

❷ 전략 (남은 전단지의 수)
$=$(만든 전단지의 수)$-$(나누어 준 전단지의 수)

(남은 전단지의 수)$=5000-2720$
$=2280$(장)

답 2280장

2 ❶ 전략 (가장 큰 나머지)$=$(나누는 수)-1

9▲●$\div28$의 나머지가 될 수 있는 가장 큰 수:
$28-1=27$

❷ 전략 9▲●가 가장 큰 수가 되려면 나머지가 가장 커야 한다.

9▲●가 가장 큰 수가 될 수 있는 나눗셈식:
9▲●$\div28=33\cdots27$

❸ 9▲●$\div28=33\cdots27$
➜ $28\times33=924$, $924+27=951$
이므로 ▲$=5$, ●$=1$이다.

답 5, 1

3 ❶ (46타의 색연필의 수)$=12\times46=552$(자루)

❷ $552\div26=21\cdots6$이므로 색연필을 21자루씩 나누어 주고 6자루가 남는다.

❸ (더 필요한 최소 색연필의 수)
$=26-6=20$(자루)

답 20자루

4 ❶ $\square\times58>649$ ➜ $\square>649\div58$

❷ $649\div58=11\cdots11$이므로 자연수의 범위를 알아보면 $\square>11$이다.

❸ $\square$ 안에는 11보다 큰 자연수가 들어갈 수 있으므로 그중 가장 작은 자연수는 12이다.

답 12

5 ❶ 전략 (간격의 수)$=$(전체 길이)$\div$(간격)

(도로의 한쪽에 심으려는 나무 사이의 간격의 수)
$=448\div14=32$(군데)

❷ 전략 (도로의 한쪽에 심으려는 나무의 수)
$=$(간격의 수)$+1$

(도로의 한쪽에 심으려는 나무의 수)
$=32+1=33$(그루)

❸ 전략 (도로의 양쪽에 심으려는 나무의 수)
$=$(도로의 한쪽에 심으려는 나무의 수)$\times2$

(도로의 양쪽에 심으려는 나무의 수)
$=33\times2=66$(그루)

답 66그루

6 ❶ 수 카드의 수의 크기 비교:
$1<2<4<7<9$
❷ 가장 작은 수를 놓아야 할 자리: ④
❸ 곱이 가장 작은 곱셈식: $279 \times 14 = 3906$

답 3906

참고 수 5개가 ①>②>③>④>⑤일 때,
곱이 가장 작은 곱셈식 만들기
두 번째 작은 수 → ④ ② ①
× ⑤ ③
가장 작은 수

7 ❶ $292 \div 32 = 9 \cdots 4$
➔ 32명씩 버스 9대까지 타고 4명이 남는다.
❷ 남은 4명도 버스를 타려면 1대 더 있어야 하므로 적어도 $9+1=10$(대) 필요하다. 답 10대

8 ❶ $728 \times 65 = 47320$이므로
$48000-47320=680$
❷ $728 \times 66 = 48048$이므로
$48048-48000=48$
❸ 전략 48000과 차가 작을수록 48000에 가깝다.
$680>48$이므로 48000과 가장 가까운 곱셈식은 $728 \times 66 = 48048$로
□ 안에 알맞은 수는 66이다. 답 66

9 ❶ 전략 (기차가 움직이는 거리)
=(터널의 길이)+(기차의 길이)
(기차가 움직이는 거리)
$=730+152=882$ (m)
❷ 전략 (걸리는 시간)
=(기차가 움직이는 거리)÷(1초에 가는 거리)
(터널에 진입해서 완전히 빠져나가는 데 걸리는 시간)$=882 \div 42 = 21$(초) 답 21초

10 ❶ (나누는 수)$-1=$(가장 큰 나머지)이므로
나머지가 될 수 있는 가장 큰 수: 63
나머지가 될 수 있는 가장 작은 수: 0
❷ 나머지가 가장 작을 때: $64 \times 8 = 512$,
나머지가 가장 클 때: $\underbrace{64 \times 8}_{512} + 63 = 575$
❸ $512 < 5\square3 < 575$이므로 5□3이 될 수 있는 수:
513, 523, 533, 543, 553, 563, 573
➔ □ 안에 들어갈 수 있는 가장 큰 수: 7 답 7

4 평면도형의 이동

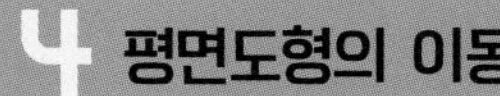

FUN 한 이야기 82~83쪽

STEP 1 문제 해결력 기르기 84~89쪽

선행 문제 1

(1) , 같다에 ○표

(2) , 같다에 ○표

실행 문제 1

❶ A, Ɔ, I, Ն
❷ A, I, 2 답 2개

초간단 풀이

전략 왼쪽과 오른쪽 부분이 같으면 왼쪽으로 뒤집기 한 모양은 처음 모양과 같다.
❶ A, I
❷ 2 답 2개

선행 문제 2

/ 1번에 ○표

실행 문제 2

❶ 처음
❷ 1 답

참고 도형을 오른쪽으로 1번 뒤집기 하면 왼쪽과 오른쪽 부분이 바뀐다.

쌍둥이 문제 2-1

❶ 시계 방향으로 90°만큼 4번 돌리기 한 도형은 처음 도형과 같다.

전략 같은 방향으로 4번 뒤집기 하면 처음 도형과 같다.

❷ 아래쪽으로 5번 뒤집기 하는 것은 아래쪽으로 1번 뒤집기 하는 것과 같다.

참고 도형을 아래쪽으로 1번 뒤집기 하면 위쪽과 아래쪽 부분이 바뀐다.

답 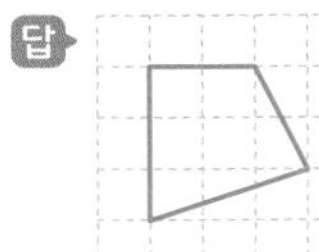

선행 문제 3

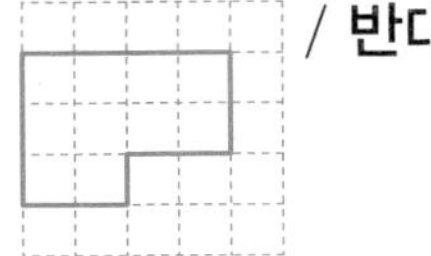 / 반대

실행 문제 3

❶ 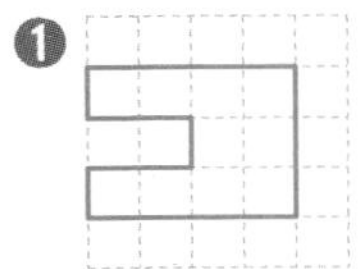

❷ 답 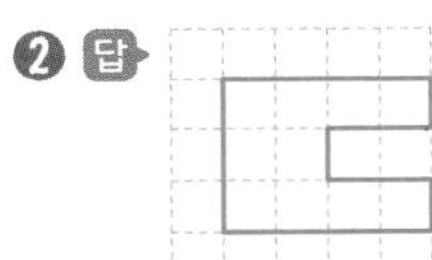

참고 움직이기 전의 도형은
❶ 시계 반대 방향으로 270°만큼 돌리기 한 도형을
❷ 왼쪽으로 뒤집기 하여 그린다.

쌍둥이 문제 3-1

전략 움직인 방법을 반대로 생각해 보자.

❶ 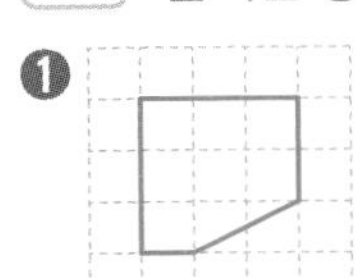

❷ 답 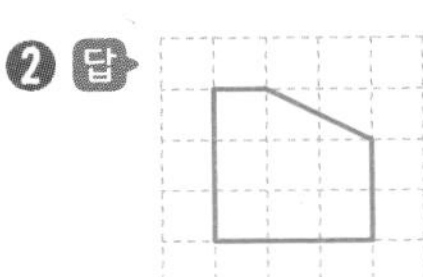

참고 움직이기 전의 도형은
❶ 시계 반대 방향으로 180°만큼 돌리기 한 도형을
❷ 위쪽으로 뒤집기 하여 그린다.

선행 문제 4

돌리기

실행 문제 4

❶ 다

❷ 다, 90(또는 270)

 다 조각을 시계 반대 방향으로 90°(또는 270°)만큼 돌리기 하는 방법도 있다.

쌍둥이 문제 4-1

전략 ㉠의 모양을 뒤집거나 돌렸을 때 나올 수 있는 조각을 찾자.

❶ ㉠에 들어갈 수 있는 조각: 다

❷ 방법 예 다 조각을 위쪽(아래쪽)으로 뒤집기 한다.

선행 문제 5

(1) 12, 12

(2) 82, 82

실행 문제 5

❶ 515 / 515

❷ 515, 212, 727

답 727

쌍둥이 문제 5-1

전략 아래쪽으로 뒤집기 하면 위쪽과 아래쪽 부분이 바뀐다.

❶ 832

835

➔ 만들어지는 수: 835

전략 ❶에서 만든 수와 처음 수의 차를 구해 보자.

❷ 835−832=3

답 3

선행 문제 6

위(또는 아래), 2, 뭎

실행 문제 6

❶ 180
❷ 2, 2, 1
❸ 4

답 4

쌍둥이 문제 6-1

전략 모양을 밀기, 뒤집기, 돌리기 해 보면서 규칙을 찾자.

❶ 모양을 시계 반대 방향으로 90°만큼 돌리기 하는 규칙이다.

❷ ㄱ, ㄲ, ㄷ, ㄸ의 4개의 모양이 반복된다.

→ 17÷4=4···1이므로 17째에는 첫째 모양과 같은 모양이 놓인다.

❸ 17째에 알맞은 모양: ㄱ

답 ㄱ

STEP 2 수학 사고력 키우기 90~95쪽

대표 문제 1

해 ❶ O, Ǝ, W, S

❷ 처음과 같게 보이는 알파벳:
O, S → 2개

답 2개

쌍둥이 문제 1-1

구 시계 반대 방향으로 180°만큼 돌렸을 때 처음과 같게 보이는 글자의 개수

어 1 시계 반대 방향으로 180°만큼 돌리기 한 모양을 각각 그려 보고,
2 돌리기 전과 같게 보이는 글자를 찾아 개수를 세어 보자.

❶ 전략 글자의 왼쪽과 오른쪽 부분, 위쪽과 아래쪽 부분이 바뀐다.

글 → 른, 응 → 응,
문 → 곰, 근 → 근

❷ ❶에서 그린 모양이 처음과 같게 보이는 글자:
응, 근 → 2개

답 2개

대표 문제 2

해 ❶ (왼쪽으로 3번 뒤집기 한 도형)
=(왼쪽으로 1번 뒤집기 한 도형)

답 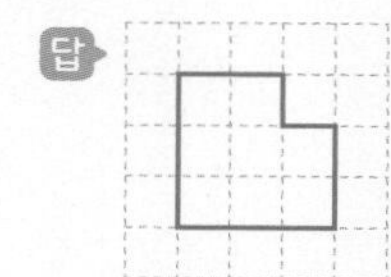

❷ (아래쪽으로 5번 뒤집기 한 도형)
=(아래쪽으로 1번 뒤집기 한 도형)

답 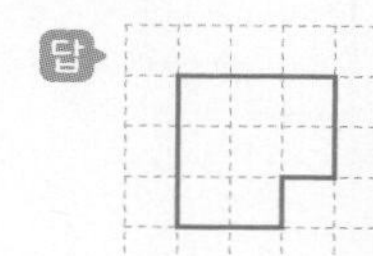

쌍둥이 문제 2-1

구 시계 반대 방향으로 90°만큼 5번 돌리고 위쪽으로 7번 뒤집었을 때의 도형

어 1 시계 반대 방향으로 90°만큼 5번 돌리기 한 도형을 그린 다음,
2 1에서 그린 도형을 위쪽으로 7번 뒤집기 한 도형을 그려 보자.

❶ 전략 도형을 시계 반대 방향으로 90°만큼 4번 돌리기 하면 처음 도형과 같다.

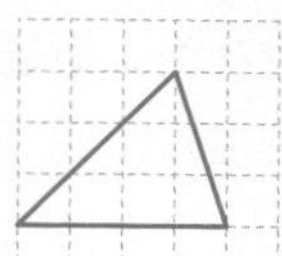

참고 (시계 반대 방향으로 90°만큼 5번 돌리기 한 도형)
=(시계 반대 방향으로 90°만큼 1번 돌리기 한 도형)

❷ 전략 도형을 위쪽으로 6번 뒤집기 하면 처음 도형과 같다.

참고 (위쪽으로 7번 뒤집기 한 도형)
=(위쪽으로 1번 뒤집기 한 도형)

답 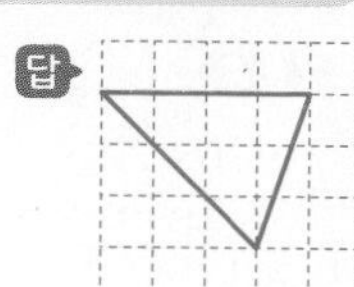

대표 문제 3

해 ❶ 답

② 답

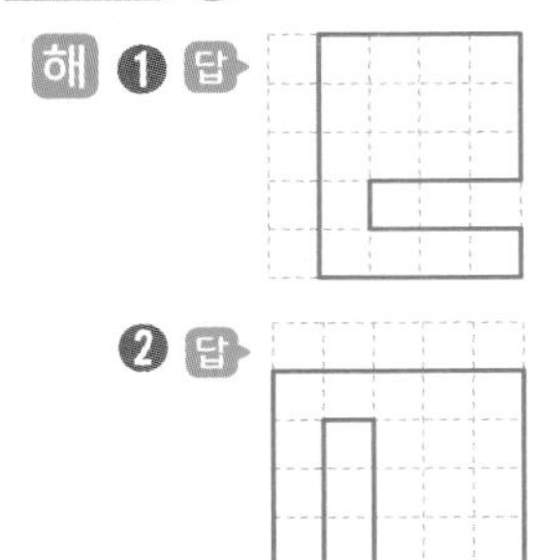

쌍둥이 문제 3-1

구 움직이기 전의 도형

주 시계 반대 방향으로 180°만큼 돌리고 오른쪽으로 뒤집기 한 도형

❶

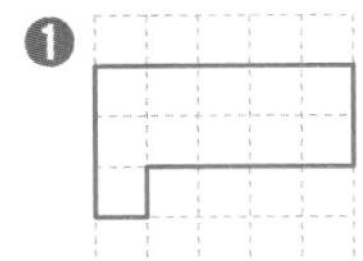

❷ 답

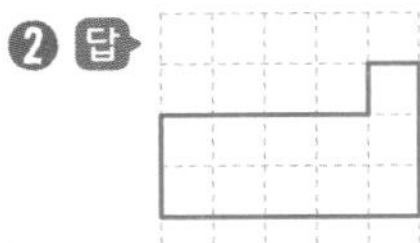

> 참고 움직이기 전의 도형은
> ❶ 왼쪽으로 뒤집기 한 도형을
> ❷ 시계 방향으로 180°만큼 돌리기 하여 그린다.

대표 문제 4

해 ❶ 답 ㉢

❷ 답 ㉢, 90, 오른(또는 왼)

> 참고 '㉢ 조각을 시계 반대 방향으로 90°만큼 돌리고 위쪽(아래쪽)으로 뒤집기 한다'라고도 할 수 있으며 이 외에도 다른 방법으로 설명할 수 있다.

쌍둥이 문제 4-1

구 가에 들어갈 수 있는 조각을 움직인 방법 설명하기

어 1 가에 들어갈 수 있는 조각을 찾고,
2 1에서 찾은 조각을 어떻게 움직여야 하는지 방법을 설명해 보자.

❶ 전략 뒤집거나 돌렸을 때 가와 같은 모양을 찾자.

가에 들어갈 수 있는 조각: ㉡

❷ 방법 예 ㉡ 조각을 시계 반대 방향으로 90°만큼 돌리고 아래쪽(위쪽)으로 뒤집기 한다.

> 참고 '㉡ 조각을 시계 방향으로 90°만큼 돌리고 오른쪽(왼쪽)으로 뒤집기 한다.'라고도 할 수 있으며 이 외에도 다른 방법으로 설명할 수 있다.

대표 문제 5

해 ❶

답 985

❷ 985+586=1571

답 1571

쌍둥이 문제 5-1

구 시계 반대 방향으로 180°만큼 돌렸을 때 만들어지는 수와 처음 수의 차

주 • 세 자리 수가 적힌 카드
• 수 카드를 시계 반대 방향으로 180°만큼 돌리기

❶ 전략 180°만큼 돌리기 하면 왼쪽과 오른쪽 부분, 위쪽과 아래쪽 부분이 바뀐다.

602 → 209

→ 만들어지는 수: 209

❷ 602−209=393

답 393

대표 문제 6

해 ❶ 답 오른(또는 왼), 2

❷ 답 10개

쌍둥이 문제 6-1

주 24째까지 움직인 모양 중에서 셋째 모양과 같은 모양의 개수

어 1 모양의 규칙과 반복되는 모양을 알아보고,
2 셋째 모양과 같은 모양의 개수를 구하자.

❶ 모양을 시계 방향으로 90°만큼 돌리기 하는 규칙이고, 운, ㅁ|0, 공, 애의 4개의 모양이 반복된다.

❷ 24÷4=6이므로 24째까지 같은 모양이 6번 반복되므로 셋째 모양과 같은 모양은 모두 6개이다.

답 6개

3 STEP 수학 독해력 완성하기 96~99쪽

독해 문제 1

구 어느 방향으로 뒤집어도 처음 도형과 같은 도형

어 1 어느 방향으로 뒤집어도 처음 도형과 같은 도형의 조건을 알아보고,
2 어느 방향으로 뒤집어도 처음 도형과 같은 것을 찾자.

해 ❶ 답 **왼쪽, 아래쪽**
❷ 오른쪽과 왼쪽 부분, 위쪽과 아래쪽 부분이 같은 도형은 ㉡, ㉣이다.

답 ㉡, ㉣

독해 문제 2

구 성재가 자전거를 탄 시간

주 • 거울에 비친 시계의 모양
• 오후 4시

어 1 거울에 비친 시계의 시각을 구하고,
2 1의 시각에서 4시를 빼어 자전거를 탄 시간을 구하자.

해 ❶ 거울에 비친 모양은 오른쪽(왼쪽)으로 뒤집기 한 모양이므로 거울에 비친 시계가 가리키는 시각을 읽으면 오후 5시 10분이다.

답 **오후 5시 10분**

❷ (성재가 자전거를 탄 시간)=5시 10분−4시
=1시간 10분

답 **1시간 10분**

독해 문제 3

구 ◆이 있는 곳의 기호

어 1 ①의 방법으로 왼쪽 도형을 움직인 다음,
2 1에서 그린 도형을 ②의 방법으로 움직인 후,
3 ◆이 있는 곳의 기호를 알아보자.

해 ❶ 답

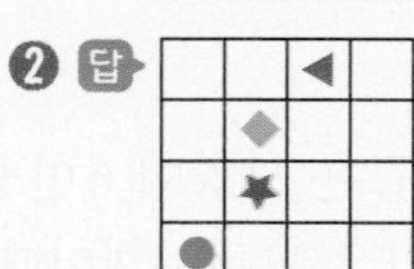

❷ 답

❸ 답 ㉡

독해 문제 4

구 S 모양을 돌리기 하여 만든 모양의 개수

어 1 S 모양을 돌리기 하여 만든 모양을 알아보고
2 무늬의 모양 중에서 1에서 구한 모양을 찾아 개수를 구하자.

해 ❶ S, S, S, S

❷ ❶에서 돌리기 하여 만든 모양을 무늬에서 찾아 ○표 하여 세어 보면 모두 10개이다.

답 10개

독해 문제 5

해 ❶ 위쪽으로 뒤집기 하면 위쪽과 아래쪽 부분이 바뀐다.

답 ┘, ㄷ, ㅁ, ㅇ, ㅈ, ㅍ

❷ 시계 방향으로 180°만큼 돌리기 하면 왼쪽과 오른쪽 부분, 위쪽과 아래쪽 부분이 바뀐다.

답 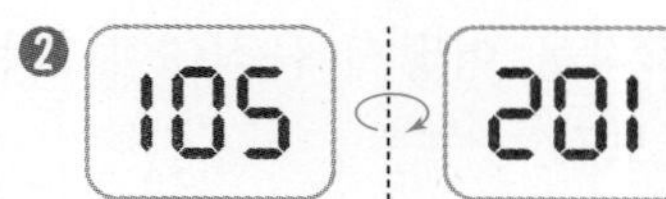

❸ ❶과 ❷에서 그린 모양이 같은 것은 ㅁ, ㅇ, ㅈ, ㅍ으로 모두 4개이다.

답 4개

독해 문제 6

해 ❶ 105 → 102

답 102

❷ 105 → 201

답 201

❸ 102+201=303

답 303

독해 문제 6-1 정답에서 제공하는 쌍둥이 문제

세 자리 수가 적힌 카드를 위쪽과 왼쪽으로 각각 뒤집었을 때/ 만들어지는 두 수의 차를 구해 보세요.

281

구 카드를 위쪽과 왼쪽으로 각각 뒤집었을 때 만들어지는 두 수의 차

주 • 세 자리 수 281이 적힌 카드
• 카드를 위쪽으로 뒤집기
• 카드를 왼쪽으로 뒤집기

어 1 수 카드를 위쪽으로 뒤집었을 때 만들어지는 수를 구하고,
2 수 카드를 왼쪽으로 뒤집었을 때 만들어지는 수를 구한 다음,
3 1과 2에서 만든 수의 차를 구하자.

해 ❶ 수 카드를 위쪽으로 뒤집기:

581

281

➜ 만들어지는 수: 581

❷ 수 카드를 왼쪽으로 뒤집기:

185 | 281

➜ 만들어지는 수: 185

❸ 두 수의 차: $581-185=396$

답 396

STEP 4 창의·융합·코딩 체험하기 100~103쪽

창의 1

아래쪽으로 뒤집어도 모양이 변하지 않으려면 위쪽과 아래쪽 부분이 같아야 한다. 위쪽과 아래쪽 부분이 같은 것은 ㉠, ㉣, ㉥, ㉦으로 아래쪽으로 뒤집어도 모양이 변하지 않는다.

답 ㉠, ㉣, ㉥, ㉦

코딩 2

주어진 도형을 시계 방향으로 90°만큼 3번 돌리고 왼쪽으로 뒤집기 한다.

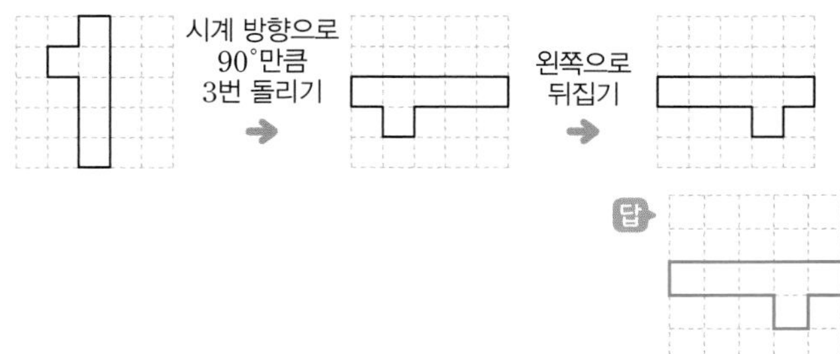

답

융합 3

첫째 줄에서 짝수 째에 있는 보도블록을 시계 방향으로 90°만큼 돌리기 하고 둘째 줄에서 홀수 째에 있는 보도블록을 시계 방향으로 90°만큼 돌리기 한다.

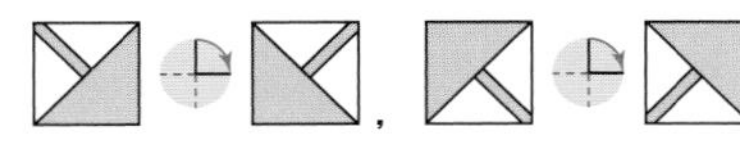

답

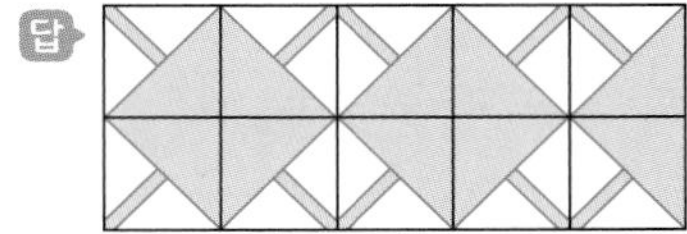

창의 4

해석 방법대로 움직이면 다음과 같다.

답 9

창의 5

태형이가 고른 수를 돌렸을 때 만들어지는 수: 696
지민이가 고른 수를 돌렸을 때 만들어지는 수: 898
➜ $696<898$이므로 이긴 사람은 지민이다.

답 지민

창의 6

① 을 시계 방향으로 90°만큼 돌리기 하여 에 꼭맞게 겹쳐 만들기:

② 을 아래쪽으로 뒤집기 하여 와 꼭맞게 겹쳐 만들기:

③

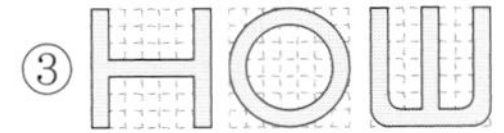

답 HOW

정답과 풀이

코딩 7

코딩식을 실행하면 아래쪽으로 뒤집기를 3번 하고 바뀐 깃발의 모양으로 오른쪽으로 뒤집기를 5번 한다.
(아래쪽으로 3번 뒤집기)=(아래쪽으로 1번 뒤집기),
(오른쪽으로 5번 뒤집기)=(오른쪽으로 1번 뒤집기)

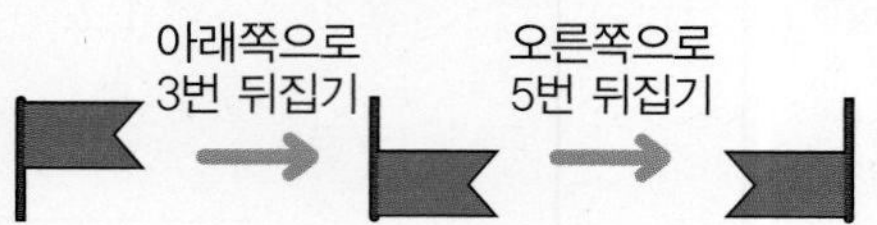

답 

코딩 8

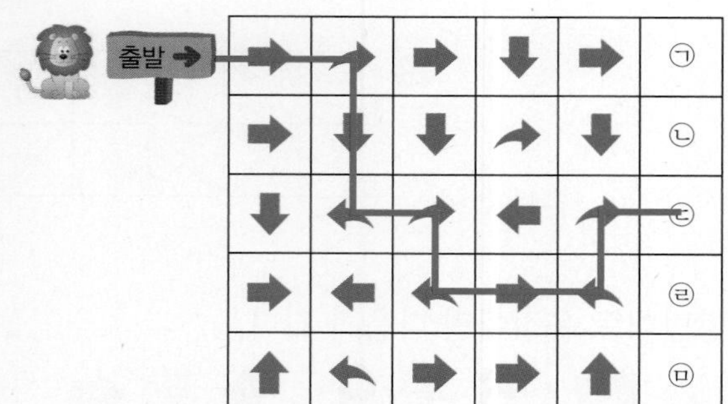

답 ㉢

실전 마무리 하기 104~107쪽

1 ❶ 몸 → 뭄, 를 → 를, 극 → 는
❷ ❶에서 그린 모양이 처음과 같게 보이는 글자: 를

답 를

2 ❶ 같은 방향으로 2번 뒤집기 한 도형은 처음 도형과 같다.
❷ ㉠은 처음 도형과 같은 도형이 되고
㉡은 왼쪽으로 1번 뒤집기 한 도형이 된다.

답 ㉡

3 전략 뒤집거나 돌렸을 때 빈 곳의 모양과 같은 조각을 찾자.
방법 ㉢ 조각을 시계 방향으로 90°만큼 돌리기 하거나 시계 반대 방향으로 270°만큼 돌리기 한다.

4 ❶ ❷ 답

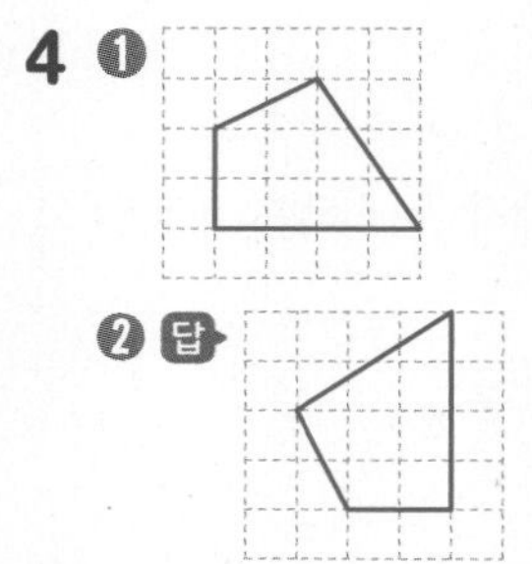

참고 움직이기 전의 도형은
❶ 오른쪽으로 뒤집기 한 도형을
❷ 시계 방향으로 270°만큼 돌리기 하여 그린다.

5 ❶ 위쪽으로 5번 뒤집은 도형 그리기:

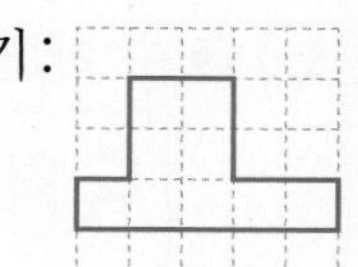

참고 (위쪽으로 5번 뒤집기 한 도형)
=(위쪽으로 1번 뒤집기 한 도형)

❷ ❶에서 그린 도형을 오른쪽으로 7번 뒤집기:

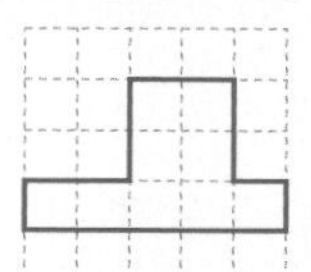

참고 (오른쪽으로 7번 뒤집기 한 도형)
=(오른쪽으로 1번 뒤집기 한 도형)

답 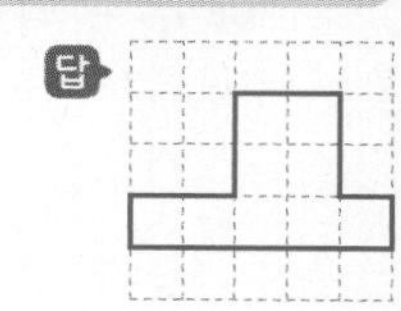

6 ❶ 전략 시계 반대 방향으로 180°만큼 돌리기 하면 왼쪽과 오른쪽 부분, 위쪽과 아래쪽 부분이 바뀐다.

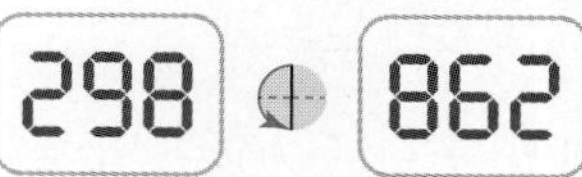

→ 만들어지는 수: 862
❷ 862+298=1160

답 1160

7 ❶ 모양을 왼쪽(오른쪽)으로 뒤집기, 위쪽(아래쪽)으로 뒤집기 하는 규칙이고
룬, 룬, 골, 골의 4개의 모양이 반복된다.
❷ $16 \div 4 = 4$이므로 16째까지 같은 모양이 4번 반복되므로 첫째 모양과 같은 모양은 4개이다.

답 4개

8 ❶ 거울에 비친 모양은 오른쪽(왼쪽)으로 뒤집기 한 모양이므로 거울에 비친 시계가 가리키는 시각을 읽으면 오후 7시 30분이다.

> 참고 오른쪽(왼쪽)으로 뒤집기 하면 왼쪽과 오른쪽 부분이 바뀐다.

❷ (태형이가 동화책을 읽은 시간)
$=$9시$-$7시 30분
$=$1시간 30분

답 1시간 30분

9 ❶ ①의 방법으로 왼쪽 도형 움직이기:

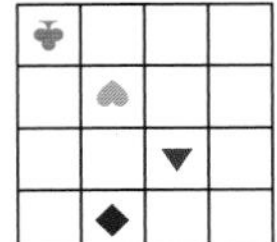

❷ ❶에서 그린 도형을 ②의 방법으로 움직이기:

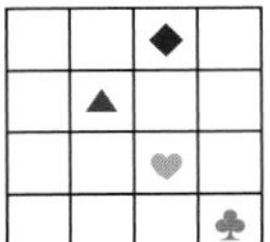

❸ 오른쪽 도형에서 ♥가 있는 곳의 기호: ㉣

답 ㉣

10 ❶ G → ɷ, G → Ƨ, G → ʚ, G → G
❷ G 모양을 돌리기 하여 만든 모양은 모두 11개이다.

> 참고 ❶에서 돌리기 하여 만든 모양을 무늬에서 찾아 ○표 하여 세어 보면 모두 11개이다.

답 11개

5 막대그래프

FUN 한 기억 노트 108~109쪽

조사한 자료를 막대 모양으로 나타낸 그래프를 막대그래프 라고 해.

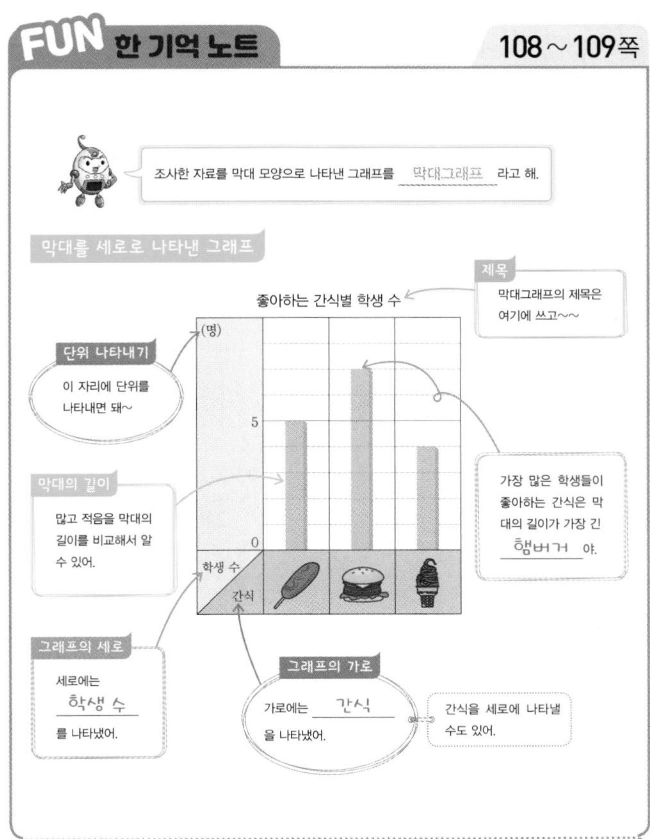

막대그래프는 막대의 가로와 세로를 바꾸어 나타낼 수 있어.

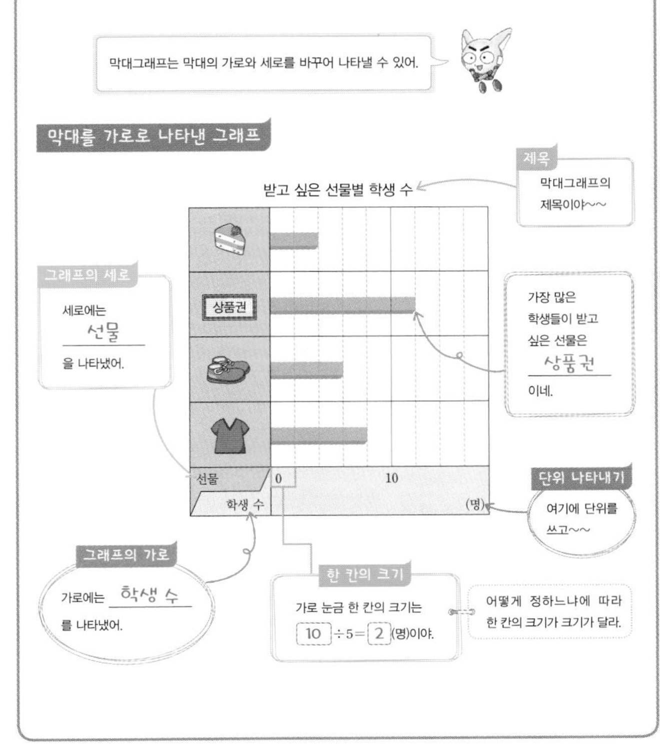

1 STEP 문제 해결력 기르기 110~113쪽

선행 문제 1

(1) 10, 2
(2) 6, 3

실행 문제 1

❶ 은하
❷ 5, 5 / 5, 40

답 40상자

쌍둥이 문제 1-1

전략 막대가 가장 긴 분야를 찾자.
❶ 가장 많은 학생들이 좋아하는 분야: 음악
전략 세로 눈금 한 칸의 크기를 구하자.
❷ 세로 눈금 한 칸의 크기: $10 \div 5 = 2$(명)
음악 분야를 좋아하는 학생 수: $2 \times 8 = 16$(명)

답 16명

선행 문제 2

4, 5 / 4, 5, 6

실행 문제 2

❶ 5, 7, 6
❷ 5, 7, 6, 6
❸ 운동

답 운동

쌍둥이 문제 2-1

전략 가게별 팔린 김밥 수를 구하자.
❶ 가 가게: 16줄,
다 가게: 10줄
전략 (전체 팔린 김밥 수)−(❶의 김밥 수)
❷ 나 가게의 팔린 김밥 수:
$46 - 16 - 10 = 20$(줄)
❸ 김밥이 가장 적게 팔린 가게: 다 가게

답 다 가게

선행 문제 3

(1) (왼쪽부터) 3, 5 / 8
(2) (왼쪽부터) 5, 4 / 9

실행 문제 3

❶ (왼쪽부터) 5, 6 / 11
❷ 7 / 11, 7, 4

답 4명

쌍둥이 문제 3-1

전략 2반의 안경을 낀 학생 수를 구하자.
❶ 2반의 안경을 낀 남학생: 5명
2반의 안경을 낀 여학생: 2명
2반의 안경을 낀 학생 수: $5 + 2 = 7$(명)
전략 (2반의 안경을 낀 학생 수)−(3반의 안경을 낀 여학생 수)
❷ 3반의 안경을 낀 여학생: 3명
3반의 안경을 낀 남학생:
$7 - 3 = 4$(명)

답 4명

선행 문제 4

3 / 3 / 3, 6

실행 문제 4

❶ 4, 6 / 4, 6, 12
❷ 3
❸ 12, 4 / 4

답 4명

2 STEP 수학 사고력 키우기 114~117쪽

대표 문제 1

구 고래
주 8
해 ❶ $8 \div 4 = 2$(명) 답 2명
❷ 답 6칸
❸ $6 \times 2 = 12$(명) 답 12명

쌍둥이 문제 1-1

구 과학관을 체험하고 싶은 학생 수

주 동물원을 체험하고 싶은 학생: 12명

어 1 세로 눈금 한 칸이 얼마를 나타내는 지 알아본 다음

2 과학관을 체험하고 싶은 학생 수를 구하자.

❶ 전략 (동물원을 체험하고 싶은 학생 수)÷(나타낸 칸 수)

세로 눈금 한 칸:

(동물원을 체험하고 싶은 학생 수)÷(나타낸 칸 수)

$=12\div 4$

$=3$(명)

❷ 과학관을 체험하고 싶은 학생: 6칸

❸ 과학관을 체험하고 싶은 학생 수:

$6\times 3=18$(명)

답 18명

대표 문제 2

해 ❶ 답 7명, 10명, 5명

❷ $28-7-10-5=6$(명)

답 6명

❸ $10-6=4$(명)

답 4명

쌍둥이 문제 2-1

구 가야금을 배우고 싶은 학생 수와 북을 배우고 싶은 학생 수의 합

주 조사한 학생: 26명

어 1 막대가 그려진 항목의 수를 구한 다음

2 북을 배우고 싶은 학생 수를 구하여 가야금을 배우고 싶은 학생 수와 북을 배우고 싶은 학생 수의 합을 구하자.

❶ 전략 세로 눈금 한 칸은 $5\div 5=1$(명)이다.

장구: 5명, 가야금: 9명, 대금: 4명

❷ 전략 (조사한 학생)−(장구, 가야금, 대금을 배우고 싶은 학생)

북을 배우고 싶은 학생 수:

$26-5-9-4=8$(명)

❸ (가야금을 배우고 싶은 학생 수)+(북을 배우고 싶은 학생 수)$=9+8=17$(명)

답 17명

대표 문제 3

구 남학생

해 ❶ 세로 눈금 한 칸: $10\div 5=2$(명)

봄: 8명

여름: 10명

가을: 8명

겨울: 4명

→ $8+10+8+4=30$(명) 답 30명

❷ 봄: 6명, 여름: 8명, 가을: 10명

→ $6+8+10=24$(명)

답 24명

❸ $30-24=6$(명) 답 6명

쌍둥이 문제 3-1

구 A형인 남학생 수

주 전체 남학생 수와 여학생 수가 같다.

어 1 막대를 보고 남학생 수와 여학생 수의 합을 각각 구한 다음

2 (여학생)−(남학생)을 계산하여 A형인 남학생 수를 구하자.

❶ 전략 혈액형별로 여학생의 막대가 나타내는 수를 더하자.

여학생 중

A형: 3명, B형: 2명,

O형: 3명, AB형: 5명

조사한 여학생 수:

$3+2+3+5=13$(명)

❷ 전략 혈액형별로 남학생의 막대가 나타내는 수를 더하자.

(B형, O형, AB형인 남학생 수)$=4+3+2$

$=9$(명)

❸ (A형인 남학생 수)$=13-9=4$(명) 답 4명

대표 문제 4

구 바나나

주 3

해 ❶ 답 7명, 8명

❷ $27-7-8=12$(명) 답 12명

❸ $12\div 4=3$(명),

$3\times 3=9$(명) 답 9명

참고 키위: ■, 바나나: ■×3, (키위)+(바나나): ■×4

쌍둥이 문제 4-1

구 감자를 좋아하는 학생 수

주 조사한 학생 수: 22명
감자를 좋아하는 학생 수가 버섯을 좋아하는 학생 수의 2배

어 1 오이와 당근을 좋아하는 학생 수를 구한 다음
2 감자와 버섯을 좋아하는 학생 수의 합을 구하고
3 2에서 감자와 버섯을 좋아하는 학생 수의 관계를 이용하여 감자를 좋아하는 학생 수를 구하자.

❶ 전략 세로 눈금 한 칸은 $5 \div 5 = 1$(명)이다.
오이: 8명, 당근: 5명

❷ 전략 (조사한 학생)−(오이와 당근을 좋아하는 학생 수)
(감자와 버섯을 좋아하는 학생 수의 합)
$= 22 - 8 - 5 = 9$(명)

❸ 전략 (❷의 학생 수)÷3을 이용하자.
$9 \div 3 = 3$
(감자를 좋아하는 학생 수)
$= 3 \times 2 = 6$(명)

답 6명

참고 버섯: ■, 감자: ■×2, (버섯)+(감자): ■×3
➔ 9÷3

STEP 3 수학 독해력 완성하기 118~121쪽

독해 문제 1

구 조사한 전체 학생 수

주 피아노를 좋아하는 학생은 기타를 좋아하는 학생보다 2명 더 많다.

어 1 기타를 좋아하는 학생 수를 구한 다음
2 피아노를 좋아하는 학생 수를 구하여 전체 학생 수를 구하자.

해 ❶ 세로 눈금 한 칸의 크기:
$10 \div 5 = 2$(명)
기타를 좋아하는 학생:
$2 \times 2 = 4$(명)

답 4명

❷ 전략 (기타를 좋아하는 학생 수)+2
피아노를 좋아하는 학생:
$4 + 2 = 6$(명)

답 6명

❸ 조사한 전체 학생:
$6 + 4 + 6 + 8 = 24$(명)

답 24명

독해 문제 1-1 정답에서 제공하는 **쌍둥이 문제**

진영이네 반 학생들이 좋아하는 학용품을 조사하여 나타낸 막대그래프입니다. 연필을 좋아하는 학생은 수첩을 좋아하는 학생보다 3명 더 많다면 조사한 전체 학생은 몇 명인가요?

좋아하는 학용품별 학생 수

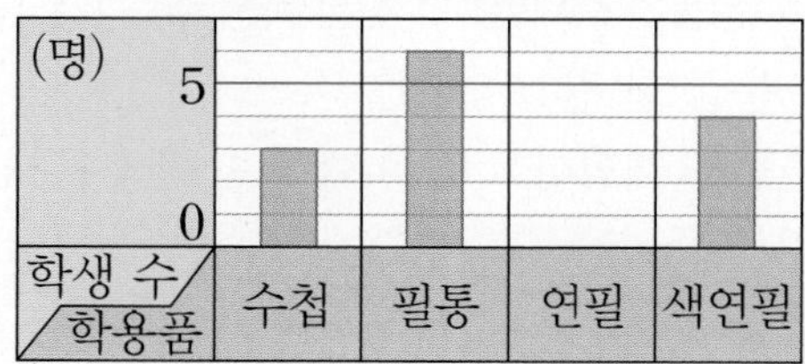

구 조사한 전체 학생 수

주 연필을 좋아하는 학생이 수첩을 좋아하는 학생보다 3명 더 많다.

어 1 수첩을 좋아하는 학생 수를 이용하여 연필을 좋아하는 학생 수를 구한 다음
2 전체 학생 수를 구하자.

해 ❶ 수첩을 좋아하는 학생 수: 3명
❷ 연필을 좋아하는 학생 수: $3 + 3 = 6$(명)
❸ 조사한 전체 학생 수:
$3 + 6 + 6 + 4 = 19$(명)

답 19명

독해 문제 2

구 피구를 좋아하는 학생 수는 줄넘기를 좋아하는 학생 수의 몇 배

주 조사한 학생 수: 25명

어 1 (조사한 학생)−(배드민턴, 달리기, 피구를 좋아하는 학생)을 계산하여 줄넘기를 좋아하는 학생 수를 구한 다음
2 피구를 좋아하는 학생 수는 줄넘기를 좋아하는 학생 수의 몇 배인지 구하자.

해 ❶ 전략 (조사한 학생 수)−(배드민턴, 달리기, 피구를 좋아하는 학생 수)
배드민턴: 8명, 달리기: 5명, 피구: 8명
➔ $25 - 8 - 5 - 8 = 4$(명)

답 4명

❷ 전략 (피구를 좋아하는 학생 수)÷(줄넘기를 좋아하는 학생 수)
$8 \div 4 = 2$(배)

답 2배

독해 문제 | 2-1 정답에서 제공하는 쌍둥이 문제

영준이네 반 학급 문고를 조사하여 나타낸 막대그래프입니다. 조사한 책의 수가 32권일 때 동화책의 수는 과학책의 수의 몇 배인가요?

학급 문고 종류별 권수

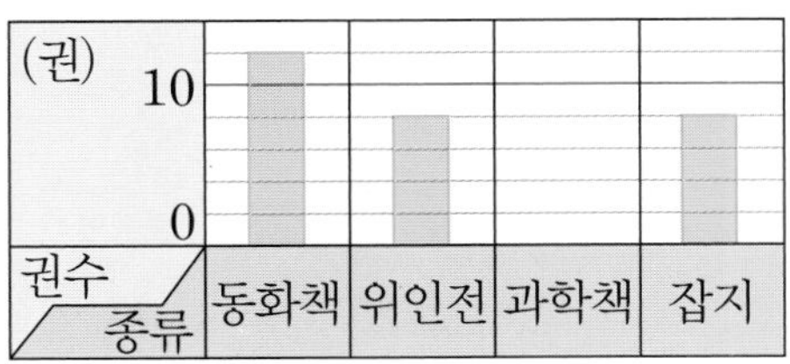

구 동화책의 수는 과학책의 수의 몇 배

주 조사한 책의 수: 32권

어 1 (전체 권수)−(동화책, 위인전, 잡지의 권수)를 계산하여 과학책의 권수를 구한 다음

2 동화책의 수는 과학책의 수의 몇 배인지 구하자.

해 ❶ 동화책: 12권, 위인전: 8권, 잡지: 8권

❷ (과학책의 권수)$=32-12-8-8$
$=4$(권)

❸ (동화책의 권수)÷(과학책의 권수)
$=12\div4=3$(배)

답 3배

독해 문제 | 3

구 학생 수가 가장 많은 반은 몇 반, 몇 명

어 1 각 반에서 남학생 수와 여학생 수를 더하여 각 반의 학생 수를 구한 다음

2 각 반의 학생 수를 비교하여 학생 수가 가장 많은 반과 그 반의 학생은 몇 명인지 구하자.

해 ❶ 전략 각 반에서 (남학생 수)+(여학생 수)

1반: $10+8=18$(명)

2반: $6+12=18$(명)

3반: $12+8=20$(명)

4반: $8+8=16$(명)

답 18명, 18명, 20명, 16명

❷ 답 3반, 20명

참고 (1반 학생 수)=(1반 남학생 수)+(1반 여학생 수)

독해 문제 | 4

구 필요한 색종이 수

주 색종이를 한 사람당 5장씩 나누어주기

어 1 각 모둠의 학생 수를 구하여 전체 학생 수를 구한 다음

2 전체 학생 수에 5를 곱하여 필요한 색종이 수를 구하자.

해 ❶ 전략 각 모둠의 학생 수의 합을 구하자.

1모둠: 6명, 2모둠: 7명, 3모둠: 6명

4모둠: 5명

➔ $6+7+6+5=24$(명)

답 24명

❷ 전략 (반 전체 학생 수)×5

$24\times5=120$(장)

답 120장

독해 문제 | 4-1 정답에서 제공하는 쌍둥이 문제

은주네 학교 4학년의 반별 학생 수를 조사하여 나타낸 막대그래프입니다. 한 사람당 귤을 2개씩 나누어 주려면 귤을 몇 개 준비해야 하나요?

반별 학생 수

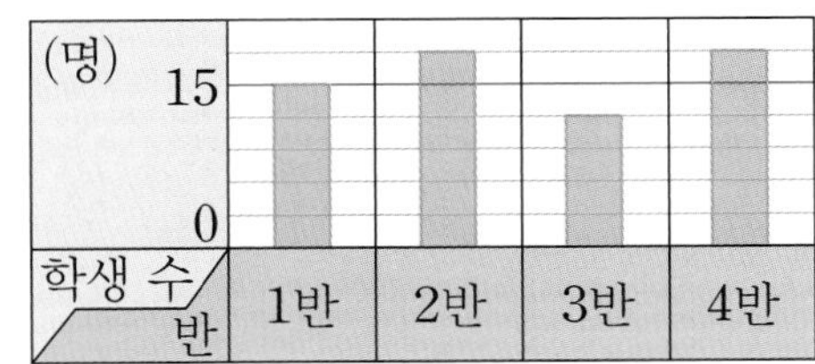

구 준비해야 하는 귤 수

주 한 사람당 귤을 2개씩 나누어 주기

어 1 전체 학생 수를 구한 다음

2 한 사람당 나누어 주는 귤의 수를 곱하여 준비해야 하는 귤의 수를 구하자.

해 ❶ 세로 눈금 한 칸의 크기: $15\div5=3$(명)

1반: 15명, 2반: 18명

3반: 12명, 4반: 18명

➔ 전체 학생 수:
$15+18+12+18=63$(명)

❷ 준비해야 하는 귤 수: $63\times2=126$(개)

답 126개

독해 문제 | 5

해 ❶ 전략 각 반별 남학생 막대 길이와 여학생 막대 길이의 차이 나는 칸 수를 구하여 가장 많이 차이 나는 반을 찾자.

1반: 1칸, 2반: 0칸
3반: 4칸, 4반: 1칸
➔ 칸 수가 가장 많이 차이 나는 반: 3반

답 3반

❷ 전략 막대그래프를 보면 5칸에 10명을 나타내었으므로 $10 \div 5$를 계산하자.

$10 \div 5 = 2$(명)

답 2명

❸ 전략 (차이 나는 칸 수)×(세로 눈금 한 칸의 크기)

3반은 4칸 차이나므로 $4 \times 2 = 8$(명) 차이 난다.

답 3반, 8명

독해 문제 | 6

구 주스

주 26 / 4

해 ❶ 세로 눈금 한 칸의 크기:
$10 \div 5 = 2$(명)
우유: $2 \times 2 = 4$(명)
탄산: $2 \times 4 = 8$(명)

답 4명, 8명

❷ (전체 학생 수)
−(우유와 탄산을 좋아하는 학생 수)
$= 26 - 4 - 8$
$= 14$(명)

답 14명

❸ $14 - 4 = 10$
$10 \div 2 = 5$(명)
(주스를 좋아하는 학생 수)
$= 5 + 4$
$= 9$(명)

답 9명

참고 문제 푸는 순서
① (물과 주스를 좋아하는 학생 수)
=(조사한 학생 수)
−(우유와 탄산을 좋아하는 학생 수)
② (물과 주스를 좋아하는 학생 수)−4
③ (물을 좋아하는 학생 수)=②÷2
④ (주스를 좋아하는 학생 수)=③+4

4 STEP 창의·융합·코딩 체험하기 122~125쪽

창의 1

막대가 가장 긴 수민이가 독서왕이고,
세로 눈금 한 칸은 $10 \div 5 = 2$(권)이므로
$2 \times 7 = 14$(권) 빌렸다.

답 수민, 14

참고 문제 푸는 순서
① 책을 가장 많이 빌린 친구를 찾아야 하므로 막대의 길이가 가장 긴 친구를 찾는다.
② 세로 눈금 한 칸의 크기를 구한다.
③ ①에서 구한 친구의 칸 수를 세어 몇 권을 빌렸는지 구한다.

융합 2

그래프의 막대의 길이가 짧은 쪽부터 2명은 정현이와 지우이다.

답 정현, 지우

참고 보충 프로그램은 실력이 안 좋은 사람에게 필요한 것이므로 팔굽혀 펴기 횟수가 작은 사람부터 찾아야 한다. 즉, 막대의 길이가 가장 짧은 것부터 알아본다.

융합 3

세로 눈금 한 칸은 $10 \div 5 = 2$(명)이므로 3반의 스케이트를 탈 수 있는 학생은 6명이다.
3반 전체 학생이 22명이므로 스케이트를 탈 수 없는 학생은 $22 - 6 = 16$(명)이다.

답 16명

참고 막대그래프에 그려져 있는 막대는 스케이트를 탈 수 있는 학생 수이므로
(스케이트를 탈 수 없는 학생 수)
=(반 전체 학생 수)−(스케이트를 탈 수 있는 학생 수)
로 구하자.

융합 4

학생들이 가장 많이 가고 싶은 장소는 놀이동산으로 10명, 가장 적게 가고 싶은 장소는 강변유람선으로 3명이다. ➔ $10 - 3 = 7$(명)

답 7명

융합 5

줄어든 양을 살피면 음식물:
$7-3=4$ (kg)
종이류: $10-2=8$ (kg)
플라스틱류: $11-4=7$ (kg)
병류: $3-1=2$ (kg)
기타: $5-2=3$ (kg)
따라서 차가 가장 큰 종이류가 가장 많이 줄어들었다.

답 종이류

참고 배출된 쓰레기의 양을 각각 구해서 종류별로 캠페인 이전과 이후를 비교한다.

창의 6

호텔의 목표 예약 수가 90개이므로 3월에 20개, 5월에 10개, 6월에 30개를 더해 총 60개의 방을 할인해 주어야 한다. 따라서 60개의 방을 2만 원씩 할인해 준다고 하면 60×2만 (원)이므로 총 120만 원을 할인해 주게 된다.

답 120만 원

참고 (월별 할인할 방의 수)
=(목표 예약 수)−(월별 방 예약 수)
=90−(월별 방 예약 수)

실전 마무리 하기 126~129쪽

1 ❶ 탕수육을 좋아하는 학생 수: 8명
카레를 좋아하는 학생 수: 7명
❷ $8-7=1$(명)

답 1명

2 ❶ 불고기를 좋아하는 학생 수: 3명
불고기를 좋아하는 학생 수의 3배:
$3\times3=9$(명)
❷ 학생이 9명인 항목을 찾으면 스파게티이다.

답 스파게티

3 ❶ 세로 눈금 한 칸: $10\div5=2$(권)
❷ 연수가 읽은 책의 수: $2\times5=10$(권)
민정이가 읽은 책의 수: $2\times3=6$(권)
❸ $10+6=16$(권)

답 16권

4 ❶ 4동의 칸 수: 8칸
❷ 세로 눈금 한 칸이 나타내는 자동차 수:
$24\div8=3$(대)
❸ 2동의 자동차 수: $3\times3=9$(대)

답 9대

참고 ① 문제에서 주어진 항목의 수를 확인하고 몇 칸에 나타내었는지 확인하자.
➔ 24대를 8칸에 나타냈다.
② 세로 눈금 한 칸의 크기를 구하자.
➔ $24\div8=3$(대)
세로 눈금 한 칸의 크기: 3대

5 ❶ 나 가게의 팔린 그릇 수:
$88-22-20-26=20$(그릇)
❷ $26-20=6$(그릇)

답 6그릇

참고 ① 나 가게의 팔린 그릇 수를 구한다.
(나 가게의 팔린 그릇 수)
=(전체 팔린 그릇 수)−(그래프에 나타낸 그릇 수)
② (라 가게의 팔린 그릇 수)−(나 가게의 팔린 그릇 수)를 구한다.

6 ❶ 팽이를 받고 싶은 학생 수:
$7-5=2$(명)
❷ 조사한 전체 학생 수:
$2+7+5+8=22$(명)

답 22명

7 ❶ 조사한 남학생 수
영국: 14명, 미국: 8명, 중국: 12명,
일본: 8명
➔ $14+8+12+8=42$(명)
❷ 그래프에 그려진 여학생 수
영국: 12명, 중국: 8명, 일본: 8명
➔ $12+8+8=28$(명)
❸ 미국에 가보고 싶은 여학생 수:
$42-28=14$(명)

답 14명

8 ❶ 영국: 1칸, 미국: 3칸
중국: 2칸, 일본: 0칸
➔ 칸 수가 가장 많이 차이 나는 나라: 미국
❷ 세로 눈금 한 칸의 크기:
10÷5=2(명)
❸ 3칸 차이 나므로 3×2=6(명) 차이 난다.

답 **미국, 6명**

주의 두 막대가 그려진 막대그래프에서는
① 남학생 수와 여학생 수를 구분하여 그래프를 이해해야 한다.
영국을 예를 들면, 영국에 가보고 싶은 남학생 수는 14명, 영국에 가보고 싶은 여학생 수는 12명임을 읽을 수 있어야 한다.
② 전체 남학생 수와 여학생 수를 각각 구할 수 있어야 한다.
영국, 미국, 중국, 일본에 가보고 싶은 남학생 수를 각각 구하여 더하면 전체 남학생 수이다.
영국, 미국, 중국, 일본에 가보고 싶은 여학생 수를 각각 구하여 더하면 전체 여학생 수이다.
③ 남학생 수와 여학생 수의 차가 가장 큰 항목과 가장 작은 항목을 찾을 수 있어야 한다. 이때 차이 나는 칸 수를 세어 차가 가장 큰 항목과 가장 작은 항목을 찾을 수 있다.

9 ❶ 전체 학생 수:
18+20+22+18=78(명)
❷ 나누어 주는 데 필요한 공책 수:
78×2=156(권)
❸ 필요한 금액: 156×500=78000(원)

답 **78000원**

참고 **문제 푸는 순서**
① 전체 학생 수를 구한다.
② (필요한 공책 수)
=(전체 학생 수)×(나누어 주려는 공책 수)
③ (필요한 금액)=(필요한 공책 수)×(한 권의 가격)

10 ❶ 자전거 타기: 11명, 태권도: 6명
❷ (수영과 농구)=32−11−6
=15(명)
❸ 농구를 좋아하는 학생 수:
15÷3=5, 5×2=10(명)

답 **10명**

참고 수영을 좋아하는 학생 수를 ●라 하면 농구를 좋아하는 학생 수: ●×2
수영과 농구를 좋아하는 학생 수: ●×3

6 규칙 찾기

FUN 한 이야기 130~131쪽

C12

STEP 1 문제 해결력 기르기 132~135쪽

선행 문제 1

커지므로에 ○표 / 3, 3, 3 / 3, **곱하는**에 ○표

실행 문제 1

❶ **더하거나 곱하는**에 ○표
❷ 4, 4, 4 / 4, **곱하는**에 ○표
❸ 4, 1024

답 **1024**

쌍둥이 문제 1-1

전략 수가 커지는지, 작아지는지를 보고 수의 규칙을 찾자.

❶ 15부터 시작하여 수가 점점 커지므로 더하거나 곱하는 규칙이다.
❷

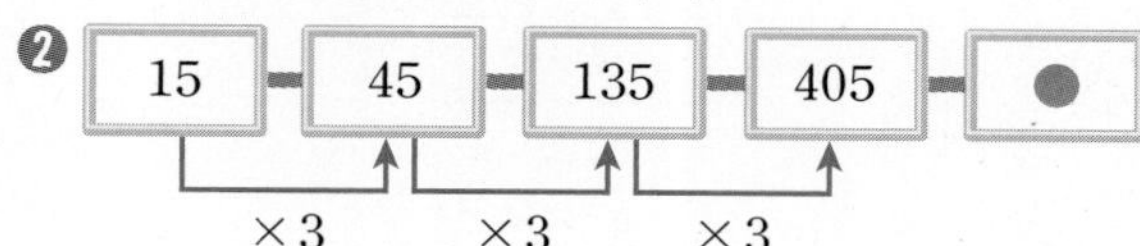

➔ 3씩 곱하는 규칙이다.
❸ ●=405×3=1215

답 **1215**

선행 문제 2

1100, **작아지는**에 ○표, 1200, 7600−500=7100

실행 문제 2

❶ 100, 100
❷ 700, 900, 600

식 700+900−600=1000

쌍둥이 문제 2-1

전략 ⬇, ⬇, ⬇, ⬇를 따라 수의 규칙을 찾자.

❶ 100씩 작아지는 수에서 100씩 커지는 수를 빼고 100씩 커지는 수를 더하면 계산 결과는 100씩 작아진다.

전략 900은 넷째 계산 결과인 1300보다 400 작은 수이다.

❷ 계산 결과가 900이 되는 계산식:
800−800+900=900

식 800−800+900=900

참고 900은 넷째 계산 결과인 1300보다 400 작은 수이므로 작아지는 수는 400만큼 빼고 커지는 수는 400만큼 더한다.

선행 문제 3

3, 4 / 4

실행 문제 3

❶ 3×3, 4×4
❷ 7, 7, 49

답 49개

쌍둥이 문제 3-1

전략 가로와 세로로 각각 1개씩 늘어나며 속이 빈 사각형으로 배열된 모형 수의 규칙을 알아보자.

❶

첫째	둘째	셋째	넷째	
4	8	12	16	← 모형의 수
1×4	2×4	3×4	4×4	← 배열의 규칙

전략 ■째 모양의 모형의 수는 (■×4)개이다.

❷ (여덟째 모양의 모형의 수)
=8×4=32(개)

답 32개

선행 문제 4

3, 3, 1, ◯에 ○표

실행 문제 4

❶ 사각형, 오각형, 3 / 3, 2, 사각형
❷ 초록, 주황, 2 / 주황

답 ■

쌍둥이 문제 4-1

전략 반복되는 도형의 규칙을 찾자.

❶ 도형의 규칙: 육각형, 삼각형, 오각형, 삼각형의 4개의 도형이 반복된다.
➔ 17÷4=4…1이므로 17째 도형은 육각형이다.

전략 반복되는 색깔의 규칙을 찾자.

❷ 색깔의 규칙: 연두색, 빨간색, 파란색의 3개의 색깔이 반복된다.
➔ 17÷3=5…2이므로 17째 도형의 색깔은 빨간색이다.

답 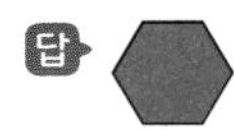

STEP 2 수학 사고력 키우기 136~139쪽

대표 문제 1

해 ❶ **작아지므로**에 ○표, **빼거나 나누는**에 ○표
❷ 2, 2 / 2
❸ 전략 ❷에서 찾은 규칙으로 ◆에 알맞은 수를 구하자.
400÷2=200 ➔ 200÷2=100이므로
◆=100이다.

답 100

쌍둥이 문제 1-1

❶ 전략 수가 커지는지, 작아지는지를 보고 수의 규칙을 찾자.
수가 점점 작아지므로 빼거나 나누는 규칙이다.

❷ 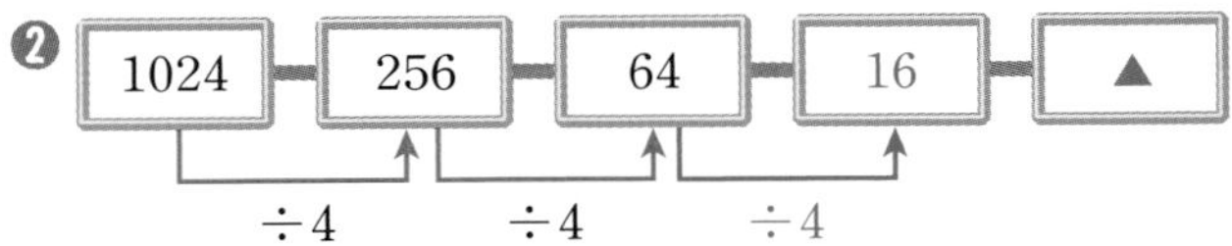

➔ 4로 나누는 규칙

❸ 전략 ❷에서 찾은 규칙으로 ▲에 알맞은 수를 구하자.
64÷4=16 ➔ 16÷4=4이므로
▲=4이다.

답 4

대표 문제 2

해 ❶ 전략 곱해지는 수와 곱하는 수, 계산 결과가 각각 변하는 규칙을 찾자.

1, 11, 111……과 같이 자릿수가 1개씩 늘어난 수에 45를 곱하면 계산 결과의 가운데에 9가 1개씩 늘어난다.

답 1, 1

❷ 전략 ❶에서 찾은 1과 9의 개수 사이의 규칙으로 계산 결과가 49999995가 되는 계산식을 구하자.

49999995의 9가 6개이므로 1은 6개보다 1개 더 많은 7개이다.

식 $1111111 \times 45 = 49999995$

쌍둥이 문제 2-1

❶ 전략 나누어지는 수와 나누는 수, 계산 결과가 각각 변하는 규칙을 찾자.

나누어지는 수	나누는 수	계산 결과
2배, 3배, 4배……가 된다.		2배, 3배, 4배……가 된다.

$111111 \div 11 = 10101$
$222222 \div 11 = 20202$
$333333 \div 11 = 30303$
$444444 \div 11 = 40404$

❷ 전략 ❶에서 찾은 규칙으로 계산 결과가 70707이 되는 계산식을 구하자.

계산 결과가 70707이 되는 계산식:
$777777 \div 11 = 70707$

참고 70707은 10101의 7배이므로 나누어지는 수도 7배이다.

식 $777777 \div 11 = 70707$

대표 문제 3

해 ❶ 바둑돌의 수가 3개, 5개, 7개……씩 늘어난다.

답 5, 7

❷ (다섯째 모양의 바둑돌의 수)
$= 16 + 9 = 25$(개)

답 25개

❸ (첫째부터 다섯째까지 사용된 바둑돌의 수)
$= 1 + 4 + 9 + 16 + 25 = 55$(개)

답 55개

쌍둥이 문제 3-1

❶

첫째	둘째	셋째	넷째	
1	3	5	7	← 모형의 수
1	1+2	3+2	5+2	← 배열의 규칙

참고 모형이 왼쪽과 아래쪽으로 각각 1개씩 늘어난다.

❷ 전략 ❶의 규칙으로 구하자.

다섯째: $7 + 2 = 9$(개),
여섯째: $9 + 2 = 11$(개),
일곱째: $11 + 2 = 13$(개)

❸ (첫째부터 일곱째까지 사용된 모형의 수)
$= 1 + 3 + 5 + 7 + 9 + 11 + 13$
$= 49$(개)

답 49개

대표 문제 4

해 ❶ 도형의 규칙: 삼각형, 원, 사각형, 오각형의 4개의 도형이 반복된다.

➔ $16 \div 4 = 4$이므로 16째 도형은 오각형이다.

답 오각형

❷ 수의 규칙: 5, 2, 0의 3개의 수가 반복된다.

➔ $16 \div 3 = 5 \cdots 1$이므로 16째 수는 5이다.

답 5

❸ 답 

쌍둥이 문제 4-1

❶ 전략 반복되는 도형의 규칙을 찾자.

도형의 규칙: 원, 사각형, 사각형, 삼각형, 오각형의 5개의 도형이 반복된다.

➔ $23 \div 5 = 4 \cdots 3$이므로 23째 도형은 사각형이다.

❷ 전략 반복되는 수의 규칙을 찾자.

수의 규칙: 1, 8, 2, 3의 4개의 수가 반복된다.

➔ $23 \div 4 = 5 \cdots 3$이므로 23째 수는 2이다.

❸ 23째에 올 도형을 그리고 수를 써넣기:

[2]

답 [2]

3 STEP 수학 독해력 완성하기 140~143쪽

독해 문제 1

구 ▢ 안에 알맞은 계산식

주 •같은 색으로 색칠된 3개의 수가 3개 있는 달력

•규칙 3+19=11×2, 4+20=12×2

어 1 달력에서 같은 색으로 색칠된 부분의 규칙을 찾고,

2 1에서 찾은 규칙으로 ▢ 안에 알맞은 계산식을 구하자.

해 ❶ 답 2

❷ 답 5+21=13×2

독해 문제 2

구 ●, ■에 알맞은 수

어 1 규칙적인 수의 배열에서 수의 배열 규칙을 찾고,

2 1에서 찾은 규칙으로 ●, ■에 알맞은 수를 각각 구하자.

해 ❶ 수가 점점 커지므로 더하거나 곱하는 규칙이다.

답 (위에서부터) 1110, 1110, 1110 / 1110

❷ ●=2139+1110=3249,

■=6559+1110=7669

답 3249, 7669

독해 문제 2-1 정답에서 제공하는 쌍둥이 문제

규칙적인 수의 배열에서/

▲, ◆에 알맞은 수를 구해 보세요.

1205	▲	3225	4235	
	3216	4226	5236	◆

구 ▲, ◆에 알맞은 수

어 1 규칙적인 수의 배열에서 수의 배열 규칙을 찾고,

2 1에서 찾은 규칙으로 ▲, ◆에 알맞은 수를 각각 구하자.

해 ❶

1205	▲	3225	4235	
	3216	4226	5236	◆

(+1010: 3225→4235, 3216→4226, 4226→5236)

규칙 오른쪽으로 1010씩 커진다.

❷ ▲=1205+1010=2215

◆=5236+1010=6246

답 ▲=2215, ◆=6246

독해 문제 3

구 ㉠에 알맞은 수

주 찢어진 수 배열표

어 1 파란색으로 색칠한 칸의 수의 규칙을 찾고,

2 1에서 찾은 규칙으로 ㉠에 알맞은 수를 구하자.

해 ❶ 답 1001

❷ ㉠은 3174보다 1001 작은 수인 2173이다.

답 2173

독해 문제 4

구 여섯째 도형에서 노란색과 연두색 사각형의 수의 차

어 1 도형의 배열 규칙을 찾고,

2 1에서 찾은 규칙으로 여섯째 도형에서 노란색과 연두색 사각형의 수를 각각 구한 다음,

3 2에서 구한 두 사각형 수의 차를 구하자.

해 ❶

순서	첫째	둘째	셋째	넷째
노란색 사각형의 수	•	1 (1)	4 (1+3)	9 (4+5)
연두색 사각형의 수	1 (1)	3 (1+2)	5 (3+2)	7 (5+2)

노란색 사각형의 수 / 배열의 규칙

연두색 사각형의 수 / 배열의 규칙

답 (위에서부터) 9 / 5 / 5, 7 / 2, 2, 2

❷ (여섯째 도형의 노란색 사각형 수)

=9+7+9=25(개),

(여섯째 도형의 연두색 사각형 수)

=7+2+2=11(개)

답 25개, 11개

❸ 25−11=14(개)

답 14개

독해 문제 | 5

해 ❶ 답 (위에서부터) 1, 2, 1 / 2

❷ 10000001×1111111에서 곱하는 수의 자릿수가 7개이므로 계산 결과에서 1은 $7 \times 2 = 14$(개)가 된다. 답 11111111111111

독해 문제 | 5-1 정답에서 제공하는 **쌍둥이 문제**

계산식에서 규칙을 찾아/ ▢ 안에 알맞은 수를 구해 보세요.

$123456 \times 9 = 1111104$
$123456 \times 18 = 2222208$
$123456 \times 27 = 3333312$
⋮
$123456 \times 72 = $ ▢

구 ▢ 안에 알맞은 수

주 규칙적인 계산식

어 1 계산식에서 곱해지는 수와 곱하는 수, 계산 결과의 규칙을 각각 찾아,
2 ▢ 안에 알맞은 수를 구하자.

해 ❶ 〈곱해지는 수〉 〈곱하는 수〉 〈계산 결과〉

$123456 \times 9 = 1111104$
$123456 \times 18 = 2222208$
$123456 \times 27 = 3333312$

9의 배수

7자리 수 중 앞의 5자리는 각 자리의 수가 1씩 커지고 맨 뒤의 2자리는 4의 배수이다.

참고 곱해지는 수 123456에 9의 배수를 곱하면 계산 결과는 7자리 수 중 앞의 5자리는 1씩 커지고 맨 뒤의 2자리는 4의 배수가 된다.

❷ 123456×72에서 곱하는 수 72는 $9 \times 8 = 72$이므로 계산 결과는 $123456 \times 72 = 8888832$이다.

답 8888832

독해 문제 | 6

해 ❶ 답 (위에서부터) 7, 9, 11 / 7+2, 9+2

❷ 답 2

❸ $11+2+2+2=17$이므로 삼각형을 8개 만들 수 있다. 답 8개

STEP 4 창의·융합·코딩 체험하기 144~147쪽

융합 1

3	10	17
2	9	16
1	8	15

가운데 수 9를 중심으로 →, ↓, ↘, ↗ 방향으로 있는 두 수의 합은 9의 2배이다.

➔ $2+16=9 \times 2$, $10+8=9 \times 2$, $3+15=9 \times 2$, $1+17=9 \times 2$

답 $3+15=9 \times 2$, $1+17=9 \times 2$

창의 2

도형의 배열 규칙: ▢은 홀수 째에 2개씩 늘어나고, ◆은 짝수 째에 2개씩 늘어난다.

➔ 여덟째에는 ◆을 8개 그려야 한다.

답 ◆, 8개

창의 3

곱에서 색칠한 수는 곱해지는 수보다 1만큼 더 작고 곱을 두 부분으로 나누어 합을 구하면 곱하는 수가 된다.

답 9, 99, 999 / 1, 곱하는 수에 ○표

창의 4

• 313×999에서 $313-1=312$, $999-312=687$이므로 $313 \times 999=312687$이다.

• 437×999에서 $437-1=436$, $999-436=563$이므로 $437 \times 999=436563$이다.

답 312687, 436563

코딩 **5**

2723보다 1000만큼 더 큰 수: 3723,
3723보다 100만큼 더 큰 수: 3823,
5823보다 100만큼 더 작은수 : 5723,
5623보다 1000만큼 더 작은 수: 4623,
4623보다 100만큼 더 큰 수: 4723

답 (화살표 방향대로)
3723, 3823, 5723, 4623, 4723

융합 **6**

세균 한 마리가 16마리가 될 때까지 2배씩 해주면 다음과 같다.

1마리－2마리－4마리－8마리－16마리
＋20분 ＋20분 ＋20분 ＋20분

세균 한 마리가 16마리가 되려면 $20 \times 4 = 80$(분)이 걸린다.

답 **80분**

코딩 **7**

㉠ 가로로 2145부터 시작하여 오른쪽으로 5씩 커지는 수이다. 5씩 3번 반복하여 구하는 수는 2160이다.

㉡ 세로로 2155부터 시작하여 아래쪽으로 1000씩 커지는 수이다. 1000씩 2번 반복하여 구하는 수는 4155이다.

➔ $2160 + 4155 = 6315$

답 **6315**

창의 **8**

바깥쪽에 붙는 초록색 사각형의 수가 늘어나는 규칙을 찾을 수 있다.

첫째	둘째	셋째	넷째	다섯째	
1	6	16	30	48	← 초록색 사각형의 수
1	3+3	3+3+5+5	3+3+5+5+7+7	3+3+5+5+7+7+9+9	← 배열의 규칙

다섯째 도형의 초록색 사각형의 수:
$3+3+5+5+7+7+9+9=48$(개)

➔ 다섯째 도형의 사각형의 수는 노란색은 1개, 초록색은 48개이다.

답 **1개, 48개**

종합평가 실전 마무리 하기 148～151쪽

1 ❶ 전략 수가 커지는지, 작아지는지를 보고 수의 규칙을 찾자.

수가 점점 작아지고 있으므로 빼거나 나누는 규칙이다.

❷ 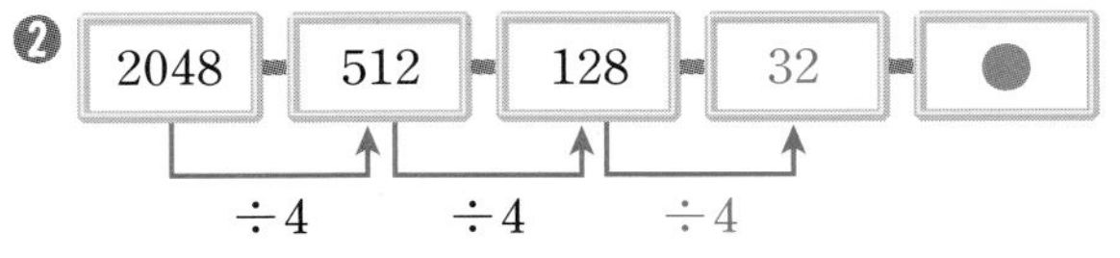

➔ 4로 나누는 규칙

❸ $128 \div 4 = 32$ ➔ $32 \div 4 = 8$이므로
●$=8$

답 **8**

2 ❶ 〈곱해지는 수〉 〈곱하는 수〉 〈계산 결과〉

자릿수가 1개씩 늘어난다.

$21 \times 9 = 189$
$321 \times 9 = 2889$
$4321 \times 9 = 38889$
$54321 \times 9 = 488889$

맨 앞자리의 수만큼 8이 있다.

21, 321, 4321……과 같이 자릿수가 1개씩 늘어난 수에 9를 곱하면 계산 결과의 맨 앞자리의 수만큼 8이 있다.

❷ 계산 결과가 68888889가 되는 계산식:
$7654321 \times 9 = 68888889$

식 **$7654321 \times 9 = 68888889$**

참고 68888889는 488889보다 8이 2개 더 많으므로 곱해지는 수는 54321보다 자릿수가 2개 더 늘어난 7654321이다.

정답과 풀이

3 ❶ 전략 반복되는 도형의 규칙을 찾자.
도형의 규칙 : 원, 사각형, 삼각형, 오각형, 원의 5개의 도형이 반복된다.
➔ 26÷5=5···1이므로 26째 도형은 원이다.
❷ 전략 반복되는 수의 규칙을 찾자.
수의 규칙: 1, 0, 5, 8, 0, 5의 6개의 수가 반복된다.
➔ 26÷6=4···2이므로 26째 수는 0이다.
❸ 26째에 올 도형을 그리고 수를 써넣기:
(0)

답 (0)

4 ❶

첫째	둘째	셋째	넷째	
1	4	7	10	← 바둑돌의 수
1	1+3	4+3	7+3	← 배열의 규칙

❷ 다섯째: 10+3=13(개),
여섯째: 13+3=16(개)
❸ (첫째부터 여섯째까지 사용된 바둑돌의 수)
=1+4+7+10+13+16
=51(개)

답 51개

참고 바둑돌의 수가 ←, ↙, ↓ 방향으로 각각 1개씩 늘어난다.

5 ❶ 규칙: →, ↓, ↘, ↙ 방향으로 있는 세 수의 합은 9의 3배이다.
❷ □ 안에서 더 찾을 수 있는 계산식:
3+9+15=9×3, 2+9+16=9×3

식 3+9+15=9×3, 2+9+16=9×3

6 ❶ 수의 규칙: ↗ 방향으로 180씩 작아진다.
❷ 4185보다 180 작은 수: 4005
➔ ㉠=4005

답 4005

참고 4725 — 4545 — 4365 — 4185
−180 −180 −180

7 ❶

순서	첫째	둘째	셋째	넷째	
노란색 사각형의 수	1	4	9	16	← 노란색 사각형의 수
	1×1	2×2	3×3	4×4	← 배열의 규칙
주황색 사각형의 수	8	12	16	20	← 주황색 사각형의 수
	2×4	3×4	4×4	5×4	← 배열의 규칙

❷ (일곱째 도형의 노란색 사각형의 수)
=7×7=49(개)
(일곱째 도형의 주황색 사각형의 수)
=8×4=32(개)
❸ 노란색과 주황색 사각형의 수의 차:
49−32=17(개)

답 17개

8 ❶ 전략 곱해지는 수와 곱하는 수, 계산 결과가 각각 변하는 규칙을 찾자.
106, 1006, 10006……과 같이 가운데 0이 1개씩 늘어나는 수에 6을 곱하면 계산 결과의 맨 앞자리 6과 맨 뒤의 2자리 36 사이에 0의 개수가 곱해지는 수의 0의 개수보다 1개 더 적게 늘어난다.
❷ 곱해지는 수 100000006에서 0의 개수가 7개이므로 계산 결과의 0의 개수는 6개이다.
➔ 100000006×6=600000036

답 600000036

9 ❶

첫째	둘째	셋째	넷째	
1	5	12	22	← 점의 수
1	1+4	5+7	12+10	← 배열의 규칙

참고 점의 수가 1개에서 시작하여 늘어나는 점이 4개, 7개, 10개……로 3개씩 더 많아진다.

❷ (여섯째에 놓이는 점의 수)
=22+13+16=51(개)

답 51개

10 ❶

사각형의 수	1	2	3	4	5	
성냥개비의 수	4	7	10	13	16	← 성냥개비의 수
	4	4+3	7+3	10+3	13+3	← 배열의 규칙

규칙 사각형을 처음 1개 만들 때 성냥개비는 4개 필요하고 사각형을 1개 더 만들 때마다 성냥개비는 3개씩 더 필요하다.
❷ 16+3+3+3=25이므로 만들 수 있는 사각형은 8개이다.

답 8개

◀ 정답은 이안에 있어!

배움으로 행복한 내일을 꿈꾸는

천재교육 커뮤니티 안내

교재 안내부터 구매까지 한 번에!

천재교육 홈페이지

자사가 발행하는 참고서, 교과서에 대한 소개는 물론
도서 구매도 할 수 있습니다. 회원에게 지급되는 별을 모아
다양한 상품 응모에도 도전해 보세요!

다양한 교육 꿀팁에 깜짝 이벤트는 덤!

천재교육 인스타그램

천재교육의 새롭고 중요한 소식을 가장 먼저 접하고 싶다면?
천재교육 인스타그램 팔로우가 필수!
깜짝 이벤트도 수시로 진행되니 놓치지 마세요!

수업이 편리해지는

천재교육 ACA 사이트

오직 선생님만을 위한, 천재교육 모든 교재에 대한 정보가 담긴
아카 사이트에서는 다양한 수업자료 및 부가 자료는 물론
시험 출제에 필요한 문제도 다운로드하실 수 있습니다.

https://aca.chunjae.co.kr

천재교육을 사랑하는 샘들의 모임

천사샘

학원 강사, 공부방 선생님이시라면 누구나 가입할 수 있는 천사샘!
교재 개발 및 평가를 통해 교재 검토진으로 참여할 수 있는 기회는 물론
다양한 교사용 교재 증정 이벤트가 선생님을 기다립니다.

아이와 함께 성장하는 학부모들의 모임공간

튠맘 학습연구소

튠맘 학습연구소는 초·중등 학부모를 대상으로 다양한 이벤트와 함께
교재 리뷰 및 학습 정보를 제공하는 네이버 카페입니다.
초등학생, 중학생 자녀를 둔 학부모님이라면 튠맘 학습연구소로 오세요!